科学技术政策译丛

科学的智力组织和社会组织(第二版)

The Intellectual and Social Organization of the Sciences (Second Edition)

〔英〕理查德·惠特利 著　　赵万里　陈玉林　薛晓斌 译

著作权合同登记号：图字 01-2009-1105 号

图书在版编目(CIP)数据

科学的智力组织和社会组织：第 2 版/(英)理查德·惠特利著；赵万里等译.—北京：北京大学出版社，2011.9

（科学技术政策译丛）

ISBN 978-7-301-15976-7

Ⅰ.科… Ⅱ.①惠… ②赵… Ⅲ.科学研究组织机构-组织管理学 Ⅳ.G311

中国版本图书馆 CIP 数据核字(2009)第 179154 号

The Intellectual and Social Organization of the Sciences, Second Edition © Richard Whitley 1984, 2000.

The Intellectual and Social Organization of the Sciences, Second Edition was originally Published in English in 1984. This translation is Published by arrangement with Oxford University Press.

中文简体版由北京大学出版社出版。

书　　　　名：	科学的智力组织和社会组织（第二版）
著作责任者：	〔英〕理查德·惠特利　著　赵万里　陈玉林　薛晓斌　译
责 任 编 辑：	王　华
标 准 书 号：	ISBN 978-7-301-15976-7/G·2703
出 版 发 行：	北京大学出版社
地　　　　址：	北京市海淀区成府路 205 号　100871
网　　　　址：	http://www.pup.cn
电　　　　话：	邮购部 62752015　发行部 62750672　编辑部 62765014 出版部 62754962
电 子 邮 箱：	zpup@pup.pku.edu.cn
印　刷　者：	涿州市星河印刷有限公司
经　销　者：	新华书店
	730 毫米×1020 毫米　16 开本　17.75 印张　300 千字
	2011 年 9 月第 1 版　2011 年 9 月第 1 次印刷
定　　　　价：	44.00 元

未经许可，不得以任何方式复制或抄袭本书之部分或全部内容。

版权所有，侵权必究

举报电话：010-62752024　电子邮箱：fd@pup.pku.edu.cn

科学技术政策译丛

学术指导委员会
主任：孙家广　方　新

成员：（按汉语拼音排序）

　　　曹　聪　韩　宇　柳卸林　梅永红　穆荣平
　　　潘教峰　任定成　沈小白　汪前进　王春法
　　　王作跃　薛　澜　曾国屏　赵万里

编辑工作委员会
主任：韩　宇

成员：刘细文　龚　旭　李正风　陈洪捷　李　宁
　　　洪　帆　陈小红

总　序

　　当代科学技术发展的一个重要特征,就是国家广泛而深入地参与,推动科学技术走向规模化,支持成果实现产业化。科学技术政策作为国家重要的公共政策的一部分,是科学技术飞速发展的助推器,它包括两个方面的重要内容:一是以发展科学技术本身为目标的政策,二是以科学技术为基础支持相关领域发展(如医疗卫生、环境保护、网络社会、国土安全、产业结构转型等)的政策。在20世纪上半叶以及此前相当长的一段时间,科学技术活动基本上属于科学家、工程师以及科研机构、大学和企业的自主行为,在国家层面尚缺乏有关科学技术发展的整体政策考虑和系统战略设想以及相关体制机制建设。20世纪60年代以来,随着一些国家政府对科学技术投入的不断加大,不仅发展科学技术本身的政策得到政府的重视,利用科学技术成果促进经济增长和社会进步等更广泛的社会目标也成为国家科学技术政策的重要组成部分。

　　西方科学技术政策研究经历了萌芽、发展和成熟阶段,现在已经演变成为一个涵盖多学科的前沿领域,产生了众多影响深远的研究成果和学术著作。科学技术政策涉及了政府管理、教育政策、税收政策、贸易政策、人才政策、信息政策、环境保护政策等,还与产业发展战略、区域发展战略、国家竞争战略等密切相关。随着数字化和网络化发展,当代科学研究活动还呈现出"E"化(电子化或虚拟化)的特点,建立在数字模拟基础上的科学研究活动已经凸现;同时,科学数据的开放使用进一步实现了科研仪器、科研工具、试验数据的共享,改变了传统科研的手段乃至研究范式;网络化还推动了科研活动成为社会公众关注的"透明性"工作,进而扩大了公众参与科学技术政策制定的广度与深度。无论是新的科研范式的出现还是公众参与政策制定程度的提高,都必将促进科学技术本身以及科学技术政策的转型。

　　曾经在古代创造出灿烂文明的中国,之所以在近代落后于西方,固然有其政治、经济、文化等方面的多种原因,但在"闭关锁国"的环境里未能赶上近代世界科学技术和产业革命迅猛发展的浪潮,无疑也是一个重要的原因。新中国建立以来,党和国家历代领导人都认识到大力发展科学技术的重要性,毛泽东同志发出了"向科学进军"的号召,邓小平同志提出了"科学技术是第一生产力"的著名论断,江泽民同志确立了科教兴国和可持续发展的战略思想,胡锦涛同志提出了提高自主创新能力、建设创新型国家的宏伟目标,并通过实施相应的政策措施来促进我国科学技术的发展。

在新中国60多年的历史中,科学技术政策研究以及制定经历了从无到有、从自我完善到与国际接轨、从简单一维到综合集成、从跟踪模仿到自主创新的过程,并伴随我国改革开放与经济社会发展的历程而变化演进,当今正迈向以面向未来经济社会结构转型与核心竞争力提升为目标、服务于创新型国家建设的新时代。我国在21世纪要实现建设创新性国家的战略目标,制定和实施面向自主创新的科学技术政策,不仅需要系统认识科学技术自身的发展规律,还需要深入研究科学技术与经济发展、社会进步、生态文明之间的关系问题,而借鉴和学习发达国家的经验无疑是不可或缺的。

20世纪90年代"冷战"结束以来,西方科学技术政策领域发生了很大变化;网络化和全球化的趋势,不仅改变着传统科学研究的模式,而且促进了公众与科学技术人员以及政策制定者的互动,进而推动政策研究前沿的进一步发展。这些新特点和新进展需要我们及时了解和掌握。

改革开放以来,科学技术政策领域的译介对我国相关政策研究和实践的发展起到了巨大的推动作用。为了全面及时地了解国外科学技术政策相关领域的新进展,进一步拓展我国科学技术和创新领域政策的研究视野,为了满足新世纪我国科学技术的快速发展以及国家经济社会转型对科学技术政策提出的新的要求,为了改进科学技术决策的体制机制,提升科学技术在我国自主创新能力建设中的重要作用,国家自然科学基金委员会和中国科学院于2008年研究决定,共同组织翻译出版《科学技术政策译丛》(以下简称《译丛》)。经商议决定,遴选近年来在科学技术的社会研究、科学技术和创新政策、科学技术政策史等领域的代表性论著,组织中青年优秀学者进行翻译。书目遴选的原则共有四项:一是经典性,选择在科学技术政策及相关领域有影响的著述,以经典著作为主;二是基础性,选择科学技术政策及相关领域的基础性研究专著;三是时效性,选择20世纪90年代以来的著作;

四是不重复性,选择国内尚未翻译出版的著作。

为了保证《译丛》的学术权威性,特设立学术指导委员会,由我国科学技术管理部门的政策调研与制定者、活跃在政策研究及相关领域一线的年富力强的中青年学者以及在相关领域具有一定学术影响的部分海外华人学者组成,负责书目遴选和学术把关。为保证《译丛》翻译和出版工作的顺利进行,还设立了编辑工作委员会,具体负责翻译出版的组织工作。

衷心感谢国家自然科学基金委员会和中国科学院领导的大力支持,同时也感谢《译丛》学术指导委员会、编辑工作委员会、译者以及北京大学出版社等的辛勤劳动。期望《译丛》能够在理论和实践两个方面对提升我国科学技术政策的研究水平具有指导作用。

国家自然科学基金委员会副主任　**孙家广**
中国科学院党组副书记　**方　新**
2011年1月于北京

目 录

CONTENTS

导　论　科学变了？知识生产的性质在 20 世纪末的变化 ……………… (1)
　0.1　对科学领域的比较分析 …………………………………………… (1)
　0.2　研究环境和正式知识生产系统的变化 …………………………… (3)
　0.3　国家研究系统的组织 ……………………………………………… (10)
　0.4　工具性科学示例：商务与管理研究 ……………………………… (15)
　0.5　结论 ………………………………………………………………… (21)
　　　注释与参考文献 …………………………………………………… (22)

第 1 章　作为声誉型工作组织的现代科学 ……………………………… (27)
　1.1　导言 ………………………………………………………………… (27)
　1.2　作为工作组织和控制系统的科学领域 …………………………… (32)
　1.3　作为一种行会式工作管理模式的现代科学 ……………………… (35)
　1.4　作为一种专业工作组织的现代科学 ……………………………… (39)
　1.5　作为工作组织和声誉控制系统的现代科学 ……………………… (43)
　1.6　现代科学作为声誉组织得以确立和发展的条件 ………………… (46)
　1.7　小结 ………………………………………………………………… (48)
　　　注释与参考文献 …………………………………………………… (50)

第 2 章　科学工作的声誉控制与科学家就业机会的增长 ……………… (58)
　2.1　科学作为非劳动力市场型工作组织 ……………………………… (58)
　2.2　声誉组织与雇佣组织 ……………………………………………… (62)
　2.3　声誉型工作组织在大学的确立 …………………………………… (68)

2.4 雇员主导的科学作为工作组织与控制的二元系统 ·················· (76)
2.5 小结 ··· (79)
注释与参考文献 ··· (80)

第 3 章　科学家与科学领域组织间的相互依赖程度 ···················· (86)
3.1 导言 ··· (86)
3.2 科学工作组织与控制的维度 ··· (87)
3.3 科学家之间的相互依赖程度 ··· (90)
3.4 相互依赖性程度的变化与科学工作的组织 ····························· (95)
3.5 影响科学领域中相互依赖程度的情境要素 ··························· (102)
3.6 小结 ··· (107)
注释与参考文献 ··· (108)

第 4 章　任务不确定性程度与科学领域的组织 ······························ (114)
4.1 科学研究中的任务不确定性 ··· (114)
4.2 任务不确定性程度的差异与科学工作的组织 ······················· (121)
4.3 影响科学领域中任务不确定性的情境因素 ··························· (128)
4.4 小结 ··· (134)
注释与参考文献 ··· (134)

第 5 章　科学领域的组织结构 ·· (139)
5.1 科学家之间相互依赖程度与科学领域的任务不确定性程度之间的相互关系 ·· (140)
5.2 7 类主要科学领域的内在结构 ·· (147)
5.3 小结 ··· (176)
注释与参考文献 ··· (177)

第 6 章　科学领域的情境 ·· (189)
6.1 导言 ··· (189)
6.2 影响科学领域结构的情境因素 ··· (189)

6.3　7种主要科学领域的情境结构 ·· (202)
6.4　小结 ·· (216)
注释与参考文献 ·· (216)

第7章　科学领域之间的关系与科学组织的变革 ············· (224)
7.1　导言 ·· (224)
7.2　科学领域之间的相互依赖关系 ·· (225)
7.3　科学领域间依赖程度的增强及其组织变迁 ·························· (228)
7.4　情境变迁与科学领域间相互依赖的增长 ······························ (231)
7.5　两次世界大战之间科研情境的变迁 ······································ (235)
7.6　战后的科学组织 ·· (240)
7.7　国家科学政策的发展 ·· (244)
7.8　小结 ·· (248)
7.9　结论性评述 ·· (249)
注释与参考文献 ·· (250)

索　引 ·· (257)

导　论

科学变了？知识生产的性质在20世纪末的变化

0.1　对科学领域的比较分析

通过系统研究生产出来并主要在科技期刊上发表的正式知识，逐步被视为一种可以而且应该由国家和企业组织控制的经济资源。公共科学，即那些为集体性的智力目标而发表成果、并围绕竞争性声誉（reputation）追求而组织起来的知识生产系统，正逐步被认为是提供新产业基础的技术创新的关键来源。因此，公共科学的组织和发展已成为国家政策和管理的重要对象。加之在许多国家，大学及类似机构的研究组织所发生的其他变化，以及生物科学的结构重组，使得一些观察者预计，主要的知识生产系统将发生根本的改变。[1]

在为《科学的智力组织与社会组织》（第2版）所写的这篇导论中，我将考察这些变化的性质及其在不同国家的变化幅度，以及这些变化对作为新知识生产系统的现代科学的影响。我还将根据其组织及有效性的最新资料，审视一个宽泛的研究领域——可以视作"新"型科学象征的商务与管理——的新近发展。首先，我将概述本书提出的现代科学及其主要智力和社会环境的分析框架背后的基本观念。其次，我将讨论这样一种主张，即科学的根本重构已经在20世纪的最后25年左右时间内发生了重大变异，继而考察那些在国家研究系统的知识生产组织中继续产生这些重大变异的要素。最后我将讨论，鉴于过去四分之一世纪左右的变化，管理学的结构与我在20世纪80年代初提出的相比，是否或多或少碎片化了。

本书提出了一个关于科学领域作为特殊组织——声誉工作组织的比较分析框架，并分析了不同科学领域相似性和差异性的原因。它强调各门科学中研究的组织和控制具有多种多样的方式，并且表明这些变异是如何与不同的智力组织模式相联系的。对于这些差异及其持续再生产的解释，是将其与奖励系统、智力成果的法定阅听人的结构、以及控制研究基金和其他重要资源的情况中出现的变异联系起来。科学研究本质上被理解为知识生产系统，各门科学之间因智力组织和社会组织的不同而呈现差异。这是因为，控制资源和奖励在整个公共科学系统内分配的制度安排是不一样的，并且他们与非科学阅听人（audiences）和非科学机构的联系方式也有差别。

在这个意义上，这里勾勒的框架将促进对工作组织的制度主义分析（institutionalist analysis），尽管基于制度主义说明的组织理论研究进路（approach）在20世纪80年代初尚未充分发展起来。实际上，将新制度主义确立为组织研究的一个新专业，这种尝试或许更多地是战后美国社会科学智力竞争的主导形式的结果，而不是真正的新发展。我一直困惑的是，一个社会科学家如何能够不以这种或那种方式诉诸制度而解释组织现象，除非他们甘愿成为生物学或心理学还原论者。

我开始写这本书时，正值托马斯·库恩（Thomas Kuhn）及其追随者与波普尔学派（the popperians）之间的争论在盎格鲁-萨克逊（the Anglo-Saxon）国家依然如火如荼地进行着，而新型的欧洲科学社会学刚刚提出一个有意识地将科学知识的发展作为社会学问题的研究议程。欧洲科学社会学家开展了一系列关于科学发展和科学争论的历史和当代案例的研究，试图论证科学证据和决策的社会建构性质。不过，尽管诸如物理学、化学、生物学这些科学领域之间存在明显不同，这些研究并未比较分析智力发展模式如何以及为何随科学领域和时间的变化而变化。开展这些案例研究的多数研究者似乎满足于描述所涉及的社会过程，而不是考虑不同的组织和制度环境如何能够有助于解释科学领域之间的重要差别。

这些经验分析即便确实区分了不同的科学领域，也通常诉诸于库恩的权威，主要按照简单两分法，将科学区分为诸如硬与软、共识与冲突、成熟与不成熟之类。这种目前仍然盛行的宽泛对比[2]，显然不适于处理比如20世纪物理学与化学之间的主要差别，更不用说生物科学了。[3]因此，写这本书的一个主要理由，就是探讨科学领域作为正式知识生产系统，他们之间如何以及为何不同，而不是仅仅归结为单一的"理性"科学模型。库恩式分析在20世纪70年代统治了关于科学性质的大量讨论，我想超越对它的简单复制，形成一个不依赖于哲学认识论合理性判断的比较分析框架。

20 世纪 70 年代元科学研究(science studies)的另一个重要的环境特征,也是为其经验研究奠定坚实基础的特征,就是旨在管理公共科学发展的国家科技政策的成长。一定程度上说,这一特征反映了一种转变,即从支持科学研究作为一种很大程度上是自主、自治的事业的政策,转变为旨在确保科学研究为各种各样的政治目标服务的政策。正如任何国家在试图对社会活动进行管理时的典型做法那样,这些科学政策倾向于将所有科学看做在智力组织和社会组织上是相同的,并因而将一种单一的科学模式强加于十分不同的研究类别。在强调科学研究在历史上和目前的多样性,以及导致这种多样性的主要原因时,我或许是有点堂吉诃德式地希望限制这样的结果。

此外,战后高等教育和国家对公共科学资助的扩张,在 20 世纪六七十年代的多数国家陆续开始出现了。通过揭示资源的可得性和科学组织获得奖励的途径如何对科学领域的结构产生重要影响,本书所概括的框架指出了随着研究和教育"大众化"(massification)而产生的若干后果[4],尤其是这些后果如何可能随科学领域的不同而变化。因科学工作的组织和发展情况而导致的这些变化的重要性,强调了制度因素和知识生产方式的相互依赖,一个方面的变化与另一个方面的变化紧密相联。

21 世纪初,科学的智力组织和社会组织的某些特征改变了,而其他特征则得到了强化。在多数国家,对公共科学的国家管理更加直接和公开[5],尽管公共资源的增长速度降低甚至没有任何增长了,高等教育中学生数量的扩张仍在继续。另一方面,在某些国家,随着冷战的结束以及军事对物理科学支持的减少,加之生物医学的扩张和重组,降低了物理学作为科学界偶像的统治地位,促进了科学领域的多样性。另外,与科技知识有关的社会运动的增长影响了对公共科学的组织和支持的政治考量。不过,这些变化在何种程度上预示着通行的知识生产系统发生了根本转变,仍然是有争议的。[6] 下面我将就这些变迁及其对科学组织的影响进行更为详细的考察。

0.2 研究环境和正式知识生产系统的变化

自 20 世纪 70 年代以来,科学组织和科学观的主要变化既与政治-经济环境的广泛而深远的转变有关,也与正式知识生产系统结构更加专业的发展,以及国家政策对待这些发展的方式有关。前者包括冷战的结束,基于批量生产、批量销售的政治经济体系及福利国家的衰落,以及研究密集型产业的成长。后者的主要特征是正式知识生产组织(如大学、公立和私立科研机构、企业实验室等)的扩张和分化,以及旨在通过创新改善经济福利的更具指令性和系统性的国家科技政策的发展。

主要的地缘政治变化自然是体现在苏联解体,以及多数社会主义国家走向不同类型的市场经济和自由民主制度。这种转变既促使多数西方国家减少了对大学及其他机构开展的军事相关研发活动的资助[7],并且不再为国家支持较为基础的研究,特别是那些固守科学-技术线性关系模式的研究,进行辩护。正如斯托克斯(Donald Stokes)[8]所强调的,这种模式在20世纪后半叶的大部分时间里统治着美国,使得国防部和其他国家机构以军事准备的名义资助多数基础科研项目,多数是物理科学的项目。因此,核战争威胁程度的下降,意味着在多数国家,科研人员与国家机关不得不重新磋商战后军事当局、政府与科学精英之间的"契约"。其结果是国家科技政策开始更多关注公共科学投资的社会回报。

这种变化在1989年之前就开始了。多数北美和欧洲经济体自20世纪70年代石油危机以来发生的宏观和微观经济变迁,都包含着福特主义的资本积累和竞争模式(即建立在面向同质性大众市场的标准化商品和服务的规模生产模式)的衰落。[9]在许多领域,来自东亚竞争的增加使得主要建立在控制成本基础上的竞争战略,在高工资经济体中逐渐失效。差不多与此同时,许多消费者财富和教育水平的不断提升,以及多数初级耐用消费品市场的饱和,产生了更加细分的有特色、高品质产品的市场,并由于消费者寻求新的产品品质而缩短了产品生命周期。

这些因素加在一起使得市场更难以预测,并增加了企业的压力,以更加适应变化着的市场需求模式,以及更加灵活地为不同的细分市场提供不同品质的产品。对企业来说,这意味着研发项目的长期计划变得复杂化了,因为未来需求的性质和程度的不确定性使得企业难以把握哪些知识能够提供竞争优势。尽管在多数产业中,导致产品和工艺改进及创新的新知识对于与低成本生产商的竞争来说日益必须,但由于不能确定哪种研究计划在变化着的市场环境条件下最令人满意,以及需要灵活多变地获得更加多种多样的不同知识,因而降低了企业对内部开展的基础研究计划的投入承诺。他们转而鼓励与各种外部研究组织(当然,包括大学)的合作。

对公共科学系统与企业之间合作的日益强调,受到一些技术明显根源于学术研究的新兴产业，如微电子、软件和生物技术的进一步刺激。这种情况在美国尤甚。这已导致许多国家的政府机构将其科技政策集中到以科学为基础的创新的发展上。其结果，公共资助的科学研究开始按照满足用户需要以及可直接用来解决技术开发问题——或不得不声称可以如此，来为自己辩护。各国政府越来越确信，公共科学是改进创新能力和开发新的、高增长产业的手段。学术研究不再仅仅是一种公益，或在久远的将来取得技术成就的来源。至少在某些国家，它开始被视为投入创新过程的资源，这种资源可以与其他更具物质性的资源一样，按照大致相同的方式进行管理。

在许多国家，将正式知识贬低为带来创新和经济利益增值的关键资源，是与潜在知识生产者的扩大相匹配的。自20世纪50年代以来，大学生和研究生的数量都有戏剧性增长，尽管不同学科和不同社会的增长程度有差别。这对于以系统的方式研究技术及类似问题来说，增加了可以得到的劳动力，降低了研究成本。因此，尤其是在传统大学之外的组织中，对大范围的问题进行系统研究这种方式得以大肆扩展。

政府和其他组织日益依赖于正式知识去处理复杂问题，这一趋势促进了正式知识生产在新领域和新地点的增长。同样，从事集体性社会流动项目的新兴专业将研究取得的知识用于支持对高级专业知识的诉求[10]，拓宽了科学所涵盖的主题和问题的范围。当然，许多这类知识可能更合乎逻辑而不是实际有效，一旦在处理高度复杂的交互系统时遇到合作困难，科学研究单凭自身未必胜任。[11]不过，正式研究系统的这种扩张清楚表明，公共科学的范围及其社会功能有了重要的扩展。

在许多国家，这些背景性的变迁与高等教育特别是研究训练和研究技能的增长相互作用，总体上改变了大学和公共科学的组织。科学的学科结构是否像有人声称的曾经具有严格而牢固的边界，特别是在所有工业化国家和战后辉煌30年(trente glorieuses)时期，这是值得怀疑的。不过，20世纪最后30年，不仅形形色色的组织加强了应用取向的研究，大学的结构和角色较之20世纪五六十年代也经历了一次转变。[12]

吉本斯(Gibbons)等人将研究环境的这些变化所导致的后果称之为一种彻底转变，即从所谓以科学为基础的学科"模式1"，转变为以研究为基础的应用"模式2"。[13]在他们看来，前一种科学的特点是以基于大学的学科为主导，管理权威与知识权威同一，研究的重点由学科精英决定。这些学科精英不仅制定用于判断研究能力和意义的标准,而且主导研究资金的分配。在这种科学模式中,研究团队和同行专家共同体是相当稳定的,其智力和社会流动大多发生在学科范围之内。基础研究主要由大学开展,资金来源于国家的固定拨款,资金分配的控制则授权予专业精英。而应用研发主要在私人企业和政府研究机构进行。因此在这种模式下,不同的研究目标是有组织地划分的。

相反,他们认为,"模式2"的知识生产是围绕应用问题而组织的,其规划和支持来自一系列不同的机构。这种模式需要建立跨学科的研究团队,以及具有多样化技能的同行专家共同体。这些研究团队和同行专家共同体通常是短暂的,很少能在各种不同的组织结构中发展出稳定的权威结构。研究质量和智力意义由各种不同的标准和利益相关者来裁定,随所关心问题的变化而变化。在这种知识生产系统中,智力组织和行政组织之间的边界相对模糊,角色经常重叠。大学越来越多地开展应用研究,而政府和企业实验室却从事基础的原料和工艺分析。不仅如此,发表的大量研究成果更多地关注人工制品(比如计算机)的性质和行为,而不是自然现象和自然机理。在许多国家,这些变化与下列因素一起导致了学科精英和以学科为基础的科学的衰落:(a) 大学的扩张;(b) 学术研究延伸至社会技术;以及(c) 大学的智力和财政自主性的下降。

对这两种知识生产模式的对比,忽略了欧洲、北美和日本控制着研究和教育的多样化的体制安排,及其随时间而发生的变化。[14] 它也忽略了科学领域在智力组织和社会组织方面的主要差别(这些差别正是本书讨论的重点),以及这些差别是如何历史地发生改变的。实际上,这种对比似乎接受了对纯科学与应用科学的简单的模式化区分,并将其当成了关于科学如何被组织的准确表述,尽管这种二分法显然是不适当的。

正如斯托克斯[15]最近强调指出的,在不同类别的组织中,研究目标和研究类型的制度区分随着不同国家和不同历史时期而有相当的变数。我们没有理由假定,应用取向的研究毫无学术兴趣,或对人工制品的研究从来不涉及基础智力问题探讨。相反,智力生产在多大程度上受到学科控制,应该更多地作为一个变化的现象,而不是作为一个内在一致的具体化的研究系统的假想性质加以解释。类似地,多样性的资金来源以及对研究成果的外行评议,其意义在过去一个世纪的不同科学领域、以及不同时期的不同国家也有重要的变化。

与其去建构"模式1"和"模式2"这样简单化的知识生产系统模型,而且表明在多数国家的研究系统中后者排挤了前者,倒不如去考察本书指出的科学的重要组织特征如何作为上述因素的结果而发生变化,或许更有价值。这种分析也使我们能够注意到,在如何组织和控制公开发表的研究成果及其对智力发展的影响方面,不同国家之间持续存在着重要差别。

我们可以十分宽泛地概括出20世纪最后20年,某些国家特别是美国,组织和控制公开发表的科学研究成果在下列方面发生的主要背景变化。相对于较早的战后时期,非科学家对科研问题的选择及其优先次序的影响增大了。同样得到强化的是资助任务取向研究的意义,多种多样的资助机构及其用来选择和评价科研项目的标准。国家扩大了对长期政治和社会目标的资助,比如政府实验室和大学实验室开展的卫生保健改善研究,加之对学术研究的非盈利性和商业性资助的增长,既导致了智力目标的更加多样,也使公共科学研究成果的判断标准更加多样。

在许多国家,政府按照大学等级体系的财政拨款减少,同时以项目为基础的支持增加了,二者的并存降低了大学机构围绕学科目标制定内在一致的、有组织的研究政策的积极性,增加了研究人员个人的自主性。这种情况在盎格鲁-撒克逊国家的大学系统中尤为明显。在更加任务取向的领域,研究成果的合法阅听人越来越多种多样,导致出现了更具变化的智力声誉等级,降低了研究目标的整合和内聚程度。

按照本书提出的框架,可以预料这些变化会降低研究人员之间的战略依赖和功能依赖的水平,而提高其战略任务的不确定性。在多数受影响的科学领域中,这意味着,随着学科精英失去对研究项目贡献于该领域的理论目标和遵循通行的主流方法的控制,理论的多样性以及智力目标的种类将会增加。与特定的研究战略相联系的声誉收益,随着智力和社会内聚水平的降低而越来越不确定。个人和群体自主性的增加将鼓励智力创新,研究人员提出可供选择的研究计划,并对不同的群体需要作出回应。在这些环境中,研究主题、问题领域和研究团队的声誉等级的力量和稳固性也将下降。依对声誉的智力竞争水平,随着研究团队之间在其研究进路的价值和重要性上的冲突,研究优先性、智力边界、以及主导性理论架构迅速改变。

不过,这些变化的范围和意义在不同的学科和国家研究系统之间有相当大的差别。与许多物理科学相比,生物科学似乎已经在20世纪后期发展出了更加灵动和部分重叠的组织边界。原因或许是分子生物学的发展和一般化,或许是任务取向的机构加大了对项目基础研究的资助。后一个原因在美国尤其重要。美国联邦政府对生命科学基础研究的资助在1980年不到30亿美元,1995年已超过50亿美元;而同期多数时候对物理科学的资助一直保持在20亿美元左右。[16] 1994年美国全国卫生研究院(the National Institutes of Health,NIH)的研发总预算超过100亿美元,其中多数用于大学和学院。[17]

此外,这些经费主要通过各机构研究部门组织的同行评议来分配,综合评估科学价值和实现生物医学目标的责任。[18]这样一种体制限制了纯粹由学科来控制研究资金,并且通过提供相对大量的资源,也约束了基于既有学科(如植物学和动物学)而建立的大学院系对研究人员的优先次序产生的影响。对于那些通过由教授、博士后研究人员、博士生构成的多样化团队,而不是单一由研究机构领导主导的团队而组织科研活动的学术体制而言,比如许多欧洲大陆国家和日本,情况尤其如此。[19]

美国生命科学领域这种任务取向的基础研究的增长已经获得共鸣,在20世纪80和90年代,公共部门的研究得到私人公司资助的数量增加了。尽管私人公司投入的绝对经费数量并不是特别大——1995年企业向所有类别的大学研究提供15亿美元资助[20],但自1980年以来已有相当的增加,1995年已占所有大学研究资金的12.5%。德国的情况也类似,同一时期私人企业对学术研究的资助已增加到所有研究经费的8.7%——如果考虑日常开支不足的情况,甚至超过10%。[21]当然,并非所有(而是多数)这些资助都用于基础研究,但情况确实表明,企业可能已增加了资助斯托克斯所谓应用驱动型基础研究或巴斯德象限(Pasteur's quadrant)的意愿。[22]

"巴斯德象限"这个术语试图通过对比研究目标的两个维度,超越基础科学与应用科学的二分法。首先,推广应用作为促动因素的重要程度;其次,获得关于现象和行为原因的基础认识的重要性。对于完成预期任务来说,仅仅获得知识与设计出人工制品是截然不同的。首先看第一种组合,即纯粹智力驱动的研究而完全不考虑研究成果的实用性,这类研究的重点在于认识物理现象和生物现象如何以及为何如此表现,可被称为理论定向的解释型(theory-directed explanatory)研究。相反,以应用为核心的研究工作不关心现象产生的原因,而支持将新知识用于设计有特定用途的机械,这种研究可被称之为工具型(instrumental)研究。爱迪生在门罗公园(Menlo Park)对研究人员的管理就是一个典型例子。

第三种组合是应用取向的研究并且探求基础知识,斯托克斯称之为巴斯德象限,因为这种比喻刻画了巴斯德旨在认识微生物作用,同时又寻求用这种知识控制其对人和农作物的影响的主要特征。类似的动机组合也存在于大部分人文科学——斯托克斯以凯恩斯(Keynes)的《就业、利息和货币通论》为例——、遗传学、农业化学、曼哈顿工程的部分研究、以及朗缪尔(Langmuir)的表面物理学。[23]正如这些例子表明的,这类研究在过去的两个多世纪一直在进行,并非是20世纪末突然出现的。或许可称之为解释工具型(explanatory instrumental)研究。

最后一种组合,系统地探究特定现象,但既不为探寻更一般的解释过程,也不是为了实际应用。这类研究是多数自然史、人文学科、以及许多描述性说明的社会科学的典型特征,可称之为分类型(classificatory)研究。

尽管解释工具型研究已经存在多年,但仍有理由指出,20世纪后半叶对这类研究在经费和人员上的支持力度有巨大增长。特别是在美国,这是国防部和全国卫生研究院的成就。就此而言,这可能代表了美国研究体制的一个重要组成部分,而在其他国家或许是一种意味深长的现象,但并不能被视为是工业社会正式知识生产系统的质的转变。

上述简要讨论强调了,20世纪最后25年的体制变迁和宏观经济变迁对不同的科学领域和国家研究系统所产生的不同影响。没有证据表明各门科学的智力组织和社会组织的通行模式正在趋于同一,而且,不同国家在如何将公共科学作为一个整体加以组织方面的主要差别,对于其结构和发展仍然具有重要的影响。同样,由于科学领域结构的变异仍然具有重要意义,因而更有必要考虑国家研究系统是怎样以不同的方式组织起来,从而呈现出不同的科学技术发展模式的。

关于国家创新系统的研究文献不断增加,它们虽然已经注意到控制科学研究的体制安排的某些关键差异,但这些解释大多集中于那些与技术变迁直接有关的方面。[24]已有大量研究注意到国家处理技术发展的结构和政策、财政系统的组织,以及教育系统和劳动力市场的特征。[25]尽管卡斯珀(Casper)[26]、哈吉和霍林沃斯(Hage and Hollingworth)[27]、以及索斯凯斯(Soskice)[28]等人已经指出,这些特征可能与创新模型有关,但只有少量研究试图扩展到对公共科学的学术体制及其他方面的结构进行分析。在以下部分,我将简要讨论国家创新系统的最重要的特征,以及这些特征怎样与科学的组织彼此相关。

0.3 国家研究系统的组织

不同国家对正式知识生产的组织和控制有一个重要差别,就是研究人员能够在多大程度上集体地控制那些决定研究优先次序和执行评估的标准。这种差别取决于国家以及研究经费、薪资、基础设施的其他提供者的意愿,他们授权控制资源向一线研究人员的分配。通过依靠同行评议去估计研究项目的价值,依靠科学杂志去决定研究成果的意义,以及依靠一线研究人员去评估职位申请者和晋升候选人的品质,各国政府有效地将智力声誉制度化为奖励的核心。以这样的方式,声誉控制取代了科层制管理和评价。

由于国家和其他资助机构限制这种授权,因而各组织单位之间的智力竞争与合作一直受到束缚。当然,这未必意味着科学家在这种环境中彼此不能竞争,而只是意味着他们为不同类别的承认而竞争,因对不同目标的贡献而受到奖励,并被不同的人群所评价。在这些环境中,科层制的和(或)政治的目标比理论驱动的智力目标更加重要。

国家研究系统的一个次要特点涉及到学术组织和其他生产公开发表研究成果的组织中的就业机会和职位升迁的组织和控制。智力目标和重要资源的集中控制水平,随着大学内部和大学之间的同行专家共同体而变化。尤其重要的是大学院系和研究机构的负责人控制资源和智力的集中程度,在欧洲、北美和东亚的学术体制之间有重大差别。

总体而言,二次世界大战以来的大多数盎格鲁-撒克逊国家的学术体制,其权威结构较之那些受德国单一教授领导的研究院所模式影响的学术体制更加灵活多变。在前一种学术体制中,权威系统相对分散,正教授轮流担任院系负责人;每个院系有若干教授,每个教授建有教研组,有一个博士生、博士后研究人员组成的团队开展他或她自己的研究项目。他们通常在全国范围内竞争研究资助,并在院系的部分协作下开展不同课题的研究工作。这种工作系统促进了研究人员之间在研究主题、模式和技术方面进行多种多样的组合,使得智力变迁随工作单位内部研究兴趣及其优先次序的变化而变化成为可能。[29]

相比之下,更加集中化的"德国式"研究院所体制是围绕单一教授席位而建立的。教席主持人提出的独特研究纲领,在研究院所存在期间始终是其典型特征。

在这种模式中,无论智力控制还是资源控制权威都明确地集中于该正教授手中,他决定群体内部的劳动分工,整合围绕一组单一智力目标的研究成果。在这种模式中,研究是高度协作的,研究集中在相对有限的问题上,重要的智力变化只是在研究院所的负责人退休或离职时才会出现。这种体制鼓励长时段的研究纲领,但抑制智力的多样性和变化。[30]

国家学术职业体制的一个重要的相关特征,涉及到科学生涯过程中学术任命的流动水平。这种流动既可以出现于相同的学术等级水平,比如助理教授,也可以出现于不同等级之间,比如助理教授被任命为另外一所大学的正教授。一般来说,工作流动率越高,不同院系之间的观点和技能越多交流,智力变迁和创新增加的可能性就越大。不过,在集中化的学术体制中,博士后人员层次上的工作流动率很高并不会对研究纲领产生很大影响,而研究院所负责人易人却能急剧改变智力定向和优先次序。因此,对智力变迁和创新来说,工作流动率本身并不太重要,重要的是流动的个人和集体的知识水平,以及这种流动所牵涉的权力职位的高低。与较为分散和个人主义的学术体制相比,在等级性的集中化体制中,雇主之间的流动并不常见,但一旦出现就可能产生较大的影响。

举例来说,二次世界大战之后日本建立起来的学术体制,似乎院系之间流动率就很低,除了一些博士为得到第一份工作从精英大学流动到声望较低的大学。[31] 按照一项关于东京大学教工的研究,1989 年,87% 的教师都是本校毕业生。[32] 日本一直效仿德国的研究院所体制。[33] 尽管教育部 20 世纪 90 年代进行了一些工作体制改革,但学者仍然更愿意呆在他们取得博士学位的大学,通过资历而不是流动得到晋升。物理科学和生物科学是高度等级分化的,专业化程度也很高,其工作体制限制了研究群体之间的信息流动,制约了智力任务的完成。[34] 相应地,竞争和创新也相对有限。[35]

国家同行专家共同体内部的控制集中水平也有重大差别。在大学声望等级差异很大的较为集中化的国家,比如战后的英国、法国和日本,研究资助控制权通常高度集中于权威大学的少数资深精英人员手中,甚至当国家赋予科学家自行决定权时也是如此。例如,布鲁姆(Blume)[36] 注意到,早在 20 世纪 80 年代大学资助制度改革以及有意识地提高资源集中水平的政策出台之前,少数科学家就在英国的资源分配中占据着支配地位。在那些存在非政府资助来源(如慈善团体和基金组织)的国家,分配资金的决策和标准显得更加多元化。[37] 这种情况下,控制的集中水平通常比较低,足以支持各种各样的研究目标和发展进路,而智力成果的创新水平相应地就比较高。

这里的重要之处在于,在大多数科学领域中,相对较小和内聚的精英群体能够在多大程度上决定获得关键资源(包括高声望杂志的版面)的控制标准,以及他们能够使人遵循其研究议程的程度。国家的集中程度越高,并且(或者)大学之间的智力声誉和社会声誉等级分化程度越大,就越容易形成这种少数精英。在存在若干竞争的研究型大学、有不同资金来源、并且还有不同类别的研究组织竞争科学威望的国家,少数精英群体垄断智力目标和评价标准就比较困难。

能够影响科学组织的另外一个研究体制的重要特征,是不同工作单位之间在目标和资源方面的组织刚性和分散化。这涉及到劳动的分化和分工强度在为获得智力声誉而生产理论驱动型知识的研究型大学、应用性研究院所、技术转移机构、联合研究实验室以及私人公司之间的差别。那些高度分散化的组织具有独特的目标、资金安排和控制程序,其研究人员受到不同方式的训练,从事不同类型的研究,有各自的职业生涯路径。在这种情境下,这种组织之间的知识和技能转移相对来说比较缓慢和困难。分散化的研究系统不大可能对新研究成果迅速作出技术回应,其技术范式很大程度上以孤立于激进智力创新的方式持续发展。

与之不同的是具有总体性目标的组织,其中包含多种多样的研究活动,但拥有总体性劳动力市场、资金安排和控制程序,彼此之间知识和技能流动比较容易。这种相对低水平的组织分散便于不同工作单位的研究人员之间开展联合项目,使其迅速适应新的知识。与较为分散化的组织环境相比,这种组织也容许理论定向的科学家更容易地追求技术目标,并因而将其研究成果直接用于开发新产品和新工艺。某种程度上,我们可以在近年来关于德国和美国创新系统的说明中看到这种对比,尽管关于德国科学组织的分散和刚性程度还存在争论。[38] 二次世界大战之后日本的情况,可能仍然代表着这种组织分散程度的一个比较极端的变体,至少就国立大学的情况来说是如此。[39]

工作单位内部和工作单位之间具有低集中化的智力权威,大学之间具有相对不固定的声誉等级次序,研究型组织具有相当多元的目标和资金来源,以及彼此之间的弱分散水平,这种组合并不常见。这种组合最著名的例子或许是美国,尤其是在生物科学领域。在美国的生物科学中,工作单位和资金安排的这种不固定性和多元化受到政府及其他组织的强化,也为全国卫生研究院的实验室所加强,后者向权威的研究性大学提供可选择的工作机会和精英等级体系。其结果,美国生物医学领域对智力创新的约束可能是最少的。控制着一线科学家和研究生院培养的众多合格研究人员的大量政府委托项目[40],提高了对科学声誉的竞争水平,而高水平的科学声誉竞争为承担智力任务而进行研究成果和研究意愿的协作提供了保证。

正如这个例子所表明的,国家创新系统的另一个重要特点,同时也反映了更为一般的体制特征,即是资源分配程序、工作结构、科学领域与工业部门之间的组织关系的标准化和同质性程度。与盎格鲁-撒克逊国家相比,德国和日本的不同部门之间具有更加标准化的工作关系和行业规范。[41] 同样,与美国相比,德国和日本也有着控制不同科学领域正式知识生产的更为同质性的体制。

美国政府追求一种更为任务取向的科技政策,将资源和关注点集中于那些与特定政治目标和社会目标相关联的有限科学领域。其结果,正如在更加强调技术扩散政策的国家中不同产业部门的技术发展模式显著不同那样,在美国,不同科学领域之间在智力竞争的组织、研究优先次序的选择、以及科研成果的评价上,较之许多其他国家更加多变。[42] 此外,美国的高等教育系统当然具有更加多样的体制和资助安排,并且比许多欧洲国家具有更强的市场定向。因此,其智力和组织边界更加多变、非总体化,对广泛的社会经济压力的反应也相对灵敏。

不同国家在组织管理体制和公共科学控制体制方面的差别,有助于解释研究人员对科学声誉的智力竞争强度的变化,以及他们所公开发表成果的智力创新程度上的差别。实际上,研究人员越是依赖于其在智力同行群体中的声誉去获取工作、晋升、资源及其他奖励,就越是努力相信其研究战略和研究成果对同行群体的价值。与重要的集体组织相结合的一线研究人员获得高水平的控制核心资源的授权,并且由超组织的科学精英控制智力目标和评判标准,将促进高水平的智力竞争。反过来,较少依赖智力精英获取资源和奖励,意味着科学家无需彼此激烈竞争就能够进行自己的研究计划。所以,对研究目标和评价标准的科层控制,以及地方性重要资源和奖励的广泛可得性,限制了科学中的竞争。

类似地,不同的体制安排促进了不同程度的科学创新。研究人员越是在工作和职业生涯方面依赖于其组织上司和(或)少数学科精英,就越是强迫自己从事他们建构的重要议题,并且以恰当的方式对待他们。所以,对重要资源的集中化控制不鼓励探求不同的研究目标,或发展出新的研究进路。高度分散化的研究组织以及组织之间的低流动率也会限制智力创新,因为它们降低了新思想传播的速度和频率,并且使得从机构或领域外部获取这些思想更加困难。

这些差异,加之教育系统、财政系统、国家结构及政策等方面的体制差别,表明各种市场经济的创新模型和技术开发之间一直是不同的。它们也有助于说明,不同国家发展出了上述变化的不同方式。实际上,这些差异在美国(或许还有英国)比在其他国家影响更大,因为其体制更加多种多样,也因为以发表为取向的研究工作受到更多任务定向的资助。下列要素的组合意味着任务取向的资金及竞争科研资助的合格研究人员数增加了:(a)资源分配高度集中于同行评议组;(b)大学及其他类似的非盈利研究组织中相对集中化的权威等级制度;(c)低水平的组织分散;(d)基于智力声誉的奖励。在那些优选学科中,这种扩张产生了重要的智力创新,并使研究优先次序具有不固定性。

反之,当政府机构保持对资源分配的直接控制,并且(或者)智力权威及行政权威较为集中,组织保持较强的分散化状态时,这种任务取向的资助的增长并不会得到相同的后果。此外,在多数欧洲和亚洲国家,对发表的生物医学、微电子、信息技术成果给予国家和其他支持的总规模,当然也很少能够达到美国的水平,财政环境和法律环境也十分不同。[43]

不同国家之间在资助、组织和控制公共科学研究方面持续存在的差别,不仅在战后初期再生产出科学的学科结构的差异,而且在20世纪最后25年左右再生产出了各学科组织的差异。作为不同的学科精英控制水平的后果,不仅个别科学领域在功能依赖和理论整合上十分不同,而且其学术系统作为一个整体也相当不同。工作单位内部高水平的权威集中化,加上工作单位之间的低流动率,以及一个强大的大学声誉等级体系,将会导致研究人员之间低程度的智力竞争,并限制不同科学领域的智力创新。第二次世界大战之后日本的情况就是证明。[44]反之,在积极的学术劳动力市场条件下,美国研究型大学的非集中化权威在流动性更强的组织环境中竞争资源和智力上著名研究人员,促进了更高程度的个人竞争。[45]

然而,美国各门科学在智力竞争和流动性程度上的差异要比较为同质性的学术系统来得大,因为研究资助和研究工作的组织和控制方式在不同科学领域是不同的。正如美国政府以任务取向的科技政策能够按照发展模式,结合各别商业系统的其他方面及其对体制环境的影响力[46],将"高技术"部门与其他产业区分开来一样,它们也能够对不同科学产生不同的影响。特别是当国家和其他研究支持力量在各门科学之间以不同的方式组织起来的时候,例如不同的同行评议专家组的分散化程度,以及(或者)政府机构承担的科研工作相对于大学或合作控制机构的不同比例,任务取向基础研究的扩大对美国科学组织的影响在不同科学领域具有不同的意义。

此外,国家研究系统的组织差别影响到科学在不同国家的组织和发展方式。许多国家尽管可能存在从基于学科的研究战略占主导地位到更为流变和多元的智力组织和竞争模型的宽阔变化区间,但不论学科的结构还是其变化的方式,在不同国家均有不同的意义。因为国家教育体制、政府科技政策、研究资助和评价的组织和控制、以及研究组织的分散化始终是不同的,因而科学领域的组织和发展方式每个国家都不一样。尽管自第二次世界大战末以来,研究组织的美国模式以及英语作为科学交流通用语言的统治地位得到提高,但不同国家学术体制的主要差别仍然保持下来,并继续影响各门科学研究者的智力竞争和创新水平。

其结果,高等教育的扩展、国家机构和政策的变迁、以及研究环境的其他改变,在不同国家以不同方式发生着,影响也不一样。至于20世纪最后25年建立起来的一种全新的知识生产方式,其范围似乎只存在于美国部分研究系统之中,而并非在所有工业社会的所有科学领域都显著存在。确切地说,过去几十年的地理政治、微观经济学和体制变迁在不同国家如何发展,以及它们怎样影响了不同科学领域的组织和发展仍然有待研究,而不是预先假定。

0.4 工具性科学示例:商务与管理研究

最受上述变迁(特别是福特主义的衰落和高等教育的扩张)影响的科学领域之一是商务与管理研究(business and management studies)。实际上,商务与管理研究作为一门以研究为基础的科学在许多大学系统中的体制化,很大程度上是二战以后的现象,依赖于学术职位的增加和以科学为基础的问题解决模式的成功。[47]正如特兰菲尔德和斯塔基(Tranfield and Starkey)指出的,在某些方面,这个领域代表了吉本斯等人所讨论的知识生产"模式2",因而值得在上述变迁背景下加以讨论。[48]

管理学(management research)明确地关注有用知识的生产,除了正式的模式化程序之外,它还从许多社会科学中汲取思想和概念。它存在于大学、私人管理训练机构、咨询公司、契约研究机构,所开展的研究因其所处的组织位置而不同,易于受到不同而变化的评价标准的影响。同样地,研究资助通常由多种不同的群体和组织提供,追求多样的目标,应用截然不同的操作标准。因而毫不奇怪,它在智力和组织上类似于一种碎片化动态组织(a fragmented adhocracy)。[49]

正如本书所讨论的,这种类型的科学领域任务不确定性程度高(例如关于研究结果的性质、含义和意义),并且与其他研究人员之间的任务和战略互赖程度低。这些科学领域的研究结果是极其个人和有特性的,并且可以作多样性解释。其典型特征是,科学家不必生产出以清楚明白的方式对其他人的研究计划作出贡献的研究成果,而是将其研究成果用于宽泛而动态的智力目标,这些目标反映了地方性的迫切需要和环境压力。这些碎片化动态组织的权威结构多元而变化,是由控制资源的临时的、不稳定的联盟,以及个人魅力型声誉领袖所塑造的占主导地位的联合体。智力问题、现象描述及研究程序以日常语言加以系统阐述,研究人员之间的交流并非高度标准化和形式化。

尽管管理学的这种总体特征对许多国家来说都大体不错,但某些管理学亚领域,比如运筹学研究(operations research, OR)和财务学,已发展出较为形式化的认识目标和技术程序。其典型特征是,这些领域涉及的是可以用高度形式化模型和技术加以解决的问题,而不是那些不能化约为易于数学公式化处理的复杂问题。第二次世界大战之后,数学家、物理科学家和工程师为寻求将他们的模型技术扩展到复杂的社会和管理问题,建立了运筹学这一新管理科学的核心组成部分。因而毫不奇怪,它所集中研究的问题是从属于这些进路的。[50]

财政经济学这一新领域的情况也一样。研究人员集中于将正统的均衡状态下的完善市场模型拓展到资本市场的评价过程,以改进早期对财政体制运转的描述性说明。[51]这让他们得以展示其科学证书(至少经济学家这么理解),排除外行参与到设定研究优先次序和评价研究成果中来。通过发展与一组严格限制的理想化抽象问题相适应的高度抽象和正式的研究纲领,该领域的引领者降低了技术和战略两方面的不确定性,提高了个别研究人员为获得导向晋升和其他奖励的声誉而对专业同行的依赖。

然而总的来说,这样一个研究焦点狭窄并且以高度形式化和受限定的智力进路和技术所主导的亚领域,并非管理学研究总体的典型。尽管20世纪50年代及其后它一直诉求成为一个单一的管理科学领域,但它并未能够整合为一组共同的理论目标和研究技术,而是发展出了多个具有不同目标、问题、进路的亚领域。实际上,在商务与管理研究领域,并不明确地存在一个单一的(甚或少数的)调节各研究纲领和研究成果的声誉型组织。

事实上,不仅财政、市场、战略管理、人力资源管理等亚领域作为独特的声誉型组织的分立越来越根深蒂固,而且,其中进一步的研究领域分化似乎也在20世纪80和90年代出现了。此外,管理咨询公司在美国、欧洲和亚洲部分国家的增长,加之其他生产和传播各种管理知识形式的组织,既拓宽了许多国家正式知识生产的类型,又扩大了各种知识生产组织的类别。[52]其结果,不断增加的智力差别促进了这个领域的组织分化。

20世纪末,在大学本科管理系、商业管理研究生院、以及由二者按不同方式结合起来形成的机构中工作的研究人员,继续开展多种多样的研究计划。这些研究计划在管理实践的定向及关注的说明目标上差别很大。与此同时,数量逐步增加的研究机构、咨询公司、工业团体及其他组织,生产了跨越广泛问题的更加市场取向的知识。尽管与其他领域一样,这个领域的组织和智力分散化程度在各个国家仍然不同,但关于商务与管理研究的总体印象是,无论在日益增加的不同组织之内还是之间,都具有十分多样的智力纲领、方法和标准。它不再像20世纪50年代管理科学的创始人所宣称的那样,是(如果曾经是的话)一门单一的工具性科学,而是智力目标和组织定位十分不同的专业研究领域的多样化集合。尤其是,它们接近并依赖于管理实践和管理精英的程度,因研究成果与共同目的的协调程度而具有重大差别。[53]

这种智力目标、研究领域和阅听人的持续分化,由于大学商务与管理学教育的持续扩张、以及北美和部分欧洲国家大企业的结构和行为的变迁而得到强化。首先看大学商业教育增长的影响。这种增长在20世纪80年代和90年代初的欧洲具有标志性[54],而后在美国得以持续。在美国90年代的长期经济繁荣期间,MBA计划的声誉一直得到保持。教学职位及其他资源的增长降低了学科精英控制研究优先次序和强制质量标准的能力,使得研究人员能够追求自己的研究兴趣,而无需使其研究成果与专家同行协调一致,因而促进了集中于独特问题和(或)进路的专业亚领域的激增。

就商务与管理研究来说,这种扩张速度允许学者将他们自己的亚专业建立成为分立的声誉型组织,而无需先要战胜既有的声誉型组织。在科学中,正如在其他地方一样,迅速的增长有助于新进入者发展独特的能力和恰当地位,因而新观念、新方法、新框架不仅能够获得被倾听的机会,而且也成为分立身份和资源控制组织的基础。正如 60 和 70 年代期间许多其他科学领域一样,近来商务教育的增长为将新兴专业建设成为分立的研究领域提供了机会。这些分立领域的精英能够根据特殊智力目标的贡献而向其提供工作机会及其他奖励。

这可以在对组织研究(organization studies)的地位和结构的持续争论中相当清晰地体现出来。正如纳德森(Knudsen)[55]最近强调的,20 世纪 60 年代,组织研究主要是在盎格鲁-萨克逊国家被体制化的,结构权变理论占主导地位。特定智力目标与一组研究技术和研究策略的结合,使得研究人员能够以一种基本上标准化的方式研究十分专门的问题,并保证他们的研究工作能够作出对该领域的有意义的贡献。按照本书提出的框架,当时的组织研究呈现出相对较低的战略和任务不确定性。此外,70 年代初活跃于这个领域的研究人员是有限的,研究结果的调和十分容易,个人联系与更为正式的联系一样重要。

到 80 年代末,正如菲弗(Jeffrey Pfeffer)所抱怨的[56],该领域已分化出许多不同的竞争研究纲领,它们运用十分不同的方法和策略追求各不相同的目标。不仅结构权变纲领失去了许多追随者,无法克服内部冲突,而且,其总的智力进路和假设前提也受到持续的攻击,受到许多关于何为组织研究、应该如何开展组织研究的不同视角的反对。在北美,权变理论逐步被大量研究纲领所取代,比如人口生态学、组织经济学、以及"新"制度主义。这些研究纲领没有进行重大的智力和组织斗争,便能够在主要的商学院和杂志中确立它们自己的专业。

在欧洲及其他地方,争论更多地集中于概念问题,与组织研究作为一项智力事业的性质及其认识论前提有关。在多数欧洲国家,由于智力竞争和体制背景的组织存在差别,该领域的组织与美国不同,较少围绕各别的研究专业加以建构。确切地说,由独特的思想学派发展出来的智力进路,通常被特定的个人或小群体所统治,很少卷入与竞争纲领和资源获得的持续冲突。因而在这些学派和专业中,研究结果的协调趋弱。

这种变化由于研究型商学院的工作机会和资源的增长而得到加强,使得新的智力目标和方法能够在声誉型组织中得到确立。它们也由于组织研究在欧洲大学首次被确立为一个独特研究领域而受到促进,在这些大学中,组织研究的智力风格和组织安排是多种多样的。欧洲各国人文科学的学术结构和智力前提的低度标准化,意味着新的科学领域趋于以十分多样的方式发展。因此,尽管美国模式对许多国家有重要影响,但欧洲大学商学教育在20世纪最后25年的扩张促进了智力和组织两方面的多元化。[57]

对研究人员的训练、评价和奖励,研究资助和研究结果的意义评估,以及协调和控制科学工作的总体安排,在欧洲国家和其他国家之间一直是十分不同的。因而并不奇怪,关于组织研究的性质、目的和边界的十分不同的认识,在不同的欧洲大学系统中得到了发展并被体制化了,正如有条理的商学教育的盛行方式在欧陆国家各有不同一样。其结果,对于在欧洲层次上是否存在一个单一的界限分明的集中研究各种组织的声誉型组织,还是有疑问的。更加准确的说法反而是,存在着各种独特的国内和国际英语智力共同体,它们作为分立的而不是同型的集体现象彼此竞争。

因而在组织研究领域,商学教育的增长有助于大量竞争性专业和认识进路取代结构权变纲领,欧洲尤其如此。因为在这个领域,英语声誉系统并不在与财政学领域相同的程度上主导多数欧陆国家,所以只要国家的高等教育系统和其他机构保持多样化,智力和组织的多样性就可以持续。因此,使组织研究围绕一个单一的研究纲领统一起来,这种诉求不大可能实现,除非重新界定该领域以排除多数欧洲国家的贡献。

大学商学教育的持续增长也使研究人员能够减少商学精英对其研究目标和评价标准的影响。尤其是当这种扩张集中在本科教学项目而不是MBA课程时更是如此,因为前者比后者通常较少依赖于劳动市场的接受。在许多国家,特别是欧洲,本科学位通常要么免费,要么政府给予高额补贴,学生毕业时不会大量负债。因此,与多数MBA学生相比,本科毕业生不大热衷于用其资格证书去获取高报酬工作,也较少要求得到直接有用的技能训练,而这些技能训练是直接迎合潜在雇主需要的。由于大多数欧洲商学教育保持在学士学位层次,劳动力市场压力比较弱,因而能够开展管理方面的相关研究并加入到教学科目中。

促进商务与管理研究亚领域进一步分化,并限制研究纲领和研究结果的智力协作与组织协作程度的第二个主要因素,是许多市场经济体系中,重要企业和经济组织模式的性质在发生变化。尽管随着美国的大企业被认为是资本主义世界最成功和最现代的,管理科学的"新范式"[58]在20世纪50和60年代的美国被确立为一个独特的学术研究领域,但到了80年代情况却发生了改变。日本和其他东亚企业在美国国内市场和欧洲市场取得的成功,对美国企业及其管理方法的优越性提出了质疑。它提出了另外一种关于企业结构和企业行为的替代模式,这种模式显然具有很强的竞争性,却无须借助于精英商学院、MBA 计划、管理咨询公司,以及诸如此类昂贵而未必会培养出有效管理者的正式系统知识训练。[59]

这种政治经济学格局的重组不仅在商学院和咨询公司催生出了一个副修的关于日本管理技术的学业,而且促进了对 20 世纪末资本主义发展出的不同经济组织方式及其制度根源的更为系统性的比较分析。[60]国际商务的增长不再只是将美国的资本和管理输入到效率较低的经济体,而是逐步与各子公司在不同、但未必低级的商业环境中进行跨文化管理和组织学习的问题联系起来。

至少在一些咨询专家和学者心目中,以在国外市场获得与全球企业的竞争优势为目标的美国管理技术,已让位于通过整合全世界不同类别的知识和技能主导世界市场的"跨国"组织。[61]人们已经广泛注意到美国(以及较小程度上的欧洲)著名商学院的学术转移,即研究人员为了寻求获得科学地位和科学荣誉,越来越集中于关于理想化问题和现象的更为抽象、正式的模型。美国资本主义的这一明显不足致使其商学院受到攻击,新范式被严重质疑。

我认为,商业环境的另一个变化也加快了战后美国管理科学意识形态的衰落,那便是 20 世纪七八十年代财政市场的重构,以及与之相关的美国大企业的重组。70 年代,日益增加的通货膨胀、监管制度的变迁、机构持股和控股的增加以及其他因素,导致公司债券和产权投资市场与对更大股东收益的追求整合在了一起。[62]

继而,这种日益增加的对公司股份的集中控制,强化了法人对市场的控制,造成许多已有大型组织的解体。消费者市场的变化降低了前述传统的福特主义处方的可行性,这种重构降低了现存组织惯例的价值,并且增加了管理上的不确定性。在八九十年代的美国,市场日益降低的可预测性以及所有权和产业结构不断增加的易变性,意味着重大的管理问题和争论不能够再被归结为边界清晰的正式专业化模式,如果确实曾经存在过这些模式的话。不断变化的国内和国际环境要求新的知识形式。

概括起来说,下列因素结合在一起,已经导致商务与管理研究领域知识生产类型和组织的日益增加的变化:(a) 商学教育在不同类别的高等教育系统中的持续扩张;(b) 战后运作于相对可预测的市场、集中于系统地降低成本的美国钱德勒公司(Chandlerian enterprise)的衰落;[63](c)来自不同经济组织和经济行为模式的国际竞争的增长;(d)资本市场及其对英美企业重组的参与。考虑到这个领域在全世界大学系统的确立情况,它似乎不大可能成为仅仅是"模式2"类型的知识生产系统,反而将继续呈现出多样化特性,其智力环境和组织环境都会不同并且处于变化之中。商务与管理研究在多大程度上对管理实践和管理结构进行解释,又在什么程度上聚焦于管理应用,这在不同的专业亚领域内部及其之间将继续保持差别。各个国家的学术体制在响应市场压力和商业经营的影响方面是不同的,因而不同国家之间也存在上述差别。

0.5 结 论

我认为,关于商务与管理研究领域发展的概括性结论也可以应用于作为整体的公共科学组织。与其像吉本斯等人指出的[64],20世纪八九十年代的变迁导致了正式知识生产系统的激进转换,不如更合理地说这些变迁增加了知识类型的分化,而这些知识又是由各种不同的研究组织产生的。正如在1975年之前的多数国家,并非所有(甚至大部分)科学领域都具有高水平的学科控制;同样,在2000年,也不是所有(或实际上许多)科学领域都变成了碎片化动态组织。

实际情况反而是,由于科学研究的环境不断变化,各种类别的科学研究和科研组织得到了极大增长。解释性工具型研究,尤其是在美国,可能有大量增加。围绕学科声誉组织而开展的理论驱动型研究工作,特别是在物理科学中,似乎仍在继续。与其说声誉型共同体的结构和公共研究系统的结构趋同于一种单一的知识生产模式,不如说它们在不同领域和不同国家仍然保持高度的独特性,而新领域也是按不同方式建立起来的。

因而,科学并没有因地缘政治环境和经济环境逐步发展出的多样性和多面性而发生太大的转变。它的增长和分化使得我们很难再将正式知识生产的特征,描绘为受单一一组规范和惯例控制的单一类型的社会活动。在不同的领域和不同的国家,不同科学领域和技术开发之间的关系处于变化之中。这种多样性显示了对作为声誉型工作组织的科学领域进行比较分析的重要性,而这些科学领域是在不同的学术系统和不同的体制环境中建构起来的。它也强调了这样一种需要,即探讨在不同国家,环境变迁导致科学领域的组织发生重要转变的机制。我认为,本书提出的框架对于开展这样一种分析仍然是有用的。

注释与参考文献

1. 例如，参见 Michael Gibbons, Camille Limoges, Helga Nowotny, Simon Schwartzman, Peter Scott, and Martin Trow, *The New Production of Knowledge: The Dynamics of Science and Research in Contemporary Societies*, London: Sage, 1994.

2. 例如，参见 Jeffrey Pfeffer, "Barriers to the Advance of Organization Science", *Academy of Management Review*, 18(1993), 599—620.

3. N. Georgeseu-Roegen, *The Entropy Law and the Economic Process*, Cambridge, Mass: Harvard University Press, 1971; C. F. A. Pantin, *The Relations Between the Sciences*, Cambridge: Cambridge University Press, 1968.

4. 参见注释 1 所引的 Gibbons *et al.*, 1994.

5. Partha Dasgupta and Paul A. David, "Toward a New Economics of Science", *Research Policy*, 23(1994), 487—521.

6. 例如，参见 Paul A. David, Dominique Foray, and W. Edward Steinmueller, "The Research Network and the New Economics of Science: From Metaphors to Organizational Behaviours", in A. Gambardella and F. Malerba(eds), *The Organization of Economic Innovation in Europe*, Cambridge: Cambridge University Press, 1999, pp. 303—342.

7. H. Norman, Abramson, Jose Encarnacao, Proctor R. Reid, and Ulrich Schmoch(eds), *Technology Transfer Systems in the United States and Germany*, Washington, DC: National Academy of Sciences, 1997; J. Senker, K. Balazs, T. Higgins, P. Laredo, E. Munoz, M. Santesmases, J. Esponosa de los Monteros, B. Poti, E. Reale, M di Marchi, A. Scarda, U. Sandstrom, M. Winnes, H. Skoie, and H. Thorsteinsdottir, *European Comparison of Public Research Systems: Final Report*, SPRU, University of Sussex, September, 1999.

8. Donald Stokes, *Pasteur's Quadrant: Basic Science and Technological Innovation*, Washington, DC: Brookings Institution Press, 1997.

9. Robert Boyer and Jean-Pierre Durand, *After Fordism*, London: Macmillan, 1997.

10. Andrew Abbott, *The System of Professions: An Essay on the Division of Expert Labour*, Chicago: University of Chicago Press, 1988; M. Sarfatti Larson, *The Rise of Professionalism*, Berkeley: University of California Press, 1977; Richard Whitley, "Academic Knowledge and Work Jurisdiction in Management", *Organization Studies*, 16(1995), 81—105.

11. Charles Perrow, *Normal Accidents: Living with High-risk Technologies*, New York:

Basic Books, 1984.

12. Burton R. Clark, *Places of Inquiry: Research and Advanced Education in Modern Universities*, Berkeley: University of California Press, 1995.

13. 参见注释 1 所引的 Gibbons et al., 1994.

14. 参见注释 12 所引的 Clark, 1995.

15. 参见注释 8 所引的 Stokes, 1997.

16. 参见注释 7 所引的 Abramson et al., 1997, p. 75.

17. 参见注释 7 所引的 Abramson et al., 1997, p. 130.

18. 参见注释 8 所引的 Stokes, 1997, pp. 118—119.

19. 例如,参见注释 12 所引的 Clark, 1995;以及 Samuel Coleman, *Japanese Science: View from the Inside*, London: Routledge, 1999.

20. 参见注释 7 所引的 Abramson et al., 1997, p. 66.

21. 参见注释 7 所引的 Abramson et al., 1997, pp. 276—280.

22. 参见注释 8 所引的 Stokes, 1997, p. 73.

23. Leonard Reich, *The Making of American Industrial Research: Science and Business at GE and Bell, 1876—1926*, Cambridge: Cambridge University Press, 1985.

24. 例如,参见 Richard Nelson(ed.), *National Innovation Systems*, Oxford: Oxford University Press, 1993; Charles Edquist(ed.), *Systems of Innovation: Technologies, Institutions and Organizations*, London: Pinter, 1997.

25. Paolo Guerrieri and Andrew Tylecote, "Interindustry Differences in Technical Changes and National Patterns of Technological Accumulation",载于注释 24 所引的 C. Edquist, 1997.

26. Steven Casper, "High Technology Governance and Institutional Adaptiveness: Do technology policies usefully promote commercial innovation within the German biotechnology industry?" *Organization Studies*, 21(2000).

27. Jerry Hage and J. Rogers Hollingsworth, "Idea-innovation networks: Integrating institutional and organisational levels of analysis", presented to an EMOT workshop on "Economic Performance Outcomes in Europe: The role of national institutions and forms of economic organization" held at the WZB, Berlin, 30 January—1 February, 1997.

28. David Soskice, "German Technology Policy, Innovation and National Institutional Frameworks", *Industry and Innovation*, 4(1997), 75—96.

29. Irwin Feller, "The American University System as a Performer of Basic and Applied Research", in L. M. Branscomb, F. Kodama, and R. Florida(eds), *Industrializing Knowledge: U-*

niversity-Industry Linkages in Japan and the United States，Cambridge，Mass：MIT Press，1999，pp. 65—101；注释 27 所引的 Hage and Hollingsworth，1997.

30. 参见注释 12 所引的 Clark，1995.

31. Shigeru Nakayama，Science，Technology and Society in Postwar Japan，London：Kegan Paul，1991；Tanya Sienko，A Comparison of Japanese and U. S. Graduate Programs in Science and Engineering，Tokyo：National Institute of Science and Technology Policy，Discussion Paper no. 3，1997.

32. Brendan Barker，Japan：A Science Profile，Tokyo：British Council，1996.

33. James R. Bartholomew，The Formation of Science in Japan，New Haven：Yale University Press，1989.

34. 参见注释 31 所引的 Sienko，1997.

35. 例如，参见注释 19 所引的 Coleman，1999.

36. S,S,Blume，Towards a Political Sociology of Science，New York：Wiley，1974；也见 S. S. Blume and Ruth Sinclair，"Chemists in British Universities：A study of the reward system in science"，American Sociological Review，38(1973)，126—138.

37. 例如，参见 J. Gaston，The Reward System in British and American Science，New York：Wiley，1978.

38. 参见注释 28 所引的 Soskice，1997.

39. 参见注释 12 所引的 Clark，1995；注释 19 所引的 Coleman，1999；Akira Goto，"Introduction"，and Shinichi Yamamoto，"The Role of the Japanese Higher Education System in Relation to Industry"，both in A. Goto and H. Odagiri(eds)，Innovation in Japan，Oxford：Clarendon Press，1997.

40. Wesley M. Cohen, Richard Florida, Lucien Randazzese, and John Walsh，"Industry and the Academy：Uneasy partners in the cause of technological advance"，in R. Noll(ed.)，Challenges to Research Universities，Washington，DC：Brookings Institution，1998，pp. 171—200；注释 29 所引的 Feller，1999.

41. Rodney Clark，The Japanese Company，New Haven：Yale University Press，1989；J. R. Hollingsworth, P. Schmitter, and W. Streeck(eds)，Governing Capitalist Economies，Oxford：Oxford University Press，1994；Christel Lane，"European Business Systems：Britain and Germany compared"，in R. Whitley(ed.)，European Business Systems：Firms and markets in their national contexts，London：Sage，1992.

42. Henry Ergas，"Does Technology Policy Matter?"，in Bruce R. Guile and Harvey Brooks

(eds), *Technology and Global Industry: Companies and Nations in the World Economy*, Washington, DC: National Academy Press, 1987.

43. 参见注释 26 所引的 Casper, 2000.

44. 参见注释 19 所引的 Coleman, 1999.

45. 参见注释 29 所引的 Feller, 1999;Roger Noll, "The American Research University: An introduction", in R. Noll(ed.), *Challenges to Research Universities*, Washington, DC: Brookings Institution, 1998, pp.1—30.

46. Richard Whitley, "Dominant Forms of Economic Organisation in Market economies", *Organization Studies*, 15(1994), 153—182;Richard Whitley, *Divergent Capitalisms: The Social Structuring and Change of Business Systems*, Oxford: Oxford University Press, 1999.

47. Robert Locke, *Management and Higher Education since 1940*, Cambridge: Cambridge University Press, 1989; Robert Locke, *The Collapse of the American Management Mystique*, Oxford: Oxford University Press, 1996.

48. 参见注释 1 所引的 Gibbons *et al.*, 1994;David Tranfield and Ken Starkey, "The Nature, Social Organization and Promotion of Management Research: Towards policy", *British Journal of Management*, 9(1998),341—353.

49. Lars Engwall, "Management Studies: A fragmented adhocracy?", *Scandinavian Journal of Management*, 12(1995), 225—235; Richard Whitley, "The Fragmented State of Management Studies: Reasons and consequences", *Journal of Management Studies*, 21(1984), 331—348.

50. 参见注释 47 所引的 Locke, 1989;L. G. Sprague and C. R. Sprague, "Management Sciences?" *Interfaces*, 7(1976), 57—62; Richard Whitley, "The Management Sciences and Managerial Skills", *Organization Studies*, 9(1988), 47—48.

51. Richard Whitley, "The Transformation of Business Finance into Financial Economics", *Accounting, Organizations and Society*, 11(1986), 171—192.

52. 例如,参见 Matthias Kipping and Celeste Amorim, "Consultancies and Management Schools", University of Reading Discussion Papers in Economics and Management, Series A. Volume XII. 1999/2000. No. 409; Matthias Kipping and Thomas Armbruester, "The Consultancy Field in Western Europe", *CEMP Report No 6*, University of Reading, Department of Economics, 1999.

53. 参见注释 50 所引的 R. Whitley, 1988.

54. Lars Engwall and Elving Gunnarsson(eds), *Management Studies in an Academic Con-*

text, Uppsala: Acta Universitatis Upsaliensis, 1994; Lars Engwall and Vera Zamagni(eds), *Management Education in Historical Perspective*, Manchester: Manchester University Press, 1998.

55. Christian Knudsen, "Pluralism, Scientific Progress and the Structure of Organization Science", presented to the 15th EGOS Colloquium, University of Warwick, July 1999.

56. 参见注释 2 所引的 Pfeffer, 1993.

57. 例如, 参见 Rolv Petter Amdam(ed.), *Management, Education and Competitiveness*, London: Routledge, 1996; 注释 54 所引的 Engwall and Zamagni, 1998.

58. 参见注释 47 所引的 Locke, 1989.

59. 参见注释 47 所引的 Locke, 1996.

60. 参见注释 41 所引的 Hollingsworth *et al.*, 1994; J. R. Hollingsworth and R. Boyer (eds), *Contemporary Capitalisms: The Embeddedness of Institutions*, Cambridge: Cambridge University Press, 1997; 注释 46 所引的 Whitley, 1999.

61. C. A. Bartlett and S. Ghoshal, *Managing Across Borders: The Transnational Solution*, London: Hutchinson Business Books, 1989.

62. W. Lazonick and Mary O'Sullivan, "Organization, Finance and International Competition", *Industrial and Corporate Change*, 5(1996), 1—49.

63. W. Lazonick, *Business Organization and the Myth of the Market Economy*, Cambridge: Cambridge University Press, 1991.

64. 参见注释 1 所引的 Gibbons *et al.*, 1994.

第1章
作为声誉型工作组织的现代科学

1.1 导　　言

作为自然知识与社会知识的生产者与确认者,各门现代科学已日益成为工业化社会的文化系统的重要部分。它们主宰着对认知活动具有导向性的规则和方法的建构,并试图垄断关于世界的真知识的生产。各门现代科学从作为哲学和神学认识体系的附庸开始,已发展成为那些高度推崇科学知识并强烈支持科学知识生产的社会进行知识生产的主要社会体制。[1] 它们也因此成了哲学家、历史学家以及更晚近一些的社会科学家们所大量讨论的对象,这些学者通常力图去理解科学的独特本质、发展模式与进步条件。[2] 这些讨论习惯于假定科学知识本质上具有统一性,由一套独特的方法与流程生产出来,并根据某种特有的逻辑而得到确认,这种逻辑确保了其真理价值与进步本质。因而,他们视科学知识的发展为一个理性认识过程,不受其生产与评价的社会条件的左右。知识社会学和科学社会学倾向于去关注社会思想的社会决定性,以及支持正确自然知识生产的社会系统,而将自然科学与数学领域中的智力变迁与发展排除在视域之外。[3] 特别是第二次世界大战以来,多数科学社会学研究都集中于分析科学家的活动及其社会组织,而脱离于科学家在其中所生产和改变的知识。[4]

最近15年左右,在关于现代科学知识的生产与变迁的研究中,这些较多赞扬性的、唯智主义的进路已不再占据支配地位。甚至有一些科学哲学家已开始考察科学发现的模式,而并非将其还原为某种辩护的逻辑,尽管他们似乎仍要寻求对发现过程的逻辑重构。[5] 盎格鲁-撒克逊国家的科学史对待各门自然科学的虔诚态度也已开始减弱,而更多地将其视为一种社会现象,使它们可以和其他历史对象一样受到同样的编史学程序和技术的分析。[6]类似地,随着欧洲社会科学家复活了知识社会学并努力把自然科学纳入其研究纲领,科学社会学对智力变迁与发展的排斥也已变得没那么严格了。[7]与此同时,但无疑并非巧合的是,许多国家的政府也已开始把科学当做国家资源来加以管理与指导,以服务于总体的政治目标。[8]当现代科学发展成为一种重要且花费不菲的社会体制,需要政府部门在各种研究群体和研究单位辅佐下"掌舵"和监管的时候,"科学政策"(science policy)就成了一个研究领域和一套行政管理实践。[9]

人们通常将上述并非被哲学家、历史学家和社会科学家普遍接受的智力取向的变化,与托马斯·库恩(Thomas Kuhn)的《科学革命的结构》(1962年第1版以及1970年扩充出版的第2版)对那些研究现代科学的学者以及扩大了的科学劳动力本身的影响联系起来。[10]尽管库恩的某些论点以前已有人提出过,如著名学者波兰尼(Polanyi)、弗莱克(Fleck)和巴什拉(Bachelard),[11]但库恩的著作似乎特别应时,适合于一个组织化了的"大"科学时代。许多西方国家用于扩充科学知识生产和高等教育系统的国家资源的巨大增长,使人们更清楚地意识到自然科学的统治地位和组织化的知识生产活动的傲慢自大。科学不再被视为是肯定有益的,从而成为了许多分析所指向的对象,这些分析利用库恩的书来削弱现存的智力精英及其科学知识观。[12]或许,即使没有库恩的贡献,这些试图对科学知识分析进行重新定向的批判性尝试也会出现。但这些尝试在力求发展出不屈从于哲学教条的、关于科学知识如何变迁与"进步"的新认识时,的确极大地仰赖于其研究进度。

欧洲科学社会学及其对知识社会学的复兴就典型地是这种情况。库恩的科学变迁模型被广泛地用以支撑"新的"科学知识社会学和科学共同体社会学研究的主张,这些主张试图把智力发展过程中的变化与社会结构的分析融合起来。[13] 20世纪70年代初期开展的一系列研究,注意力均集中于支持科学新领域出现的各种条件,以及那些赞同政府干预科学研究方向的环境因素。[14]特别是"斯塔恩伯格小组"(Starnberg group),从库恩的书中引出了一个知识发展的三阶段模型,该模型显示了政府如何得以有效影响不同科学领域中的研究取向。[15]与采用库恩模型的其他尝试一样,这一研究进路重述了库恩关于"成熟"科学的统一性论点,以及库恩的这样一个明确观点——一旦某一科学领域通过一些并非特指的过程而变得成熟了,它就会遵循相同的智力变迁模式,而不管其外部环境因素如何。[16]

关于成熟科学领域中知识发展过程的统一性与不可避免性的这两个假定,阻止了社会科学家去研究各科学学科之间的差异,也阻止他们去考察发生剧烈智力变迁的不同社会条件。通过或明或暗地遵循库恩的假定,即已确立的各门科学都与现代物理学具有相似性,而且物理学的智力变迁模型具有必然性,许多研究科学的学者有效地在其研究议程中排除了对不同科学领域的比较研究,也放弃了任何试图理解科学革命可能或不可能发生的社会环境的尝试,转而乐此不疲地专注于新领域得以确立并生产出正确科学知识的程序。[17]尽管这些研究宣称他们独立于占统治地位的认识论,并主张对智力变迁进行社会学分析的有效性,但他们仍然通过认可库恩的知识发展及其自足性(self-sufficient nature)的一元化模型,而重述了自然科学的特权地位。然而难以想象,若不考虑智力生产和评价如何在不同环境中以不同方式发生变化,一种真正的科学知识社会学将如何产生。尽管20世纪70年代有一批关于特定科学领域得以确立的案例研究,但仍难以对这些研究进行系统比较,它们也没有导向一种关于不同类型的知识如何在不同的社会情境中得以生产的社会学说明。[18]

欧洲知识社会学和科学社会学的另一脉后库恩(post-Kuhnian)[19]研究工作,更直接聚焦于认识论的合理性问题,以及社会学还原论对分析智力变迁的涵义。在如今称为"强纲领"和"相对主义纲领"[20]的知识社会学中,大量历史研究和当代研究都旨在阐明,科学判断的纯认识论说明是不充分的。[21]基本上,这些研究所关心的都是展示科学家的判断如何具有内在的社会性,从而智力变迁具有社会偶然性,而非科学进步的认识论合理性和哲学理论的后果。因此,科学家被描述为在解决争论的过程中掺杂了他们的"利益"(interests)和"投资"(investments)考量,而科学事实的生产则被刻画成从无序中建立认识秩序的、具有高度社会偶然性的过程。[22]

然而,这些研究的一般蕴涵并不清晰,并且许多作者似乎满足于表明非认识论因素在解决争论和冲突过程中的重要性。鲜有尝试对这些案例研究进行比较分析,以便使我们能够去分析包含在不同情境中产生和处理的不同类型科学争论的社会过程;也不清楚科学冲突与其他类型的争端在哪些方面存在着差异。同样,近来关于实验室科学家协商科学事实之意义的研究,也对那些有关科学变迁的比较社会学探索无所助益。事实上,拉都尔(Latour)和伍尔加(Woolgar)的研究几乎完全拒斥了这个目标。在他们的研究中,认识秩序的建构几乎完全被视为奇迹般的活动,难以做进一步的分析。[23]这些实验室的工作模式或许存在特殊性,或者其组织方式有历史性的变异,但这些可能性似乎并未受到作者的认真对待,他们没有尝试将其研究置于更广阔的社会情境当中。当然,按照库恩和其他人所表明的那种方式,否认支配着科学家生活和思想的那种同质的、整体主义的、内在一致的科学共同体的普遍性,并非必须排斥对科学家的行动和判断产生某种影响的小群体和"超认识的研究场域"(transepistemic arenas of research)[24]之外的任何类型的社会结构。20世纪下半叶,某些生物医学科学家以不同于某些物理学家的方式组织他们的研究工作,这种现实无疑应该促使我们思考事情为何如此,它对知识的生产和组织有什么含义,以及我们能够怎样分析这些变异等问题,而不是将这种特殊之处推论到所有的科学领域和知识生产过程中去。[25]

如此看来,近来在重新定向科学知识生产和发展的研究方面所做的努力,虽已促成了一系列将新科学领域的形成、科学争论以及科学知识在特定环境中的建构作为社会现象的经验研究,但并未产生多少有关不同类型的科学如何在不同背景中以不同方式得以建立和发展,或知识生产单元本身的分化过程如何产生的比较认识。我认为,这类比较认识是任何致力于分析不同知识如何生产和变迁的完备的科学知识社会学的一个必要部分。本书即打算提出一种关于现代科学作为特殊工作组织在不同情境中以不同方式建构知识的说明,而藉此对上述比较认识有所贡献。

在进行关于开展研究和评价研究的不同方式如何得以确立和改变的比较分析时,有必要勾勒出一个关于现代科学作为智力创新生产和选择系统的特殊性质的总体性社会学观点,也有必要厘清那些诸如知识生产者就业机会的增长之类的主要体制发展。本章其余部分以及下一章将致力于此。

当然,在这种把现代科学作为特殊的工作组织类型和控制类型所进行的宽泛描述中,不同科学领域中已经开展或正在开展的各类研究,在组织和控制方式上存在实质性差别。这些差别有时被理解为源于各门学科的研究题材,比如社会世界的"复杂性"(complexity)。[26]但我认为,最好把这些差别解释为历史性的偶然变异,随变化着的环境和情境而改变。这样,现代社会科学在许多核心假设上明显缺乏共识,与其说是其研究题材的某些本质属性的直接产物,还不如根据它们与日常关怀及阅听人的紧密关系,以及由此产生的标准与目标的多元性来理解更有说服力。[27]进而言之,学科作为知识生产的社会组织的基本单元,本身就是历史地变化着的,而决非现代科学的本质特征。19世纪形成的大学教授对智力工作的主宰,正如下一章将讨论的,对研究的组织和控制有重大意义,但这种主宰并非当然就是科学日益增长的威望与重要性的必然伴随物。[28]因此在19世纪末和20世纪初的许多国家,以大学为基础的各门学科仅是将声誉网络(reputational networks)、职业结构(employment structures)和训练计划(training programmes)统一起来的知识生产单元的一种类型。

知识生产与协作的一个更广泛、更一般的社会单元是智力领域(intellectual field)。在这里,智力领域被设想为这样一种研究行为,它们具有相对清晰的边界和独特的社会组织,其领导者能够按各人的智力贡献大小来分配奖励,并以不同的方式控制和引导着特定主题。[29]尽管许多智力领域的确在19世纪的大学院系和训练计划中就已确立起来,但并非尽然如此,[30]而且,其身份特征也决非总是根据就业单位或教育单位的边界来确认。这些智力领域的内聚力及其相对于其他社会结构的自主性程度并不相同,但却构成了在不同的民族国家和多种多样的情境中协调与定向研究工作的主要社会实体。它们围绕独特的"主题"(subjects)重构知识,其组织和变迁是已分化的现代科学的智力工作和知识生产的关键特征。正是这些智力领域的组织模式、相互联系和变迁将是本书的主要关注点。

在第3—4章中,我将提出两组分析维度,以便比较各种智力领域的内部组织,以及它们得以建立的社会情境。在第5—6章中,我将整合这些维度,辨识出7种主要的智力领域类型及其工作组织与控制模式,以及与它们的发展和体制化相关的重要情境因素。最后,在第7章中,我将讨论智力领域之间的——特别是自从这些智力领域与诸如大学之类的职业组织相关联以来的——某些相互关系,并讨论在过去的数百年间,这些关系如何发生变化。

在继续把现代科学作为工作组织和工作控制的声誉系统(reputational systems)而对其特征进行总体刻画以前,有必要澄清以下几点。首先,"科学"(science)这一术语在此泛指所有形式的现代学术,而并非仅限指自然科学。如果我们要理解在我们有关知识和真理的观念中,这些特殊的研究领域为何占据着如此支配性的地位,这一点在我看来是必要的。进一步说,在19世纪早期的普鲁士大学系统中,自然科学的确立遵循的是人文学科建立起来的模式,并打上了它的烙印。因此,19世纪末和20世纪的"纯"科学信念与知识生产观念乃源自于总体的学术实践与结构,而非比如化学和物理学的特立独行。[31]其次,尽管工业科学和受政府指导的科学已具有相当的重要性,并对以追求真理为首要理想、更多地通过正式交流系统而非职业组织中的权威结构而得到控制的科学发展产生了重大影响,但我仍将把注意力集中在后者,即"公共"(public)科学上。这是因为,正是公共科学试图支配关于真理和知识的社会观念。尽管真理追求的合法化和资源,通常是由科研人员基于功利效益考虑争取到的,但是,公共科学仍然控制着真理观念的解释与应用。而且正是基于此意义的解释活动与评价标准,使得专家们对专业技能和知识的许多诉求都合法化了。因而,围绕工作成果和思想观念的公共交流系统组织起来的知识生产系统,才是本书的主要关注点。再次,值得强调的是,在把智力领域作为与智力创新的生产和控制相关的基本组织单元进行讨论时,我并不打算参考由哈格斯特隆(Hagstrom)、斯托勒(Storer)或其他人所发展的库恩式的"共同体"(community)概念。[32]相反,智力领域是科学家在其中发展独特能力和研究技巧的社会情境,他们根据这些领域的集体身份、目标和实践,以工作组织的领导者和其他重要社会影响因素为媒介,来使他们的活动有意义。因而,智力领域在此被视为建构框架的重要社会组织形式,在这个框架中,主要定向于公共智力目标的科学家群体的日常决策、行动和解释得以展开。智力领域具有多种多样的结构,这些变异又与智力组织的差异相关联,并且产生于不同的环境中。因此,要理解不同学科的知识为何以及如何变异与变迁,就必须理解其生产与评价系统为何及如何变异与变迁。而正是这些方面,是科学领域比较分析的关注焦点。

1.2 作为工作组织和控制系统的科学领域

特殊的历史背景制约着被视为是构成知识的智力创新的本质,而科学知识是由处于这种特殊历史背景中的社会行动者所生产的,这种观念已不再特别具有新意。例如,拉维兹(Ravetz)曾提出一种关于科学研究的精致说明,将其视为本质上是一种运用有组织的共同方法及工具,转换智力建构的事物和事件的手艺活儿。[33]而其他学者则描述了现代科学某些特殊领域中科学"事实"(facts)的建构与知识制造的社会过程。[34]同样,科学知识也在近来有关科学的分析中被世俗化和日常化了——它是一种已在教育体制和就业市场中牢固确立了的、精致复杂的社会组织活动的产物,而非某些与世隔绝的天才阅读自然之书的成果。因此,知识是通过一些特殊的方法而得以生产和辩护的——这些方法则是通过长期的训练计划而习得,并被应用于称之为研究实验室和大学这样的特殊场合。它是有组织的集体工然而,对西方现代科学知识的这种社会生产本质的认识,却极少促进关于这种知识生产在不同背景中是如何以不同方式得以组织和控制的详细考量。比如,哈格斯特隆关于科学共同体的交换-承认(exchange-recognation)模型并未考察信息如何用来建构新知识的生产过程。[35] 他关于竞争的解释把注意力集中在过去已成功的事实上,而并非聚焦于针对研究成果对于未来工作及研究方向的相关性和重要性而产生的冲突方面。尽管更新近的一些关于科学实践的说明,已专注于考察新知识如何被建构以及一些解决争论的社会过程,但注意力主要聚集于一些地方性的偶然事件和冲突,而并未分析工作组织与工作控制的一般系统。它们也未考虑不同的周边环境将如何导致不同的冲突与事实建构模式。[36] 事实上,它们极少探究作为知识生产场所的实验室的历史特殊性,并且似乎把科学知识限定为实验室研究的产物,而忽视了田野科学(the field sciences)及其他领域。[37] 结果是,尽管科学知识已被视为在特定地域中得到组织的人类活动的产物,但是,这些活动如何得以组织与控制,以至于不同工作组织与控制模式导致了不同类型的知识——比如田野科学与实验室科学的不同,这些都仍然很模糊。[38]

如果我们同意科学研究是一种必然涉及到解决人工制品问题的手艺活儿(craftwork),[39] 那么,对以工作组织与控制系统的方式来组织和控制这种手艺活儿的社会组织活动进行分析,并能用理解其他工作组织活动形式一样的方式来理解科学研究,这看起来就是合理的。因此,构成知识生产与评价的不同领地的智力领域,就可理解为这样一些特殊的工作组织,即它们共有其他类型工作组织的某些特征,并可以通过比较方法来加以理解。正如不同的工作组织与控制模型通常都与不同的环境、活动和结果相关联一样,[40] 我们也可预料到,各门科学之间组织和协调研究的方式的差异与以下两方面相关联:一方面是知识组织方面的变化多样,另一方面是其情境和环境方面的差异。同样,各科学领域在情境方面的一些重要变化,也会对这些领域的研究如何组织与控制以及智力创新的组织造成某种影响,就像市场与交流渠道的大幅度变化会影响工业组织与进化的模式一样。[41]

在思考工作组织和工作控制的特定类型——这是现代科学的典型特征——的过程中,一个关键的特点在于,现代科学承诺创新和创造新知识。与其他工作组织和知识生产系统相比较而言,它们制度化了一种在其中占支配地位的价值,即要创造出超越和扩展以前工作的新知识。现代西方科学定向于建构出超过先前理解力的、新的更好的智力产品,而并非仅仅重新或详细地解释过去的学术。因此,知识逐渐过时是知识生产系统的内在部分,新的发展使旧知识贬值。这意味着,研究成果具有本质的差异和不确定性,从而总体而言,该生产系统中的任务不确定性程度比其他大多数工作组织中的要高。这进而导致研究组织和研究控制的一种特殊结构,我称之为声誉系统(the reputational system)。

这种追求新颖与创新的一个重要方面是,它既扩展到研究成果上,也延伸至对认知对象的研究方法上。尽管许多工作领域都在工作结果的性质和意义方面展现出高度的不确定性,但是,现代科学持续地改善和变换其技巧和程序的程度非同一般,以至于实践者不得不经常改变他们的工作惯例。在研究如何开展方面的这种持续创新,明显增加了任务不确定性的总体水平,并使得协调和比较研究结果变得困难,尤其是在跨研究场所和民族文化的情况下。

能够抗衡现代科学对新颖性的制度化追求的另一个重要特点——为创造新知识而对工作成果进行集体征用。尽管许多科学知识理所当然是为了雇主、技术人员和受过教育的公众的消费和运用而创造的,但受到最高评价的知识还是那些为正处于创新过程的同事们自己消费和应用的知识。因此,那些追求作为新知识创造者的最高声誉的科学家,不得不说服有权力的同行相信他们遵循标准程序和应用通行技巧的能力资格,并相信他们的工作对集体目标具有重要性和相关性。在此知识生产系统中,智力创新是根据其对研究者创造更多创新的有用性来估价的。这意味着,若工作结果想得到高度认可的话,就必须切合其他人的技巧和目标。因此,现代科学中所能创造的新颖程度就严格受制于一种必要性——要遵循集体标准并与同僚的工作相关联。这里关键的一点在于,研究是根据其对他人工作能成功达成所产生的影响、决定作用以及必要性程度来估价的。能力上合格但并不重要的研究可能会得以发表,但却不会因此而得到积极、重大的声誉,因此,科学中新知识的创新是定向于对同事工作的影响和指导上的。

这种对把任务成果用于创造新知识的强调,使得科学区别于许多其他文化生产领域。许多文化制品(cultural artefacts)倒是也通常都根据一些在某些特殊的文化精英群体中共享的、有关能力资格与重要性的散漫而宽泛的标准来评判,但却极少依据它们对创造新文化制品的直接效用来进行评价。比如说,许多文学作品都建基于一套共享的假设、语言传统和共同承认的成就之上,以此作为声誉与评价的基础,但作家们在创造自己的作品时并不占用其他作家的作品,而一个作家的名望也并非来自于应用他或她的"成果"(results)的著名同行的人数。因此,尽管一般而言文化生产系统都具有一个特征,即在创新与控制之间存在持续而普遍的张力,然而肯定的是,现代科学在智力创新的评价上如此直接地与它们对进一步创新的有用性相关联方面却显示出独特性。[42]

现代科学在这方面的体制化,意味着科学家具有相当大的智力自主性,并有能力控制丰富的资源,以建立对他们获得奖励非常关键的标准。正如兰德尔·科林斯(Randall Collins)所指出的,这种自治与控制仅仅是近来才有的现象,它使得研究者基本上是为了彼此而生产结果,并构成了工作成果的主体阅听群。[43]对这种相互依赖的增长和排斥外行阅听人和外行标准非常关键的,是19世纪的许多欧洲国家中,知识分子对扩展的第二级、第三级教育系统施加了不断加强的控制。这使得他们能够坚持那些对训练教学人员而言非常关键的目标与标准,并因此把职位控制与智力成果和声誉联系起来。科学声誉的总体社会地位也因大学在训练和认证更高级国家机关工作人员方面的作用而增长了,特别是在普鲁士。[44]

从而,作为工作组织与控制系统,现代科学的特殊之处一方面在于其承诺创新和创造新知识,另一方面则在于通过对其成果的集体调配与应用来协调研究规程与战略。新知识的生产是通过分配奖励来管理的,奖励的基础则是某项成果在左右其他研究者的工作方向与实施上有多成功,这样,科学家们就受到一种约束——要求他们与同行的计划和工作规程相一致。在该文化生产系统中,只有创新才能获得奖励,而创新也必须得到与创新者一同角逐积极声誉的竞争者的承认和应用,从而保持对智力变迁的强有力的集体控制。创新与传统或说合作与竞争之间的"必要张力"(essential tension)是现代科学工作的显著特征,它使得一种独特类型的工作组织成为科学领域的典型特征。这一协调和控制科学研究的声誉系统是更一般的工作管理行会模式(craft mode)的子集,并共有专业工作控制系统的某些关键特征。

1.3 作为一种行会式工作管理模式的现代科学

科学中的工作组织和工作控制反映了工作结构与控制的总体特征,因为工作的系统阐述、分化、分配、协调和评价等议题都包含于其中。另外,权威结构与层级制当然也是大多数工业社会中的工作组织的重要特征,它们在科学中也不少见。

在许多关于科学共同体的研究中,一个通常的暗示——各种贡献都是根据纯粹的普遍性原则来评价的,而忽略其作者的名声;这种观点已被根据把不知名的科学家所贡献的思想与已有公认地位的科学家的思想进行比较而看到的区别对待的许多案例所否定。[45] 因此,我们认为,许多为工作组织而设的工作结构和控制系统之间的关系在总体上也能适用于科学。比如说,作为创新系统,各门科学都是这样的工作组织,其性质和工作结果的意义都是高度不确定的、非常规的。工作结果的可预计性和可重复性都较困难,在程度上也有限。科学工作的这种特性意味着任务只能在有限程度上得到区分与分割,而不可能由处于工作现场之外的管理者做出较大程度的预先规划。

科学工作的高度不确定性使它明显地区别于批量生产产业及许多其他领域。总体而言,科学工作过程的控制是由身处研究现场的实际操作者来实施的,而并非受控于外部权力所建立的精致规则和管理体系。准确地说,开展什么工作,怎样开展以及何时开展,都是由科学家决定的,而并非其他任何群体,更不是那些处于正式权力科层体系中的行政管理者。在公共科学领域,工作的计划与实施被分散到个体工作者手中,他们对低层次的目标和特殊工作规程的采用持有很大控制权。任务的高度不确定性使得完全官僚主义的工作计划与控制体系既无效率,也没有实际效果。

15 科学工作及其控制的非科层制性质可以用斯汀康比(Stinchcombe)提出的"行会式工作管理体系"(a craft system of work administration)概念来进一步加以澄清。[46] 在某些重要方面,可以把科学描述为"行业"(crafts),不同于工作计划与控制的科层系统,因而可以归之于工作管理(work administration)的总标签下。斯汀康比在工作管理的科层体系与行会体系之间作了区分,区分主要基于谁控制着开展工作的方式,以及是否预先由不直接参与生产的工作者(non-direct production workers)做出规划。他把批量生产工业与建筑产业作为这两种管理体系的典型例子。前者的工作由行政管理人员预先详细地计划好,而后者的任务是将于何时、何地以及怎样执行,这在很大程度上由全体工作人员基于其学徒期间习得且得到行业联合会认证的技能来作出决定。官僚式的工作管理体系要求有庞大的办公室工作人员队伍和详细规划的正式交流系统;而在行会式的工作管理体系中,对工作如何开展则会转包给工人和工头,与核心管理层的正式交流则仅限于有关生产类型、设计与价格的问题。前者是通过工作的标准化来达到规模经济的,而建筑行业则依赖于产品类型和各组成部分的标准化来实现其规模经济。[47]

另外一个区别与权威体系有关。科层体制的权威至少原则上说是单一的,工作目标和工作规程都由职业组织中某一个专一的等级体系所控制。相较而言,行会式管理体系的权威则一分为二,即分为雇主的权威与认证机构的权威,后者制定和控制开展工作所需的技能。一般来说,雇主控制的是为什么开展工作,以及产品的处置,但却要与工人和认证工人技能的机构一起分享有关需要何种技能和怎样运用与协调这些技能方面的权威。因为劳动力市场状况影响着工作如何开展以及由谁来开展,因此它在行会式管理体系中比在科层体系中要重要得多。与科层体制相比,行会式管理体系中的固定岗位相对较少,并且组织外的社会地位系统对如何开展工作具有影响,这对许多工作人员而言意味着,他们永久性的劳动力市场地位比他们的临时性职业地位更重要。

斯汀康比提出,这两种管理形式是"理性的"(rational)工作管理的两种类型,它们分别处在给定的不同环境中,但却是同样有效的工作控制形式。尽管在产品周期长、市场大、工作流可预计且较稳定的情况下,科层制管理体系所产生的巨额日常开支也无可非议,但在这些条件不具备的情况下,巨额费用就会成为沉重负担。工作和收益量的不稳定性,以及相伴随的产品与产量组合及劳动力构成方面的巨大变动性,使得这种全幅武装的泰勒制计划与控制体系显得不合适,而转包式的行会体系则显得更"理性"。在后一管理体系中,工作流的不确定性和变动性是通过短期就业状况来实施管理的,把大量的对工作过程的控制分散给直接生产人员,同时也间接地分散给了技能认证机构。

在许多方面,比如工作流的不稳定性与变动性方面,科学工作类似于建筑行业及相似产业中的行会工作。同样,对工作规程的控制倾向于为具体实施者所独占,而并非由某个行政等级体系所确立的正式规则来监管。此外,对许多科学家来说,外部身份往往比直接的工作身份更重要,而且事实上,在公共科学中前者往往决定着后者。从而,根据上述理由,科学看来更接近于行会式的工作管理体系,而非科层制工作管理体系。不过,也有一些明显的区别突出体现了科学工作的某些特殊性。

首先,科学技能的劳动力市场的存在相对而言是较为晚近的一种现象。19世纪中期时,为研究者而设的大学职位才较广泛地建立起来,而在此之前,为原创性研究的开展提供持续报酬以及提供便利条件的现象并不普遍。许多由科学家所占据的岗位是为各种不同目的而设的,通常都集中于行政管理和军事需求。他们或许因为先前的工作而得到津贴,但却不会为正在开展的研究而获得工资。[48]某些由皇家学会所设的研究奖项,可能被视为是劳动转包的一种形式,但这对于长期为个人提供资助和提供研究设备而言则是不够的。[49]进而言之,当为正在开展的研究工作支付酬劳确实成为一种常规时,与之相联的往往是永久性的岗位而非以特定的项目为基础的短期雇用合同。尽管这是出于多种原因,但一个较重要的因素则是科学工作的高度不确定性,这使得它区别于许多行业。

其次的一个区别则不仅仅只是程度上的问题。科学把创造新的原创性的知识作为制度化的必须履行的义务,这意味着学术训练阶段获得的那些技能并不能在整个职业生涯中保持固定不变,而是在不断地得到发展和变更。科学工作流的不稳定性和变异性并非仅由生产和市场的各种复杂状况所引起,而且源自于对创新的承诺。科学中的每一项新成果和工作结果,若要被视为对知识有所贡献,就必须与先前的成果有所不同。因而,变异就被内嵌于活动本身之中。而且,科学工作中所运用的技能,如果要有所贡献的话,就必须能够连续不断地创造新的、不同的成果。因此,这些技能更加笼统和宽泛,并比其他大多数行业技能能够带来更多样的结果。这些技能的运用并不会带来明确的、清晰界定的结果,而是将创造出一些特殊类型的、可以进行不同解释和理解的知识。因此,科学中通过利用特定技能和原材料而获得的结果的可预见性,比其他大多数行业中的要小一些。产品的性质事先难以清晰说明,而当产品出来时,其性质也有待协商确定。在雇主预先对产品进行了详细规定的项目基础上转包科学工作,在这样的情况下,并不是直截了当的事情。取而代之的情形是,雇主们更乐于给予科学家们长期性的职业身份,并有赖于把科层制控制与职业的社会化结合起来。在许多工业科学研究中,目标是由行政等级体系所设立的,而工作流程则通常由科学家在其接受训练的基础上来决定。对组织目标的忠诚是通过把工作身份组织到一个等级序列中而得以保证的,这个等级序列通常会导入管理职位,这就降低了有利于组织的劳动力市场状态的重要性。在具体工作场合中,科学工作的指导由地位较高的科学家来实施,而且尽管工作并未由行政管理人员系统的加以规划,但通常也得到相当严格明确而谨慎的限定。从而,许多工业实验室中的科学工作类似于行会式管理模式,但科层制管理体制也非常明显地存在着,而且有时也被直接应用于正式计划模型的场合。[50]

在公共科学系统中,对研究的直接管理也出现在具体工作场合中,通常采用的是等级制形式,但会辅之以一个精致的正式交流与出版系统。这个系统正是科学与行会式工作管理体制间存在的第三个主要区别。公共科学中对工作目标与工作规程的控制更多地是通过这个正式系统而并非通过职业等级制得以实施的——尽管从经验上说,二者通常难以分离。这并未使科学成为上文所述意义上的科层制管理体系,因为这种正式交流与出版系统并不对工作如何开展作出规划,也不置于非直接参与生产的工作人员的控制之下。此外,作为控制系统,该系统也不等同于工作结构,而事实上常常是以与工作结构相矛盾的方式发挥着作用。而且,尽管该系统经常受到那些同时也控制着训练和认证系统的学者们的控制,但它并不必然总是与这些系统保持一致,而且近来已表现出一些逐渐脱离这些系统的自治性迹象。

科学中的这种公共交流系统的重要性,凸显了研究的创新性和工作结果的不确定性。实质上,工作流程和目标方面的经常性变化是通过高度的分散化来进行管理的,即把对工作流程的控制分派给科学家个人。这使得组织活动对环境的变化高度灵活而敏感,而与这种分散化管理相结合的是一个规范的报道系统(reporting system),它使工作结果能够得到比较和协调。这个报道系统依赖于标准化的符号系统来降低模糊性并方便比较。控制是利用这个系统集体实施的,通过对结果的评价确立一些标准和准则,并因此引导工作沿着某些路径前进而排除了其他路径。科学中不断产生的不确定性是通过这一规范系统得到监管和控制的,它确保研究决不至太过于"原创"。在一个科学垄断着知识的生产和合法化过程的社会里,研究成果要想作为对知识的贡献而得到承认,就必须紧跟时代优先考虑的事项并采用公认的工作规程,以得到公开出版物的采纳。创新和新颖性因而总是被控制系统的严格要求所调和。

1.4 作为一种专业工作组织的现代科学

科学具有相对较高程度的任务不确定性,科学家在科学工作结构中拥有相应程度的个人自主性,这使许多观察家将科学视为专业(professions)。不过,专业这一术语在许多陈述中的含义并不清晰,而且有一大批文献对专门职业(professional occupations)定义了各不相同的属性。[51]为进一步澄清科学作为工作组织形式的某些关键特征,下面我将对科学与专业工作组织的异同作简要讨论。

一般来说,把职业定位为行会式工作管理体系的一个子系统,看来是合理的。特殊的技能经由专门的组织所传授并由专业机构所认证。这些技能垄断着那些赋予了高社会地位和相应的高报酬的特定活动。各职业领域的工作由从业者依其训练而加以控制,但这些专业技能所针对的目标则在不同程度上由行外的客户和雇主所控制。如何开展工作的问题是工作人员所专有的责任,这正像在行会式工作管理体系中一样;然而工作技能的选择与协调则通常由非专业人员所控制。在某些咨询行业比如私人医疗和建筑业中,认证机构对执业的状态和条件施予巨大影响,从而专业人员能够明确规定其服务的性质并在很大程度上对任务执行的评价进行控制,只不过有程度上的差异并随时间而变化。例如,拉尔森(Larson)强调了那些有发展前景的专门职业为其专业知识而构建并控制一个市场的根本重要性,[52]也注意到了为许多专门职业所建立的固定职业地位的提高,以及它们对于正式权力等级体系的从属地位。比方说作为一个会计师,其劳动力市场地位可能对于其进入庞大组织中的特殊岗位有重要意义,并能确保对工作如何开展持有很高的处理权限,而工作的分配与协调却通常仍由雇主来控制。在此,专业身份确保了工作流程由具体从业者来控制,而目标与绩效则由雇主来决定。从而,这些专业性工作组织就是一些行会式的工作管理系统,其中认证机构对就业要求和条件持有某种控制权,并能影响工作绩效的评价。与技能应如何得到使用、调配和评价有关的权力,则由专业群体与委托人或雇主分享。这种分配如何进行,不同专业间存在差异,并受到学术团体与专业技能购买方之间经常的协商与冲突的影响。

根据科林斯(Collins)所说[53],科学是一种很强大的专门职业。在科学领域,控制着智力创新的、具有自我意识并自我管理的同侪群体,拥有对其成员的专业知识进行合法化并因而调节其成员职业生涯的权力。物质奖励依赖于专业地位与声誉,科研人员不得不遵从同行的支配并追随其优先考虑的问题。在科学领域,从业者的职业生涯依赖于说服其他人,相信他们已对该领域的知识目标作出了实质性贡献。由此,学术团体就对什么工作需要做和如何开展研究施予了强有力的控制。在这种情况下,因为工作的高度不确定性以及专业技能将不确定性降低到某种程度的能力,雇主和客户就给予科研人员自主权。一般而言,工作结果越是不可预计,与其他技能相比特定专业技能降低不确定性的程度越大,而且,对客户和雇主来说,这种不确定性的降低越是显得重要和有价值,则专业群体对工作目标和工作规程的自主权就越大,这些群体对具体从业者的权力也会越大。

正如不同职业在自主权和对成员的权力上变化多样一样,各科学领域在与这些条件的符合程度上也有差别。此外,不同的历史条件自然也影响着专业群体建立和主宰工作流程的能力。正如我曾提及过的,为科学工作持续地提供报酬在19世纪以前并不普遍,因此科学家通过智力声誉来控制获得物质奖励的机会的能力也就相当有限。在化学顾问作为一种谋生手段在19世纪早期确立以前,科学职业作为一组声誉地位,对个人工作生涯的收入几乎没有什么影响,[54]从而相应地学术团体的权力也有限。部分地因为这个原因,在工作与声誉相联即职业化[55]以前所创造的那种知识,就显得较少定向于学术团体所关心和优先考虑的问题。如此看来,可以不无道理地认为,知识主张的创新和新颖程度就比后来要高一些。正如伯尔曼(Berman)所认识到的,19世纪——大部分是在英格兰——由业余科学家所创造的那种科学和出自专业人员之手的那种科学之间存在着差异。[56]之后,科学作为力量强大的专门职业,在控制工作和职业生涯的权力方面已有了变化。

假如我们将注意力限定在高科学声誉带来物质回报的那段时期,那么科学——或如科林斯所说的成熟科学[57]——就似乎确实是一种强大的专门职业,学术团体控制着工作流程、目标以及工作绩效的评价。然而,在科学和人们通常所认为的主要专门职业之间还是存在一个重要的区别。在专门职业领域,技能的生产出现在职业生涯的开始阶段,而且一般认为技能的性质在个人职业生涯中都比较固定而持久不变。而科学技能尽管也从职业生涯伊始就被反复灌输,但在个人职业生涯中却会经历很大的变化。科学家常常不得不"跟上"其他人的工作,他们习得新方法和技能的范围要比其他职业群体大得多。某个科学家在他或她的职业生涯之初被认为对知识所作的贡献,在其后来的某个阶段则会被当做非原创性的或无关紧要的东西而受到拒斥。因而,科学中的学术团体并非只是生产出技能,并依赖标准的工作控制方法来确保这些技能得以恰当的运用,它们还必须系统地监控研究成果并调配工作结果。尽管其他职业群体控制工作的方式是保持稳定并因而在很大程度上被认为是理所当然的特定技能,并把注意力集中在统管这些技能的聘用与运用的条件与要求方面,但是因为科学在其工作流程中产生了不稳定性,所以不得不组建一个反馈与控制工作的系统,以确保其内在一致与协调。若是没有这种规范的交流与控制系统,对原创性的追求就有可能撕裂各科学领域。

现代科学中的公共报道系统加强了学术团体对工作流程的控制。尽管所有专门职业,以及大多数技术性行业,都对就业要求和薪水进行控制,而且其中一些还对工作绩效的评价以及雇用的目的进行控制,但没有一个会像科学所采取的方式那样控制工作的日常开展并监控工作结果。科学领域对自我通报的广泛依赖,并未降低出版系统对研究活动的强大影响。为了使同行科学家确信某个人的工作的重要价值,这项工作首先就必须得以发表,以确保它与公共规范和准则相一致;其次,它还必须在同行的研究工作中得到应用。人们越是认为该项工作重要,就会有越多的竞争者去试图发展和质疑它。竞争性压力确保了看上去重要的新成果和新观点会得到利用、改造和控制。假如在这些过程中预期效果没有达到,那么这些成果就会被拒斥和忽略。这种情况尤其可能发生在工作结果与当下公认的观点对立的时候。尽管事实上几乎没有哪项成果会得到如此程度的检验,而且大多数工作随随便便就被忽略掉了,但是,该系统对伴随着说服众多有影响的同行们相信某项工作的重要价值而来的名誉与财富的强调,确保了对当前的工作规程规范的普遍忠诚。假如一项工作想要产生影响,就要比仅仅是使它得到出版随后又被忽略这样的例行工作做得更多。它必须影响和指导其他人的工作。鉴于他们在贬低他人工作而抬高自己的工作方面有一种既得利益,这种影响只有在获得大量评价和检验之后才可能得到承认。伪造的成果或许会通过公开发表产生普通的声誉,但却不可能获得荣耀。在允许某个人的成果发表之前对这些成果进行审核与复查,以及众多领域中广泛存在的发表前保密制度,都是这一控制系统的表现。[58]

这导致了现代科学与专业性工作组织间更进一步的差异。尽管从业者互相为着市场优势——要么直接地争夺客户,要么就通过职业声誉系统——而展开竞争,但是他们并不通过发表自己的工作成果而为影响和控制他人的工作公开进行竞争。尽管在现代各门科学间竞争的范围与程度变化多样,但是在某些特定阅听人中角逐声誉与影响力,似乎是其必然特征。一般而言,在大多数专业领域,专业技能的习得确保了专业能力,从而从业者无需通过把他们的成就不断传达给其他同行的方式来表明他们的重要性。然而,在科学领域,假如科研人员想要保持影响力的话,他们必须展示他们用普遍赞同的方法控制一些重要的不确定性领域的能力。

科学家个人在整个研究生涯中对同行赞同和承认的持续依赖表明,相较大多数专门职业而言,在科学中,专业机构对工作的控制程度要高得多。虽然如何以及在何时何地开展工作可能仍大部分是由科学家个人控制着,但是,如果要想得到许可持续地参与专业性工作,那么其成果就必须遵照公共的可接受性准则并被同行所认可。因此,在那些"成熟"科学中,独立于专业群体的个人自主性程度要远比其他专业性领域低得多。有关工作成功开展的评价不是留待从业者个人来进行,而必须与其他专业人员进行协商,其程度远远超出其他专业性工作领域。在这种意义上,共同体和相互定向在科学中比在其他地方要强;科学家以一种似乎在其他专业群体中几乎没有的方式卷入相互间对其工作的持续争论与冲突中。然而,这种很强的共同体结构远比某些描述中所展现的更具竞争性和冲突性,而且这些冲突对什么作为科学知识而出现有着实质性的重大影响。[59]

因此概而言之,就科学控制着工作如何开展,如何得到评价,以及工作准则与工作规程控制着获得物质奖励的机会而言,它是一种专业性工作组织。客户和雇主可以为了他们自己的目的而买进科学技能,但却必须依靠科学家来决定招募成员、分配奖励和评价产出。科学与其他专门职业的区别之处在于,它通过一个比其他专业领域更高程度地对工作进行控制的、精致而规范的交流系统,而持续地监控着工作结果,它也把相互间争夺影响力和意义——这种影响力和意义以工作结果的重要性为基础——的高度竞争制度化了。现代成熟科学中的实践者在其工作中定向于同行及其意见的程度,要远比其他专业性从业者高得多。与这些特点紧密相联的,是对新颖和创新的承诺而产生的、较高程度的任务不确定性和技能上的快速变化。

1.5 作为工作组织和声誉控制系统的现代科学

现代公共科学与专门职业和行会工作管理体系共有许多特征,但也在某些重要方面区别于它们。这些区别意味着科学构成了一种独特的工作组织与控制活动,其中,通过在一个由同行-竞争对手组成的群体中追逐公共科学声誉,研究活动被定向于集体的目标和意图。在这种声誉型工作组织中,从特定的从业者群体争取积极声誉的必要性,是对开展什么工作、如何开展以及如何评价绩效进行控制的主要途径。在科学中,公布研究工作是为了说服同行研究人员确信其工作成果的重要性与重大意义,从而提高个人的声誉。工作与资源的分配很大程度上依据的是个人在组织中的声誉,因而,一个人在职业组织中的地位也就有赖于他在更大的"共同体"中的声誉。因此,与其说科学职业生涯是组织地位在一个权威等级中组成的序列模式,还不如说它们是在一个或多个智力领域中由一组声誉序列所构建的。

通过声誉来控制研究工作为何目的以及如何开展,这意味着学术群体并不仅只是为了认识活动而相互依赖。正如科林斯指出的,哈格斯特隆的科学交换模型(mode of exchange in science)似乎暗示,科学家"彬彬有礼地把信息或认识当做礼物来交换"。[60]这个关于同行具有同等身份和资源且互相捧场的模型,忽视了科学中权力的分层和资源的不平等分配。它也无视承认和奖励上的差别对科学知识生产系统的影响,并因而"忘记"了奖励系统的一个关键之处,即它们是控制工具。因而,正如在艺术或其他文化生产系统中一样,科学领域里对声誉的追逐并不仅仅只是为了彼此赞许,而是为了控制知识目标与工作规程的权力。声誉是通过说服有关阅听人相信某人工作的重要性而赢得的,这就会影响这些阅听人自身的优先权和工作规程。拥有高的声誉,就意味着拥有一种能力去让你自己的思想和观点被当做重要的东西来接受,从而其他人就会遵从你的引领。它也意味着拥有一种能力去影响研究资源的分配,并间接地影响那些声誉控制着研究设施的工作组织中的职位。从而,声誉竞争是围绕资源和优先权展开的斗争。同样,科学家为了声名并非仅仅是在某种中立的、不受干扰的市场上提供一些研究成果,而是卷入到各种各样的策略中,辅之以不同数量和类型的资源,以图积极操控他人的意见与评价。最近的几例关于科学家互相协商的研究,已经强调了现代科学工作的这方面特征。[61]因而,声誉型工作组织的典型特征就表现为持续不断地力图获得关注,并不断地把思想和观念强加给同行。不同领域中组织竞争的特殊方式会产生不同的智力组织与变迁模式。比如说,在研究人员的工作拥有包括受过教育的外行在内的多种合法阅听人,而且研究技能也没有高度标准化的科学领域,正如在许多人文科学领域那样,将研究成果与特定同行群体的研究相协调以获得积极声誉的必要性就有限,而且因此,对研究目标的贡献也相对较为散漫而歧异。因此,在这样的领域里,围绕共同目标来整合工作结果的程度就不可能很高。

在现代科学中,对研究目标和工作规程的控制,是通过坚持惟有发表于学术团体的期刊上的贡献才构成科学知识而得以实现的。一些研究成果如未能符合在公共出版系统中得到体制化的要求,将不会得到出版,因而就不会由此获得高的声誉和影响力。在这种声誉确实成为获得奖励的媒介的地方,特别是比如在19世纪末和20世纪的工业社会中,研究的方向大部分转向于集体目标,因而存在相当大的竞争。在这样的环境下,通过精致的规范交流系统实施声誉控制的程度可以很高,就像现代物理学和化学领域的情况一样。从业者在工作如何开展方面具有的高度自主性,即斯汀康比所说的对工作流程的控制,是与这些声誉型工作组织中学术团体对工作目标和工作结果评价的高度控制结合在一起的。在这种工作组织中,科学中由追求原创性而产生的工作的高度不确定性,通过为了获得声誉就需要让成果得到集体认定,以及将研究与他人相协调的途径而得到缓和。规范交流系统和科学声誉的重要性确保着这些组织中的工作定向于集体目标,并以一种促使来自多个工作场合中的研究结果得到协调的方式进行报道。

因此,在声誉型工作组织中,研究目标和工作规程方面的原创性和新颖性程度通过需要使同行专家确信一个人的工作有重要意义的要求,而得到约束。尽管现代科学的任务不确定性可能比其他专业性工作领域要高,但它从学术团体强力控制声誉和交流系统而受到的约束却一点也不少。不符合有权力的群体优先考虑事项和利益的投稿将不能得到发表或应用,也因此,那些质疑同行信念、承诺和技术的、涉及广泛的思想体系,在技能被高度标准化、背景预设得到广泛接受的领域中,就极难得以产生。如果科学家不能从特定的阅听人那里得到高的声誉,他们就不能得到工作或升迁,而且如果那些阅听人对于稿件的评价有系统准则,那么就很少有人会拿他们的未来去冒险,尝试发表与当前主流观点有很大背离的东西。

声誉控制将稿件的原创性限制在集体智力目标上,这一方式的一个重要表现是必须参考同行先前所开展的工作。这不仅能在行文中避免冗长,也是对创新性观念施予社会控制的一种方式。通过坚决主张作者应参考特定科学家当前已经确立的证据,声誉型组织确保研究工作不至于太远离支配群体的目标和工作规程。创新程度因此就被必须表明新贡献如何与现存知识切合和紧密相关的要求所消弱和约束。在某种意义上说,引证是仪式性地肯定群体目标和规范的一种方式,也是证明群体的成员资格和身份的一种方式。对"显著的"(obvious)和"相关的"(relevant)前辈的拒斥,就意味着拒斥群体目标并让自己从当下众所周知的思想中脱离出来。这种拒斥更可能出现在结构较松散的领域中,这些领域有替代性阅听人和声誉组织,比如在许多人文科学领域,外行阅听人有时也影响着智力产品的重要意义据以得到评判的那些标准。

19 世纪,对获得工作和研究设施的机会进行控制的强有力声誉组织的发展,促进了科学中研究论题与技能的专门化。[62]当从业者力图阐明其新颖与创新之处时,有关原创性的规范明显地导致了工作分化,但这种分化能采取多种形式,包括率直地拒斥以前的工作和方法。但是，科学家在一个特定的支配群体中角逐声誉的那些领域里，由于上文已述的那些原因，智力创新能得到拓展的程度很可能是相当有限的。这些领域的创新倾向于被限制在认知变化的一个维度上，而且经常是这样一个维度，即对其他人的工作没有多少重要影响。为了声誉和因之而来的物质奖赏而高度依赖于一个同行群体，这促使许多科学家把他们的原创性限制在对工作规程及主题或题材作细微的变动方面，以最小化与有权力同行的冲突和被他们拒绝的风险。研究技艺体系的专门化是创造有原创性的成果而又无需危及既有利益和责任的一种途径。当然，这一战略也降低了获得更大声誉的可能性。不过，对于身处像20世纪物理学这样高度分层却又铁板一块的领域里的大多数科学家而言，这种可能性恐怕也是不现实的。这类领域通常都由比较少数的部门和精英机构所统辖，来自于外围的激进稿件通常都不太可能获得很高的声誉，那些构成科学劳动大军的大多数人只好让自己就既定的主题做一些小的改进。当然，精英科学家可能采用有更大成功机会的、更有创造性的策略，但甚至他们也会受到已牢固确立于期刊、教材和训练大纲中的学术正统的限制。[63]建立一些新的亚领域，比企图激进地改造主流看法更容易些，因而这些领域的智力变迁可能采取分化和专门化的形式，而不是采用革命性地颠覆既定学说的方式。[64]这样，当科学家们在经过高度协调和集中的领域中角逐声誉时，研究的范围就会变得愈加明确而受限。

1.6 现代科学作为声誉组织得以确立和发展的条件

智力领域中对工作目标和工作结果的高度控制的逐步确立有赖于许多因素，比如说公共交流系统的存在，对资源的控制以及对成果进行评价的排他性权力。这些要素又进一步依赖于科学从整体上脱离于其他文化制造群体而获得充分的自治权，以便为工作成果建立准则并对资源分配加以控制。在既有科学权力机构必须与其他群体分享而控制确定认知方针的社会里，在这些科学机构不能通过声誉系统来将大量资源奖励给从业者的社会里，他们将不可能在任何程度上控制研究的优先次序和工作规程。因此，科学领域得以确立为独特工作组织与控制系统的条件可以归纳为3个主要项目：(a) 科学声誉必须具备社会威望，且控制获得关键奖励的机会；(b) 每一个领域都必须能够就研究能力资格与操作技能建立起特定标准;(c)每一个领域都必须控制一个独立的交流系统。

独特的声誉共同体在科学中的形成既有赖于科学声誉变成社会威望,也要靠在当下公认的科学定义中开展工作的研究人员能够通过采用特定的——而非整个科学通用的——准则评价特定的贡献这一途径来控制声誉。这部分地是个数量问题,即从业者越多,且他们中有越多人定向于集体意见,对声誉的竞争就越会导致专门化。因为说服一大批同行相信一个人世界观的重要性,这种可能性要小于说服一小群人相信一个人的贡献对一个稍狭窄些的领域的重要性。这也要求声誉群体能够自我组织成拥有自己的交流系统和评价准则的独特集体,并为其工作的科学性争取合法性。科学在现代社会中越是变得重要,它就越倾向于对真理主张的生产与合法化的所有权进行垄断,这最后一个条件也就变得愈加重要。

当科学整体上具备了一定的社会威信和权力,且当它能够赋予特定领域以公认的科学性声誉时,特殊科学领域的声誉就会得到尊重。而如果一个研究领域,无论是在科学中还是在一般文化系统中,大致都被视为是处于主流科学思想的边缘,那么相应地,该领域的声誉就会贬值,从业者就会在其他地方——或者是其他领域或者是其他群体中——寻求另外的阅听人。因而,智力领域要作为一个特殊的声誉组织运行,就必须有能力为其声誉要求到很高的地位。这意味着,一旦科学有了显赫地位,各领域就会为控制科学的核心理念而展开竞争,以便它们能够使自己作为表率,从而主宰科学声誉的奖励。这也导致 19 世纪末和 20 世纪初的许多人文科学那样的未成熟科学,去模仿已确立的科学特征,以使其声誉得到认可和高度评价。为了控制从业者,这些领域的领导者必须能授予一种"科学的"(being scientific,引号为译者所加——译者注)封号,有时就会鼓励仪式性地再生产通常被公认为是科学的——比如统计分析和数学处理方法——那样一些研究活动。它越是被文化生产者视为是科学的,这种仿效行为就越有可能出现,而对偏离科学性的观念和对当前的科学理念进行广泛批判的容忍程度就越小。[65]

如果智力领域要想作为声誉型工作组织而运作,那它就要能够授予在科学领域内得到很高评价、并通过科学的一般声誉而在全社会得到高度评价的声誉。除此之外,这些领域还必须具备与众不同的工作规程。采用和其他专业性工作组织一样的方式,科学需要控制能将科学与其他领域区别开来的独特的工作处理方法,并使得科学有能力控制一些特殊领域中获得声誉的机会。下面是这种方法的一些例子——神学中的文本诠释,社会人类学中的参与观察田野工作技术,化学领域的分析工具,以及遗传学中的果蝇繁殖技术。[66]诸如此类的技能与技法都是些排他性的手段。这些工作规程被标准化的程度也需至少达到某种下限,因为工作结果必须跨越具体工作场合而加以比较,并在一定程度上是可预计的。没有技艺和方法的一定程度的标准化,科学领域就不能协调和控制工作结果,并因而建构知识系统。它们因而也将不能奖酬声誉,这是因为如果不同贡献各自具有完全不同的风格,就没有办法来评判其相对的优劣长短。因而,尽管科学中技术规程方面的创新是有独特的地方性特征的,但是其程度还是受限于一种要求——确保对同行成果的认可并与之有可比较性。因此,每个领域都必须有一些独特的技能来排除外来者,并使成果能根据其对集体目标的重要性而得到比较和评价。

智力领域要确立为确定的声誉型工作组织所需的第三个条件,是报道工作结果的标准化符号系统。这些系统执行两种功能:其一,它们将一个领域的工作与其他领域的工作区分开来,并因而起着排他性手段的作用;其二,它们能让成果跨越具体研究场所而又相对较清晰地得到交流,并因而确保即使在没有广泛私人联系的情况下从业者也能协调他们的研究战略。至于需要在有高度任务不确定性的领域确立并传播声誉,成果的表达就应采用一种高度结构化的语言,以便能降低模糊性,并能使这些成果对他人工作的影响得到较快的识别。这种语言越是高度形式化,并且越是被限定于特定的科学领域,声誉组织就越是能控制其成员,因为替代性阅听人更少可能会去考虑这些用仅限于小圈子的符号所表达的成果,而且在某一特殊领域中为作出合格贡献所需的语言技能,在其他地方也派不上用场。

概括地说,当声誉型工作组织高度独立于主流文化和其他专业群体,控制着为创造令人满意的工作成果所需的标准化技能的习得,控制着垄断成果交流和获得声誉的途径的标准化符号系统时,它们就对其成员施予了强有力的控制。最后,如果想要保持从业者的忠诚的话,它们就必须发挥获得受重视的文化和物质奖励机会的中介作用。

1.7 小　　结

本章提出的论点可总结如下:

1. 科学知识日益被视为对智力建构对象作社会改造的产物,科学变迁日益被理解为协商、冲突与竞争的社会过程的结果。然而,大约在过去 15 年间所开展的有关科学家的行动与信念的大量经验研究,却很少含有对不同领域或历史时段的比较。进而言之,建构科学家的活动和认知的总体框架也未曾受到关注。

2. 把科学研究视为一种工作方式,这意味着可以把科学研究作为一种特殊的、在不同环境中采用不同方式组织知识生产与评价的工作组织与控制类型,来展开比较分析。从而,科学知识中的差异与变化,可以按照生产和评价它们的系统的差别与变化,即按照被叫做智力领域的工作组织的类型而得到理解。通过不同方式组织起来并加以控制的领域,生产着以不同方式组织起来的知识,并在不同情境条件下逐步确立起来。

3. 作为一个独特的工作组织与控制系统,现代科学的独特性在于——它通过建立在成果对同行研究有用基础上的声誉来控制获得奖励的机会,从而把持续的创新——也因而具有高度的任务不确定性——与集体对工作结果的强有力协调统一起来。

4. 科研任务的高度不确定性除了存在于工作结果中以外,还扩展到工作规程中,因而这种不确定性要高于许多行会式工作管理体制和专门职业。尽管现代科学共有这类工作组织的许多特征,比如从业者控制工作流程和对技能的专业认证;但是现代科学在持续修正其研究实践与方法方面,却显示出同这类工作组织存在差别。因此,一个研究人员若要持续地为集体智力目标作出称职的贡献,那么,他或她最初在训练计划中所习得的研究技能,必须在整个职业生涯过程中通过进一步拓展和完善来加以补充。

5. 对工作规程的无休止修正,以及个人为获得积极声誉而导致通过正式交流系统对所取得的工作结果进行协调,其目的是说服同行专家相信其研究成果是与他们所关注的事情紧密相关且有重要价值的。这一交流系统既将来自于不同的具体研究场所的、有关共同问题的研究成果联系起来,又为争夺声誉和解释提供了舞台。它既是对能力标准和工作流程进行社会控制的主要机构,也是协商智力目标和优先权的场所。

6. 作为声誉型工作组织与控制体系,现代科学协调和指导研究的方式,是根据公开发表的贡献对集体智力目标所具有的影响力和重大意义——这是由它们对生产新贡献所具有的实用价值所决定的——来分配奖励。智力声誉在每个领域都起着获得物质奖励机会的媒介作用，有赖于个体的工作对他或她的同行从事的研究的重要性。在对研究进行声誉控制的程度以及声誉控制得以组织的方式方面，各门科学间是有差别的。这些差异与科学领域的具体情境的变化多样相关联。

7. 科学领域逐步确立为独特的声誉组织需满足以下条件：

（a）科学从整体上具有社会威望，且科学声誉导向奖励；

（b）特定领域能通过其声誉控制获得奖励的机会；

（c）特定领域能够控制能力资格与绩效的评判标准，并详细阐明可降低某些不确定性的特殊研究技能，而且

（d）特定领域还拥有独特的语言，用以描述认知对象和交流工作结果，从而在评价贡献的过程中减少外行人的参与，并使得出自不同生产场合的成果得到比较和协调。

注释与参考文献

1. 当然，并不是没有影响已确立的科学知识性质的观点分歧。比如，参见 W. v. d. Daele, "The Social Construction of Science", in E. Mendelsohn et al. (eds.), *The Social Production of Scientific Knowledge*, Sociology of the Sciences Yearbook I, Dordrecht: Reidel, 1977.

2. 关于美国科学史，参见 A. Thackray, "The Pre-History of and Academic Discipline: the Study of the History of Science in the United States, 1891—1941", *Minerva*, XVIII(1980), 448—473；关于早期的科学哲学，参加 L. Laudan, "Peirce and the Trivialisation of the Self-Correcting Thesis", in R. N. Giere and R. S. Westfall(eds.), *Foundations of Scientific Method: the Nineteenth Century*, Indiana University Press, 1973; D. L. Hull, "Charles Darwin and Nineteenth Century Philosophies of Science", in *idem*; L. Laudan, "The Souces of Modern Methodology", in R. E. Butts and J. Hintikka(eds.), *Historical and Philosophical Dimensions of Logic, Methodology and Philosophy of Science*, Dordrecht: Reidel, 1977. 关于早期的科学社会学，参见 S. B. Barnes and R. G. A. Dolby, "The Scientific Ethos: a deviant view point", *European Journal of Sociology*, XI(1970), 3—25; M. King, "Reason, Tradition and the Progressiveness of Science", *History and Theory*, 10(1971), 3—32; R. D. Whitley, "Black Boxism and the Sociology of Science", in P. Halmos(ed.), *The Sociology of Science*, Sociological Review Monographs 18, Keele University Press, 1972.

3. 当然，对知识社会学作出经典阐述的是 Mannheim，参见 Karl Mannheim, *Ideology and*

Utopia, London: Routledge & Kegan Paul, 1960,(1936), ch. 5;也见他的 *Essays on the Sociology of Knowledge*, London: Routledge & Kegan Paul, 1952, chs. 4 and 5.

4. 正如 R. Whitley 所讨论的,参见 op. cit., 1972,注释 2.

5. 例如,参见两卷本论文集 T. Nickles, *Scientific Discovery*, Dordrecht: Reidel, 1980.

6. 有关近来美国的科学史研究,参见 N. Reingold, "Clio as Physicist and Machinist", *Reviews in American History*, Dec. 1982, 264—280;关于科学史中的颜面术(prosopographical techniques)的运用,参见 L. Pyenson, "Who the Guys Were' Prosopography in the History of Science", *History of Science*, XV(1977), 155—188; S. Shapin and A. Thackray, "Prosopography as a research tool in history of science", *History of Science*, XII(1974), 1—28.

7. 关于科学社会学最近的发展,参见 M. Mulkay, *Science and the Sociology of Knowledge*, London: Allen & Unwin, 1979.

8. 在其"西方科学社会学"("The Sociology of Science in the West", *Current Sociology*, 28 (1980), 133—184)一文中,M. Mulkay 认为,许多国家的政府对指导和管理科学的日益关注,是和"科学研究"(science studies)以及相近的研究领域的发展相联系的.

9. 近来对该书的一个总结,参见 S. S. Blume, *Science Policy Research*, Stockholm: Swedish Council for Planning and Coordination of Research, 1981.

10. T. S. Kuhn, *The Structure of Scientific Revolutions*, Chicago University Press, 1962.

11. 特别是,正如 H. Martins 所简要提及的,参见 H. Martins, "The Kuhnian 'Revolution' and its implications for sociology", in T. J. Nossiter *et al.* (eds.), *Imagination and Precision in the Social Sciences*, London: Faber & Faber, 1972. H. Martins 的论文是少数几篇从社会学视角系统讨论 Kuhn 著作的论著之一,截然不同于下述那些由哲学所激发的大量探讨.参见 G. Bachelard, *La Formation de L'Esprit Scientifique*, Paris: Vrin, 1972(1938); *Le Nouvel Esprit Scientifique*, Paris: P. U. F. 1976(1934); L. Fleck, *Genesis and Development of a Scientific Fact*, Chicago University Press, 1979(Schwabe, 1935); S. W. Graukroger, "Bachelard and the Problem of Epistemological Analysis", *Stud. Hist. Phil. Sci.*, 7(1976), 189—244; M. Polyani, *Personal Knowledge*, New York: Harper & Row, 1964(Chicago, 1958); *Science, Faith and Society*, University of Chicago Press, 1964(O. U. P., 1946).

12. 美国人类学对于该过程的描述,参见 B. Scholte, "Cultural Anthropology and the Paradigm-Concept: a brief history of their recent convergence", in L. Graham *et al.* (eds.), *Functions and Uses of Disciplinary Histories*, Sociology of the Sciences Yearbook 7, Dordrecht: Reidel, 1983.

13. 比如,参见 R. Whitley 主编的文集中的多篇文章,*Social Processes of Scientific Development*, London: Routledge & Kegan Paul, 1974.

14. 比如,参见 G. Lemaine 主编的文集中的一些案例研究,*Perspectives on the Emergence of Scientific Disciplines*, Paris：Mouton, 1976.

15. 参见 G. Böhme et al., "Finalization in Science", *Social Science Information*, 15(1976), 307—330. 随之而来就该方法展开的延伸的、政治化了的争论,参见 F. Pfetsch, "The 'Finalization' Debate in Germany", *Social Studies of Science*, 9(1979), 115—124 and A. Rip, "A Cognitive Approach to Science Policy", *Research Policy*, 10(1981), 294—311.

16. 因此,可以确切地把 Kuhn 和 Starnberg 小组描述为,为成熟科学中的智力变迁提供了"内在论"的说明.

17. 尽管 J. Law 的确认为,现代科学中至少存在三种类型的专业. 参见 Although J. Law, "The Development of Specialties in Science：the case of X-ray crystallography", *Science Studies*, 3(1973), 275—303.

18. 参见比如,D. Edge 和 M. Mulkay 的讨论,D. Edge and M. Mulkay, "Fallstudien zu wissenschaftlichen Spezialgebieten", in N. Stehr and R. König (eds.), *Wissenschaftssoziologie*, Köln：Westdeutscher, 1975.

19. 这是在许多研究工作是追随 Kuhn 著作传播而来的重新定向的意义上说的.

20. 特别地,正如 D. Bloor 所宣称的,参见 D. Bloor, *Knowledge and Social Imagery*, London：Routledge & Kegan Paul, 1976, ch. 1 and H. Collins, "Stages in the Empirical Programme of Relativism", *Social Studies of Science*, 11(1981), 3—10.

21. 比如,参见 S. B. Barnes and S. Shapin(eds.), *Natural Order*, London：Sage, 1979; H. M. Collins, "The Seven Sexes：a study in the sociology of a phenomenon, or the replication of experiments in physics", *Sociology*, 9(1975), 205—224; K. Knorr et al. (eds.), *The Social Process of Scientific Investigation*, Sociology of the Sciences Yearbook 4, Dordrecht：Reidel, 1980; B. Wynne, "C. G. Barkla and the J Phenomenon", *Social Studies of Science*, 6(1976), 307—347. 对其中一些研究的批评性讨论,参见 R. Whitley, "From the Sociology of Scientific Communities to the Study of Scientists' Negotiations and Beyond", *Social Science Information*, 22(1983), 681—720.

22. 正如在 B. Latour 和 S. Woolgar 的《实验室生活》所描述的. 参见 B. Latour, S. Woolgar, *Laboratory Life*, London：Sage,1979.

23. 同上,第6章.

24. 就像 K. Knorr-Cetina 所描绘的,参见 K. Knorr-Cetina, "Scientific Communities or Transepistemic Arenas of Research?" *Social Studies of Science*, 12(1982), 101—130.

25. 这是 B. Latour 和 S. Woolgar 所做的. 参见注释第22的《实验室生活》. K. Knorr-Cetina 看

上去也是这样做的,参见 K. Knorr-Cetina, The Manufacture of Knowledge, Oxford: Pergamon, 1981.

26. 关于复杂性妨碍了自然主义的社会科学这种论点的有益讨论,参见 D. Thomas, Naturalism and Social Science, Cambridge University Press, 1979, pp. 13—17.

27. 这并不是说,本体论方面就无关于科学之间的相互差异,而只不过是指出,研究论题被构思和建立关联的特殊方式都是历史形成的、可变的.因而学科和专业都是社会组织单位,它们采用在不同情境中可能并确实变化着的特殊方式来组织智力创新的生产.

28. 比较 Mendelsohn 的工作,参见 E. Mendelsohn, "The Emergence of Science as a Profession in Nineteenth Century Europe", in K. Hill(ed.), The Management of Scientists, Boston: Beacon Press, 1964.

29. 一个近似的看法参见 R. Collins, Conflict Sociology, New York: Academic Press, 1975, p. 492.

30. 特别是在英国,自然史的组成领域,参见 D. E. Allen, The Naturalist in Britain, A Social History, London: Allen Lane, 1976; P. L. Farber, The Emergence of Ornithology as a Scientific Discipline, 1760—1852, Dordrecht: Reidel, 1982; R. Porter, "Gentlemen and Geology: the Emergence of a Scientific Career, 1660—1920", The Historical Journal, 21 (1978), 809—836.

31. 正如 R. S. Turner 所强调的.参见他的博士论文 The Prussian Universities and the Research Imperative, 1806—1848, Princeton University, 1972, pp. 387—399, 和他的文章 "The Prussian Professoriate and the Research Imperative, 1790—1840", in H. N. Jahnke and M. Otto, Epistemological and Social Problems of the Sciences in the Early Nineteenth Century, Dordrecht: Reidel, 1981.

32. W. O. Hagstrom, The Scientific Community, New York: Basic Books, 1965, ch. 1; N. Storer, The Social System of Science, New York: Holt, Rinehart & Winston, 1966.

33. J. R. Ravetz, Scientific Knowledge and Its Social Problems, Oxford: Clarendon Press, 1971, ch. 3.

34. 引人注目的有 Latour and Woolgar, op. cit., 1979, note 22 and Knorr-Cetina, op. cit., 1982, note 25.

35. Hagstrom, op. cit., 1965, note 32, ch. 1;比较 R. Whitley, op. cit., 1972, note 2.

36. 这些以及类似论点在 R. Whitley 在 1983 年版著作得到了详细阐述,参见注释 21.

37. 比较 B. Latour 的《给我一个实验室,我将撬起世界》译文,收录于 K. D. Knorr-Cetina 和 M. J. Mulkay 主编的《观察到的科学》(Science Observed)(London: Sage,1983).在近来有关实验

室中科学家的行为的研究中,这种历史的近视是普遍存在的.

38. Pantin 曾把田野科学的基本特征描述为"不受限制的",而物理学和化学则是"受限制的". 参见 C. F. A. Pantin, *The Relations Between the Sciences*, Cambridge University Press, 1968, ch. 1. 这种区分已与 R. Whitley 所讨论的研究的组织与控制活动的差异联系起来, 参见 R. Whitley, "The Sociology of Scientific Work and the History of Scientific Developments", in S. S. Blume(ed.), *Perspectives in the Sociology of Science*, New York: Wiley, 1977. 也参见 A. Rip, "The Development of Restrictedness in the Sciences", in N. Elias *et al*. (eds.), *Scientific Establishments and Hierarchies*, Sociology of the Sciences Yearbook 6, Dordrecht, Reidel, 1982.

39. 比较注释 33 所引 Ravetz 著作(1971), ch. 4.

40. 比如,参见 P. R. Lawrence and J. W. Lorsch, *Organization and Environment*, Harvard University Press, 1967; L. Karpik(ed.), *Organization and Environment*, London: Sage, 1978, chs. 1,4, and 5.

41. 关于不断变化的工业结构和组织结构的所处情境的讨论,参见 A. L. Stinchcombe, "Social Structure and Organization" in J. G. March(ed.), *Handbook of Organization*, Chicago: Rand McNally, 1965; A. D. Chandler, *Strategy and Structure*, MIT Press, 1962; N. Kay, *The Evolving Firm*, London: Macmillan, 1982.

42. P. DiMaggio and P. M. Hirsch, "Production Organizations in the Arts" in R. A. Peterson (ed.), *The Production of Culture*, London: Sage, 1976, p. 79. Compare T. S. Kuhn, *The Essential Tension*, Chicago University Press, 1977, ch. 9.

43. 参见注释 29 所引 R. Collins 著作(1975), pp. 486—491.

44. 参见 C. E. McClelland, *State, Society and University in Germany, 1700—1914*, Cambridge University Press, 1980, chs. 4 and 5.

45. 一个最为著名的例子出自 Rayleigh 勋爵(Lord)——他匿名向英国科学协会投了一份论文稿,而该文被拒绝了,但仅仅只是因为当他告诉委员会文章的作者是何许人时,该文则又有点让人尴尬地被接受了. 参见 R. Merton 的《科学中的马太效应》,收录于《科学社会学》[芝加哥大学出版(1973);中文版为商务印书馆(2003)]. 对于 1830 年代期间大都会的精英群体如何控制投向英国科协会议的稿件并因而控制着科学的公共形象的讨论,参见 J. Morrell 和 A. Thackray 的《科学绅士》一书(Oxford University Press,1981), ch. 6.

46. A. Stinchcombe, "Bureaucratic and Craft Administration of Production", *Administrative Science Quarterly*, 4(1959), 168—187.

47. R. G. Eccles 对 Stinchcombe 关于建筑产业的分析的批评没有影响此处所作的对比. 参

见 R. G. Eccles, "Bureaucratic vs. Craft Administration: the relationship of market structure to the construction firm", *Administrative Science Quarterly*, 26(1981), 449—469.

48. 在 18 世纪末法国是否的确存在为研究人员提供的带薪岗位体系,这存在一些争议.这似乎在某种程度上是个术语问题,在某种程度上也是个人数问题.比如,参见 H. Gilman McMann, *Chemistry Transformed, the paradigmatic shift from Phlogiston to Oxygen*, Norwood, New Jersey: Ablex Publishing Corp., 1978; R. Hahn, "Scientific Careers in 18th Century France", in M. Crosland(ed.), *The Emergence of Science in Western Europe*, Macmillan, 1975; R. Fox, "Science, The University and the State", in G. Geison(ed.), *Professions and the State in France*, University of Pennsylvaniz Press, 1984. 18 世纪早期英国的"科学绅士"厌恶研究人员的带薪职业的讨论,参见注释 45 所引 J. Morrell 和 A. Thackray 的《科学绅士》一书,pp. 322,423—424,462.

49. 尽管他们对于补助其他的收入来源是非常有用的.参见 E. Crawford, "The Prize System of the Academy of Sciences, 1850—1914", in R. Fox and G. Weisz(eds.) *The Organisation of Science and Technology in France, 1808—1914*, Cambridge University Press, 1980.

50. 有大量文学讨论工业领域中的研究的管理,也有数个专业期刊把注意力集中于该主题.如今当人们认为优化的运算法则合适时,规范的规划模式就不如 10 年或 15 年前那样受到高度重视了.

51. 比如,参见 D. J. Hickson and M. W. Thomas, "Professionalisation in Britain", *Sociology*, 3(1967), 37—54; H. Wilensky, "The Professionalisation of Everyone", *American Journal of Sociology*, 59(1964), 137—157. Terence Johnson 在其《职业与权力》(London Macmillan, 1972)一书中对这些文学做了一些批判性评论.

52. M. Sarfatti Larson, *The rise of professionalism*, University of California Press, 1977, pp. 14—17 and *passim*.

53. 参见注释 29 所引 Collins,p. 341.

54. 正如 Davy(戴维)、Dalton(道尔顿)、Faraday(法拉第)及其他人那样,参见 M. Berman, *Social Change and Scientific Organisation*, Heinemann, 1978, and R. H. Kargon, *Science in Victorian Manchester*, Manchester University Press, 1977. 比较 C. A. Russell *et al.*, *Chemists by Profession*, Open University Press, 1977, ch. 6. 不过,Gustin 指出,大约在 18 世纪 90 年代至 19 世纪期间,许多成功的药剂师培训学校都与研究期刊和最重要的化学研究人员相联系;参见 B. H. Gustin, *The Emergence of the German Chemical Profession, 1790—1867*, University of Chicago,未出版的博士论文,1975, pp. 62—76.

55. 也就是说,由科学声誉主宰的科学技能劳动力市场逐步确立起来.

56. M. Berman, "'Hegemony' and the Amateur Tradition in British Science", *Journal of Social History*, 8(1975), 30—50.

57. Collins, op. cit., 1975, note 29, p. 341.

58. Avery 在投稿以前注意审核成果的讨论,参见 Rene Dubos, *The Professor, The Institute and DNA*, Rockefeller University Press, 1976. "萨姆林事件"(the Summerlin affair)证明,公布不可重复的重要成果的危险性,参见 J. Hixson, *The Patchwork Moue*, New York: Doubleday, 1976.

59. 竞争不仅只是为了个人获得承认,也是为了主宰和控制他人的研究.因此,它的形式、范围和剧烈程度都比科学的承认-交换模型所认为的要更多得多地影响着观念和成果的确立.

60. 参见注释 29 所引的 Collins, p. 478.

61. 参见 the papers by Harvey, Pickering and Pinch in K. Knorr *et al.* (eds.), *The Social Process of Scientific Investigation*, Sociology of the Sciences Yearbook 4, Dordrecht: Reidel, 1980 and by Collins and Pinch in H. M. Collins(ed.), "Knowledge and Controversy", *Social Studies of Science*, 11(1981), Special Issue.

62. 最突出的就是注释 31 所引的 Turner 讨论的古典语言学中的情形,参见 Turner, pp. 305—318.

63. 就像 20 世纪 50 年代早期 David Bohm 力图挑战量子力学中的主流正统遭遇到的命运所证明的那样.如 Pinch 所指出的,因为 Bohm 在当下的理论物理学领域享有崇高地位,所以他只有能力令人信服地作出挑战,而不可能仅仅作为一个古怪念头而完全加以忽视或讨论.参见 T. J. Pinch, "What Does a Proof Do if it Does not Prove? A Study of the Social Conditions and Metaphysical Divisions Leading to David Bohm and John von Neumann Failing to Communicate in Quantum Physics", in E. Mendelsohn *et al.* (eds.), *The Social Production of Scientific Knowledge*, Sociology of the Sciences Yearbook 1, Dordrecht: Reidel, 1977.

64. 比较 W. O. Hagstrom 的学科分化模型,参见注释 32 所引 Hagstrom, ch. 4. 不过,现代物理学的同质性和等级制的程度是非同一般的,而其他领域则显示了大的智力多元性,以及关于目标和工作规程的持续冲突.

65. 当然,在替代性的信念和阅听人存在并有崇高社会声誉的领域,比如在许多欧洲国家中的冲突人文科学领域里,这种由建立在实验室基础上的自然科学来对文化系统施行的主宰就是有限的.但是,追求资源与合法性的新领域,都曾尝试遵从"科学的"目标和工作规程,而不是力图把自己确立为传统的"高雅文化"的核心部分;这主要是因为,他们常常致力于使传统及其控制者世俗化和神话化.

66. 下述资料讨论了这些工作规程在确立新的研究领域方面的重要作用:G. Allen, *Life*

Science in the Twentieth Century, Cambridge University Press, 1978, pp. 61—69; "The Transformation of a Science: T. H. Morgan and the Emergence of a New American Biology" in A. Oleson and J. Voss(eds.), *The Organisation of Knowledge in Modern America*, 1860—1920, Johns Hopkins University Press, 1979; "The Rise and Spread of the Classical School of Heredity, 1910—1930", in N. Reingold(ed.), *Science in the American Context*, Washington, D. C.: Smithsonian Institution, 1979; A. Kuper, *Anthropologists and Anthropology*, Harmondsworth: Penguin, 1975, ch. 1; J. Morrell, "The Chemist Breeders", *Ambix*, 19(1972), 1—46; R. S. Turner, op. cit., 1972, note 31, pp. 281—319.

第 2 章
科学工作的声誉控制与科学家就业机会的增长

只要声誉型工作组织所控制的声誉具有社会地位并间接地因之获得物质奖励,它们就不必通过控制工作和劳动力市场以确保其对工作和从业者的控制。在这方面,它们不同于行会式的或专门职业型的工作管理体系——至少分析上如此。科学作为这样的工作指导与控制系统,在科学技能劳动力市场逐步确立以前就存在,而且当然,工作控制的声誉手段甚至在所有科学工作实际上都由雇员所完成时,一直保持着重要性。然而,与声誉相关联的工作的发展,以及基本上定向于由从业者所定义和控制的智力目标的职业组织的发展,都导致了科学工作的组织与控制的实质性变化。特别是大学里的训练计划、认证机构及工作与研究设施的结合,极大影响了科学的结构。本章我将在职业组织与声誉型工作组织间变化着的关系这种一般的语境中来讨论这一发展的某些方面。

2.1 科学作为非劳动力市场型工作组织

首先我们需要概述一下现代科学在能够控制工作之前,作为非劳动力市场的声誉型工作组织的总体特征。如前章所述,这些组织要求其主导群体有某些自主权,有用于交流工作结果的规范符号系统、标准化的工作流程和对其生产过程与认证的控制,以及对其社会威信和所期盼的声誉的控制。具备了这些条件,科学就能作为控制、指导和评价工作的明确组织而运转。然而,任一特定领域表现这些特征的程度都显然不同,它们对研究要做什么以及如何做的控制程度也变化多样。在某些声誉群体必须与其他科学群体或非科学群体分享工作结果评价的领域,以及在技艺尚未得以高度标准化并受到专门控制,而且声誉也未得到高度重视的领域——无论是在科学研究领域内还是在其他地方——这些声誉群体对其从业者的控制都将是有限的。

在智力优先次序、惯例和准则尚未在职业组织和劳动力市场上牢固确立以前,相比起这些方面今后得到发展以后,其稳定性和刚性要有限得多。总体而言,那时候任何领域的从业者都相当少,而且他们的智力身份也尚未限定在某个单一的一套决定他们做什么和如何做的活动与义务上。比方说,在19世纪早期的英国,谁应以"物理学家"(physicist)相称,这是相当模糊且易于急剧变化的。[1]科学领域之间的流动性与科学目标及流程的灵活性都是普遍现象,因而,相较于专业化科学的情况而言,智力边界和社会边界都有更大的流动性,并受到个人影响力的支配。知识倾向于较少在社会结构中被客观化,而更多地是与个人而不是与组织相联系。[2]例如,19世纪早期的法国数学家们就采用了一些非常独特的风格,这些风格在他们的教科书及其出版物中都得到了反映。[3]

总体而言,科学并不像其后来变成的那样从建制上脱离于其他的智力生产与合法化形式,特设的一些科学也不像后来那样彼此间相互区别或是与整体而言的科学相区别。研究成果的阅听人也较未得到分化,且更可能为撰稿人私下所认识。声誉可能是,或者确实曾是,由在整个"自然哲学"(natural philosophy)界作出了较重要贡献的整个科学精英群来授予。同样,在诸如地质学这样的一些领域中,声誉是与诸如神学家和哲学家这样的非科学准则和非科学群体相联系的。[4]技能并不总是在某个特定领域范围内得以标准化,而且也无需长时间的训练计划即可习得。塞奇威克(Sedgwick)在获选执掌伍德沃德教席(the Woodwardian Chair)后成功地自学了地质学,就是这方面的一个很有名的例子。[5]在整个19世纪,特别是在英国,地质学和生物学中"业余爱好者"的持续影响力表明,这些领域缺乏由声誉系统所施予的对训练和认证的强有力控制。[6]德国数学也提供了进一步的例证。根据迈尔顿斯(Mehrtens),"直至1830年,所有在德国受教育的较重要的数学家基本上都是自学者。"[7]从而,与其后来变成的样子相比,科学对来自各种智力背景的从业者以及源自各种原始资料的创新,有更大的开放程度。

在"前专业化"(pre-proessional)科学中,由于边界、目标和阅听人都有较大流动性和变化,所以相比起典型的库恩式的常规科学而言,前专业化科学的成果显得所涉更加宽泛,且更具综合性。声誉的分配并非由献身于一套单一的特定信念和实践的全职从业者群体来实施,而是由一个变化着的、散漫的科学家阅听人来实施,他们的智力身份和责任都要宽泛得多。结果导致成果意义的不确定性非常大,而且易于产生像19世纪早期关于数学基础和"纯"(pure)数学重要性的争论那样的较大冲突与争议。[8]

在专家知识和能力尚未得到认证机构的严格定义与控制的领域,评价群体和评价准则的边界就只能划得比较松动,因而也就易于很快变化和得到改造。所以对知识的贡献就不得不在一个有着巨大不确定性和多样性的社会情境中来实现。在这样的环境中,科学家当然就不可能自动地把"范式"或其他假设与责任的结构整体视做理所当然的——或者,至少是不可能达到这样一种程度,即假定对完备确立的主题作较小的改造就可获得声誉。取而代之的情况是许多科学家不得不创造这样一些成果,即它们能让智力精英群确信其对总体的智力目标具有普遍意义,而不只是对非常狭窄而明确的一些智力目标有价值。19世纪前的许多科学期刊的综合性就是这一点的明证。[9]

在这样的环境下,相较后来变成的那样而言,科学家之间对声誉的竞争倾向于更散漫,且与总体的智力目标和优先考虑事项有更大的关联性。为了在"前专业化"科学中获得很高的声誉,从业者不仅必须表明其成果对特定问题有重大意义、可靠而且重要,还必须表明这些问题在科学所关注的主要领域中也是重要问题。这意味着科学家在控制包括理论模型和优先考虑事项在内的许多认识维度上,都存在竞争。因为阅听人较易变且与特定的劳动力市场没有密切联系,科学家就不可能从某个具有特定责任和信念的确定群体中去为专业声誉展开竞争,而是必须从一个更广泛和散漫得多的同行群体中获得声誉。因此,他们是在和一个较多元化的从业者群体竞争,这些从业者追逐着多种多样的利益,没有——或者是不认为具有——共同训练和共同看法。所以,当该领域的成员构成有了微小变动时,给主要贡献所赋予的声誉就有可能变化。正如坎农(Cannon)指出的,19世纪初期至中期,从事研究的人数较少,这意味着针对某个论题的"流行观念"(prevailing opinion)通常可以概括为:4个人同意它,2个人反对它,"2个人则不太确定,此外就没有其他人对这个问题有充分了解以致能够给予任何严肃的意见"。[10]

在这种情况下,原创性程度就不像后来变成的那样被以下要求所限制和削弱——需要将一个人的研究与通过集体方式控制着分立劳动力市场的、某个确定的同行群体的研究相协调。尽管确实有一些专家群体存在,并形成了努力从事的明确领域，但他们并不像后来变成的那样，极大地控制着个人的"生活机遇"(life chance)。并不像某些学术"科学"所成为的那样，其成员人数也没有由训练大纲和工作所固定，因而其主流预设和工作规程也都尚未牢固确立，也不那么严格。科学家个人对特定同行群体的依赖也相应地少一些，他或她灵活操作的自由度也大一些。因此，"前专业化"科学中原创工作可能会涉及更宽泛且并不一定会导致拒斥，而且理论的多元性与变化多样性程度都较高。

然而，这种特定声誉群体的自主性，并非必然意味着独立于整个科学精英的自主性或是独立于总体文化压力的自主性。智力边界和工作技能的较易变动性降低了特定声誉群体的显要性，但却使从业者个人更容易受到总体的科学精英的影响，因为有限的特定专业技能被要求去判断在一些确定领域中工作开展的好坏。要想给重大贡献争取到声誉，这些贡献的价值必须要阐明给一个可能支持其合法性与价值的综合性准则的、宽泛的阅听人。因此，科学中作为整体的主导群体就在特定领域贡献的合法化方面有重要作用，尤其是通过对诸如《法国科学院院报》(*Comptes Rendus*，法国科学院自1835年开始发行的科学刊物——译者注)和《皇家学会哲学会刊》(*Philosophical Transactions*，英国皇家学会科学刊物——译者注)这类最有综合性和威望的期刊的控制。要想得到阅听人，科学家必须与当时处于支配地位的科学精英的综合性合法化准则保持一致，因此，尽管他们可能在其具体工作细节上有一定的自主性，但却直接受到控制着科学的总体信念和实践的整个声誉群体的工作规程和偏好的支配。[11]

此外，当技能并不直接控制和分割劳动力市场时，科学中技能的标准化和规范化的程度也不太显著。开展研究的技艺当然确实是存在的，也的确起到了分化科学领域的作用，但是，它们并不控制获得工作的机会，也尚未在分立的训练计划中得以体制化。研究技能的习得是一种特别的事情，且高度依赖于私人间的联系。[12]结果是不同国家的成果决不可能简明地加以比较，有关技能的适当性的争论也是普遍现象。[13]同样，交流系统通常也尚未高度结构化和形式化到足以容许方便明晰地传递思想和工作结果，因而，私人联系和个人知识就成为对科学工作进行集体控制的重要基础。比方说，物理实验中误差范围的标准化在19世纪20年代以前一直未被广泛接受。[14]

从而总体来看，"前专业化"科学有以下特征，即社会身份和智力身份的巨大流动性，论题领域间的灵活多变性，技能的高度综合性与散漫性，工作目标的变化多样性,以及冲突与竞争的广泛性。特定的、分立的声誉群体控制从业者工作目标和技能的程度受到限制,因而具备明确社会和智力界限的高度分化的科学领域并不十分清晰可见。事实是另一种情况,即专门科学的边界和目标的体制化程度显得较弱,并受到特定个人和群体流动模式的影响的支配。比如说,在18世纪末以前的欧洲各国,化学并未真正建立明确的身份、研究题材和研究方法,[15]而在整个18世纪里,物理学、天文学和数学三者相互之间的区别也经历了巨大变化。[16]科学家个人在没有受到专门训练和尚未具备任何特定的"学科"身份的情况下,也能够而且事实上确实是为形形色色的领域作出了贡献。直到进入19世纪,科学,或称自然哲学,还是一个追逐广泛声誉的领地,而且与哲学和其他文化生产领域部分重叠着。[17]当然,专家群体的确存在,但这些群体并未在劳动力市场和职业组织中得到牢固确立,也没有控制训练大纲或垄断获得交流媒介的机会——无论如何它们都尚未分化和专门化。专家个人总体上控制着知识的合法化过程和获得声誉的机会,但我认为,他们尚未构成这样一种内在一致的群体,即当成员个体有变化时也能作为保持同样的方式操控研究的明确组织而运作。因此,比起后来阅听人的匿名性和地理距离都加大时所变成的那样来说,研究的控制更具个人性,且易于变化。

从而,作为分立的声誉型工作组织,专业科学在开始控制劳动力市场和职业组织之前,其存在是有限的、暂时性的。科学从总体上对显赫声誉有充分的自主权和控制权,以获得从业者的忠诚并控制工作结果,但是其边界和性质的制度化程度都较弱,而且常易产生大的冲突与变化。只要科学家还要通过对他们工作的重大意义——包括总体的形而上学维度和总体的科学思想观念——提出不同主张的方式而质疑总体的科学声誉的奖励基础,那么,形成相对稳定的、明确的社会群体与智力群体这样的特殊科学的可能性就会一直较低。这是因为有关声誉的冲突涉及到了元科学的准则与范围,即诉诸于超越特定领域边界的标准了。

2.2 声誉组织与雇佣组织

明显依赖于国际科学声誉的就业机会的增长并没有很快出现,也没有独自极大地转换科学的组织与结构。然而,这种朝着使科学"专业化"的运动确实最终导致了几乎所有科学工作都由雇员来开展,对劳动力市场的声誉控制也确实给上文所概述的科学的总体特征带来了实质性的变迁。[19] 在继续讨论科学工作的学术体制化及其对科学组织化的影响以前,必须先确立一些关于声誉组织与职业型组织之间的关系的概括性论点。

在行会式和专业式工作管理体系中,劳动力市场地位比职业组织地位要重要些。正如前一章所概述的,声誉型工作组织也是这种情况,不过在这里,学术团体的声誉在很大程度上决定着劳动力市场身份。尽管训练和认证程序控制着进入劳动力市场的门槛,但比起在学术团体中的声誉来,它们对于获得好工作、升迁和研究设施的机会而言,却没那么重要。由于工作技能和共同体对工作结果的评价经常被修正,所以科学中最初的训练和得到认证的能力,对于做什么工作以及如何做的影响,要小于其他专业性工作领域。尽管某些雇主为达到他们的目标可能只要求最基本的技能,并因而有可能会忽视当前的声誉,但是那些关心公共知识生产的雇主却有赖于这些当下的声誉来确保合法的、有重大意义的贡献不断地生产出来。对于这后一类雇主而言,基本的、"学科"(disciplinary)技能的认证将仅仅只是对雇员的最低要求,而由以前工作得来的声誉评估出的当前能力,则在决定就业和升迁时更重要。在此,由当前在学术团体中的声誉所定义的劳动力市场身份比由技能认证机构所定义的劳动力市场身份更重要。因为此类声誉的变迁将贯穿一个人的一生,所以同样,劳动力市场身份也会以某种方式而变化着——这种方式在其他专业性工作组织中的重要性看起来要小得多。在其他专业性工作组织中,对大多数从业者而言,最初训练阶段习得的技能就足够以一种准永久性的方式定义劳动力市场身份。科学中声誉的这种特征使得从业者没有保障,而且一旦工作机会不足,就会加剧对高声誉的竞争。[20]

19世纪期间,就业越来越依赖于在学术团体中的声誉所定义的劳动力市场身份,不仅使这类声誉比以前对科学家更加重要,而且让智力责任和实践在职业组织中得以体制化。这种增加的依赖使得对学术声誉的追逐也变得更加紧张激烈,而且职业组织中声誉群体的信念与边界的牢固确立,也具体化和强化了智力等级制与社会等级制。当职业身份来源于在学术团体中的声誉时,个人对同行的依赖性就增加了。这种相互依赖性使得现存信念和实践受到从业者严肃挑战的可能性更小了,这是因为主要责任已成为职业地位。对智力一致性施加的这种压力,在声誉共同体完全控制了获得工作和研究设施机会的地方特别强大,以至于为求得声誉,个体就高度依赖于单一的、具有内在一致性的阅听人,这进而决定了其专业身份。

不过事实上，雇主们很少这样完全受某个单一的、团结一致的声誉群体所支配。事实是另一种情况，即寻求学术团体中声誉的科学家控制其目标和方针的程度，在不同科学和不同历史时期有很大差异，比如在哲学和数学之间，以及19世纪的哲学与20世纪晚期的哲学之间。在研究科学职业的发展如何影响了科学领域的组织过程时，这些变化显然应作为重要因素予以考虑，并需要在论及以大学为基础的学科作为主要劳动力市场组织而出现以前予以某种讨论。

笼统地说，雇主与声誉群体间的关系可以从三个主要维度来讨论。其中第一个维度是雇主定向于公共知识的生产，或仅为私人目的而购买特殊知识生产技能的程度。第二个维度指的是学术团体中的声誉对个人策略和组织身份具有的总体影响，而第三个维度涉及的是这种影响力由少数几个声誉群体——它们具有内在团结性并由某个特定精英群体所主宰——所施予的程度。

这三个维度都与声誉组织施加控制的程度有关，即控制工作组织中开展的工作种类以及控制这些工作如何开展的程度。根据雇主在这些维度上所占据的位置，科学在结构上不同于库恩式的由范式约束的共同体这样的理想类型的情况。在这种理想类型里，占支配地位的声誉群体垄断着成果的评价，而评价又支配着工作组织中工作的分配、获得职业组织中研究设施与高级职位机会的分配。科学的结构改变为行会式的或科层-专业（bureaucratic-professional）的类型。在这种组织结构中，科学在很大程度上是为匿名的劳动力市场培训和认证特定技能负责，但却只非常有限地控制着那些技能如何得到运用或为着什么目的而运用，如同会计师和工程师那样的情况。

第一个维度影响着职业组织在另两个维度上的可能位置，因为，假如雇主不定向于知识合法化与评判系统，那么管理等级体系就不会受到公共声誉系统[21]的监管，特定的声誉群体也就不可能影响研究策略。当然，同样地，第二个维度支配着第三个维度。因此，通过整合这三个维度，我们可以把在其中研究工作都是由雇员来开展的三种主要情况，相互地区分开来。

在第一种情况下，雇主的目标很大程度上独立于公共科学群体的目标，从而科学家是受雇于私人目的。在这些情况下，除了通过给予拥有特定技能的科学家增长工作机会来影响特定训练计划的规模和价值之外，对声誉系统的反馈就很少或几乎没有。就受培训的科学家为公共科学提供了大批科学劳动力而言，这个因素影响着这些领域的知识生产。[22]在这些情况下，声誉系统很少或完全没有影响到什么工作得以开展,如何统一和管理技能,或如何评价成果。个人对声誉群体的依赖性低,而且职业身份通常比声誉地位和劳动力市场身份更重要。考虑到雇主所优先的事项与声誉组织有很大分歧,研究就不可能与后者的特定边界及训练计划相一致。相反,科学家们倾向于研究的那些主题往往与声誉考虑无关,并且(或者)需要多个智力领域的技能、知识和工作规程,因而超越了声誉界限。这种情形在许多工业科学中都很典型。

第二种情况涉及广泛的具体情形,在这些情形中,雇主们的目标部分地与声誉共同体的目标重迭,另外部分则源于一些非科学的目标,比如像医疗的、军事的或社会的目标等。自 20 世纪 50 年代以来,这类"目标导向"(goal-directed)研究[23]的扩展,对科学的许多领域都有重大影响,随之而来的是传统的边界和目标被打破,并被改造成高度流动和可变的社会组织与智力组织。这些研究组织通常高度定向于声誉系统,因为他们雇用由训练机构认证的、具备特定技能的科学家,而且在决定升迁时要借助声誉准则。不过,它们也必须达成其他目标并沿着非常规路线来指导工作。这些多重的有时甚至是冲突的目标,会导致为了一些新的智力目标而以一些新的方式对技能进行整合,从而研究成果就不能轻易地融入现存的边界与声誉所优先考虑的事项中。鉴于科学家基本定向于声誉是对科研工作进行控制和合法化的途径,那么上述情形就导致了一些新声誉群体的产生,这些群体围绕着可能可以称之为"混合"(mixed)目标的东西发展起来。在这类"杂交"(hybrid)组织中就业机会的增加,就必然意味着传统界线的弱化和传统的"学科"(disciplinary)群体对科学研究施加的控制的弱化。依靠着科学威望的传统等级制的强大和从广阔领域获得研究资源的可能性,既有精英群体对优先考虑的研究项目和成果意义的评价的控制,已被某些科学中的上述发展状况大大削弱了。在由中央机构资助的专职研究实验室所开展的许多由国家扶持的研究中,这种情况是很典型的。它可概括为产生了"国家科学"(state science)。

第三种情况是传统的理想类型的科学共同体,其中雇主的目标等同和从属于声誉群体的目标。在这种情况下,招聘和升迁决定的作出是以声誉为根据的,这些声誉得自于对成果的价值进行合法化和评价的国际国内科学家群体,职业组织的主要目标是要在一个或多个领域中创造最好的知识。在完全定向于一个声誉领域的意义上说,目标并不必然是单一的,而是总体上都处于一组公共科学的知识目标中。在这种情况下,对在工作组织中开展什么工作,如何开展以及工作的重要性如何评价的控制,必须遵从声誉组织的需要和准则。职业组织身份来自于声誉和劳动力市场中的地位。这种情形可描述为"学术"科学的典型。

这三种情况可概括为表 2.1 所示。在此我们可以理解,工业科学是如何较独立于声誉群体和价值观——可能当它聘用最好的教育机构的毕业生时是除外的——而且只是为了私人目的而购买特定的知识产品。而另一方面,国家科学则在其招聘和升迁政策中更多定向于公共科学目标并遵循声誉准则。然而,这类雇主所追求的多元的而且有时是冲突的目标,意味着非科学准则也会影响人事政策。比如说,许多生物医疗研究实验室已授权医学博士作为实验室主任,即使他们从未曾开业行医且研究的内容与临床医疗毫无直接联系。事实上,在拥有许多就业机会和多重目标的科学领域中,与声誉相关的优先考虑事项可能会更多地受到雇主政策的影响,而不是相反。因为董事会对招聘和升迁作出决策以配合其目标,这些目标以某些特定方式指导着研究,这样,一些声誉共同体就围绕着这些论题和技术而得以形成。在此,控制资源就能指导研究,特别是假如相似的组织也采取同样政策的时候。因此,较大的管理权力会影响声誉的受尊重程度,比如当人们认为特殊的领域和技术对解决"癌症难题"很关键时,这些领域的研究人员就会被赋予更高的地位和承认。

表 2.1 声誉对雇主目标的控制与科学的各种类型

声誉对雇主目标与策略的控制	科学的各种类型		
	学术科学	国家科学*	工业科学
雇主定向于公共科学目标的程度	高	高到中	低
雇主在其人事政策方面遵从声誉准则与价值观的程度	高	中	低
升迁与其他组织性奖励由某一特定声誉精英群体来管理的程度	高到中	中到低	低

* 不包括军事研究与其他保密研究,但包括政府和志愿者组织所支持的领域

由此可推论认为,政府研究组织不可能创造仅对某个单一领域有所贡献的知识,除非该领域完全是一个确定的研究领域,其研究由所有同类实验室开展的科研工作成果所构成。比如说,可以合理地认为,肿瘤学这一新领域的兴起,就完全是因为建立了新职业组织以创造能对癌症进行控制的知识,该领域就仅由这些组织创造的研究成果所构成。但即使在这种情况下,这些实验室的研究也对多个领域有所贡献,它们部分重迭,而且癌生长的研究在许多研究组织中也都在展开。换言之,在生物-医疗科学和其他许多领域里,职业组织对一系列学科领域都有作用,每一领域也都吸收来自于多种职业组织的影响。职业与声誉组织的关系在此是多元

的、可变的,公认的界限几乎不存在。

在学术科学领域,雇主更为直接地定向于声誉目标,高级职位的任聘更可能遵从声誉。不过,职业组织和声誉共同体之间可能存在的多元关系,意味着科学领域中的行政等级制并不总是与威望等级制相匹配。事实上,鉴于大多数科学工作组织中的职业地位都具有准永久性,这些职业地位就有可能决定着研究工作得以评定为具有特别重要意义的那些准则,这样,学术既有权力机构就可能如埃里亚斯(Elias)近来所论证的那样支配着声誉共同体。[24] 不过,尽管此种主宰有可能在某些领域中出现,但上文提到的内部分化和关系的多元性,使这种把持并不可能在整个学术领域都出现。取而代之的情况——某一特定领域中的声誉控制者在多大程度上也是该领域中工作、升迁和获得研究设施的机会的控制者,这有待经验确认,这种控制得以变更的条件也有待经验研究。显然,可广泛获得资助、工作和交流媒介的可能性,将降低垄断性控制的发展倾向,正如理论上说,一元化的、资源得以集中化的领域将会促进这一倾向一样。

因而,在大多数职业组织中,科学家都逐步建立了独立于受任何单一声誉群体支配的、一定程度的自主性。即使在诸如物理学、经济学这样的高度集中和一元化的领域,从业者也通过发展专门化的技能和专注于新的论题以及新的关注点,力图实现相对于支配群体的一定独立性。通常这种独立性的实现是通过拓殖其他领域,并表明,通过运用不同的技术和概念方法对该领域当下流行的问题能怎样得以更好地理解。在这类"学科"中,由某些科学家所做出的这种向更大自主性的运动有可能受到反击,即通过攻击"应用型"(applied)的亚领域并不是出自于已确立的精英学者群体之手的"真正的"(real)物理学或经济学,并拒绝把许多在这些新领域中作出的成果发表在顶级刊物上。在任何情况下,在一些特定的职业部门中开展的所有研究,都由单一的一个声誉群体所主宰,这仅是职业组织与声誉组织之间关系的一种类型。在雇主很大程度上定向于声誉目标的科学领域中,二者的其他关系类型在经验上仍是可能的。在此也没有理由假定这两种组织方式的边界和目标是一致的或完全等同。相反,适当的联系与重叠的多元性会出现在不同环境中的不同科学领域里,并伴随着不同后果。

从这种讨论可以看出,雇主与声誉组织之间的关系,可以根据后者对前者的研究政策和奖励系统施加的相对影响来进行概括。在比如基本粒子物理学这样的一些领域里,这种影响就相当高,而且是由一个较有内在一致性的国际科学精英群体所施加的。而在生物医学研究的许多领域中，实验室领导在决定其研究策略和招聘计划时，就更大程度地脱离任何一个单一的科学精英群体而有更大自由处置权。然而，并非所有学术部门都必然由一个单一的声誉精英群体所主宰，也并非所有政府资助的领域都和生物医学科学中的众多领域那样，独立于特定的声誉组织。比如说，在许多国家中，从20世纪60年代以来，与当代由政府实验室为核聚变反应堆的物理过程开展的等离子物理学研究相比，大学的社会学院系可能就更少受到单一的一个精英群体的控制。而且，自二战以来政府投资于研究的庞大规模，已转变了学术结构以及诸如大学院系这样的职业机构与声誉领域之间的关系。过去已确立的、以大学院系为基础的领域，其内部已高度分化，并已极大改变了这些领域的目标与方法，以至于行政部门的名称与雇员们所实行的研究战略几乎没什么关系。自从化学和物理学的工作方法与设备渗透到生物科学中以来，这一点就在生物科学中显得特别醒目了。[25]

因此，现代公共科学在雇主和声誉组织之间展现出了变化多样的关系，并包含了一些由政府或其他中央机构所雇用的研究人员所主宰的领域。智力生产并不仅限于以大学为基础的学科，训练和认证机构也并非必然控制着研究战略的设定与评价。然而，正是这种训练、职业和对国际国内声誉的追求在大学中的结合，在19世纪以及20世纪初创造了知识生产的主宰性单元——学科。这种联合构建了一种情境，其中当代科学领域逐渐显露并得以确立，并仍然主宰着众多领域的研究。通过系统地把组织身份和权力与因为对集体智力目标作出的贡献而获得的超地方性声誉相连接，19世纪的大学体制使智力生产变成了科层制，并把它组织成为明确的、专门化的学科。这些学科既是劳动力市场界定与控制活动的单元，也是智力生产与合法化活动的单元。

2.3　声誉型工作组织在大学的确立

除了17和18世纪建立的少数几个皇家学院为自然哲学家们提供了年金和其他形式的资金与设备支持以外，第一个为生产知识的目的而成为科学家主要雇主的是改革后的普鲁士大学系统。[26]当然，这个系统为许多继起的高等教育改革和科学工作资源供给提供了模板，使得把科学安置于大学并用专业化科学的通用模式控制大学雇员成为"自然的"和"标准的"。由于为科学家提供的主要就业来源基本上都定向于公共声誉目标,所以对于任何有关声誉组织与职业组织之间关系的分析来说,大学院系显然都是关键性的组织。

大学作为科学家通过出版研究成果来追求在学术团体中的声誉的职业组织,通过承担教学目标及其认证与评价的角色,从其他的——比如像马普学会(Max-Planck Institutes)和法国国家科学研究中心(CNRS)——以研究为导向的雇主中分化出来。即使是最以研究为取向的大学都必须教学,通常既有本科生也有研究生,并须使他们的业绩达到公共标准。尽管研究型学位的发展使科学家在训练学生的同时也在开展研究,但是,大学通常总是不得不为了非专业目的——也就是非科学的目的——而培养和评价学生,因而也就不能仅仅归结为是为安置"纯"(pure)科学家提供方便的组织。大学是具有多重目的的组织,所追求的一系列不同目标并不总是与纯科学信念相一致。如此一来大学就类似于上义提到的杂交型组织,有时甚至超出了所允许的范围。而且,鉴于大学在现代科学完全被建制化为分立地加以组织的活动以前就存在,也鉴于它们常常对作为任命和提拔尺度的新颖原创性知识生产漠然视之,[28]因此,如果没有由声誉组织所激起的反应,在既有大学中纳入科学,以及在科学同行中具有国际性声誉对升迁的重要性就不会确立起来。现代科学在大学职业机构中的确立,大学的政策定向于为由主宰该领域的科学家群体所界定的知识目标作出原创性贡献的国际性声誉,这些都无疑改变了大学的运行方式。但它们也影响了科学的组织活动与运作方式。

现代科学在经过改革的大学系统里体制化的一个主要后果,是把科学纳入到国民教育系统中来了。这使科学家将其对招生和训练计划的控制扩展到中等教育系统中,因而影响了科学的整体公众形象,同时也确保了科学家新成员的训练和吸收第一次得到了系统地组织,并且确保它遵循已确立的模式。科学逐步确立为这样一种活动,即不仅被认可为一种合法化的追求,而且在保证科学能够符合主导价值和目标的情境下,也得到了与知识传播和合法化相关的主导体制的积极支持和研究条件。大学的一般社会功能被扩展到科学中,科学信念逐步接近那些统治着高等教育体系的信念,比如像德国的"新人文主义"(neo-humanism)。[29]这就导致越来越重视"高雅"科学或"纯"科学(high or pure science)而牺牲了对应用方面或技术方面的关注。因为19世纪的大学把注意力聚焦于为一个有特权的小精英群体提供高雅文化教育,而非训练实用技术专家。[30]换言之,一旦共同体在大学中得到体制化,逐步确立新方向所需的资源就变得很大,因为那意味着要设置新的训练计划、课程与岗位。假如新的智力领域要逐步确立为持续的研究传统和纲领的话,这些领域就必须变成新的学科和系部;如果新科学要想作为声誉共同体而不断繁衍的话,学系作为组织科学的占统治地位的主要方式,就会导致新科学被迫变成为系部。当然这在人文科学中特别清晰可见。

在把大学的传统功能——对享受特权的年轻人反复灌输人类已获得的智慧、知识以及正确的信念与行为模式——与追求新知识以及在研究过程中训练新的从业者相结合的过程中,普鲁士和其他国家的大学改革者们,在改造大学和重申政府对其控制的同时,将科学同化到了主流信念和精英群体中。[31] 这些大学继续把特定精英个体培养成"完人"(whole man),并为传统职业和高级文职输送人才,只不过现在他们是在做高级研究和寻求真理而非进行拉丁文辩论。[32] 德国大学里的科学不是要提供向上的社会流动渠道——某段时期里法国科学则可能提供了这种渠道[33]——或实用发明,而是变成了服务于巩固文职领域中现存精英和达官贵人阶层地位的总体意识形态的一部分。尽管在欧洲,大学的这种约定俗成的功能并非什么新鲜事物,但将之与智力创新的生产相连接却是新现象。

19世纪德国大学重新定向于对原创学术的追求,为系统持续的研究提供了强大的组织基础。通过对大规模科学研究的合法化以及为之提供大量资源,这种改革导致了专业科学共同体的增长以及德国研究学派对这种共同体的主宰。尽管在英国,绅士式的业余爱好者传统继续造就了一些重要人物并作出了较重大贡献,[34] 然而,德国大学从业者的巨大数量,再加上他们大规模利用学生来从事研究,以及在一定程度上辅之以政府对实验室的扶持,[35] 导致了欧洲科学开始被学术专业化科学所主宰。[36]

在工作依赖于声誉的意义上,专业主义增长的第二个主要后果是科学变得"常规化了"(nomalized)。自从研究越来越多地由学生来开展,获得可加以比较和整合的结果的可靠方法就变得非常重要。在任务不确定性程度高的地方,对于没有经验的新手,是不能期望他能对知识有所贡献的,因为研究技术所产生的反复不定的结果要求很高的实验和解释技能才能对其意义作出详尽阐明。研究学派广泛依赖于学生劳动力,这要求有相当简明可靠的技术规程,如果要为知识作出有意义的贡献的话。正如莫雷尔(Morrell)所指出的,李比希(Liebig)的有机化合物氧化分析仪器,是其成功主宰有机化学最基本的前提条件;[37] 该分析仪为其学生大规模分析化合物充分地降低了任务的不确定性并革新了该领域。19世纪早期撒克逊科学家的例子也同样有教益。容尼克尔（Jungnickel）[38]强调，资深科学家在自然科学中逐步确立精确可靠的实验研究方法，他们之间需要广泛合作。这种合作在很大程度上实现了，但通过的是撒克逊科学学会而不是在莱比锡和耶拿的大学里。当精确可靠的方法和仪器逐步发展起来，研究的合作模式也就变了；如容尼克尔所说，"方法和仪器使得高年级科学学生这样的缺乏经验的助手参与科学研究成为可能……使得技能高超的专家之间的合作成为多余，而在以前这种合作对研究是必不可少的。"从而，科学在大学中的专业化就朝着强调技术的精确可靠性和程式化地表述这些技术所能处理的问题的方向发展了。任务的不确定性降低到了即便新手也能创造有用成果的程度。

通过围绕训练过程来组织研究，以及逐步确立起允许受训者也能创造有效知识主张的形式化表述和操作规程，科学的学术专业化既逐步形成了开展科学研究的等级制结构，又逐步确立了一种能使这种等级结构生产出原创性知识的研究类型。相较而言，前专业化科学——或称"业余爱好者"科学——中，知识生产的主导模式似乎更类似于文学与哲学生产，而非现代专业化了的常规科学。个体工匠或称"天才人物"（geniuses），以相互极其隔绝的方式研究着一些较散漫笼统的问题，各实践者之间在这些问题所采用的概念和偏爱的解决之道上都存在差异。这些绅士式的业余爱好者偶尔也会有助手或追随者帮助一下，但他们通常都憎恨把科学作为一种专业的观念，他们偏爱单干而不是把研究小组与系统的研究计划及劳动力的"理性"分配有机结合起来。[39]尽管他们之间可能会在解决科学领域的一些重要问题方面而为声誉相互展开竞争——包括能把那些问题确定为是主要的——但他们之间的竞争很大程度上是处在平等的地位上并且是个人之间的，而非在专业组织中牢固确立的知识生产者流派间的。由于训练并非围绕着职位系统地组织起来——这垄断了获得研究设施与交流媒介——训练的开展在很大程度上采取偶然的、特定的方式，因而并未对研究的形式或走向形成很大冲击。新手通过和某位名师一起共事而可能习得作出有益贡献所必需的基本技能，但这种新手训练是以个体的方式进行的，通常人数有限，而且也不是知识生产组织过程的一部分。科学家之间的合作似乎较少，而即使的确曾有过合作，也是建立在地位平等的基础上的，而并非如上文所引容尼克尔的简要阐述那样，是采用等级制方式组织起来的团队成员间的合作。

当然，来比锡和其他知识生产者的根本创新是要激进地改革上述体系，并要把新手的培训有系统地合并到开展研究的实践中去。[40]因此,在某些科学中逐步确立占主导地位的研究纲领的过程中,吸引一个稳定地从事研究的学生群体就成为一个较重要的因素,同时,考虑问题的性质和适合于他们去解决问题的操作规程的性质也都相应地有了变化。如果有了关于原创性的规范、一个较规范的交流系统以及声誉对于职业的重要价值这样一些条件,科学的专业化无论怎样都可以导致一些这样的变迁,但大学把新手的培训与有效的新知识生产相连接,加快并强化了朝向由工作场所指导者组织工作分工和协调成果的方向发展。从业者之间在论题领域和技能上的专门化,得到了实验室——由一个建立在技术专长以及技术知识与学术地位相联合基础上的管理等级组织统一和控制着——内部的分化与专门化的回应与强化。需要地位平等的高技能人员之间合作的问题,或者是较散漫综合以至不容易被划分为分立的部分与工作的问题,在上述工作组织与控制系统中就比在更"业余式"的体制中,更少可能被提出来并得到研究。[41]

在雇用组织中将科学研究与建立在专长和知识差异基础上的明确的权力等级制系统地组织起来,表明了由少数几个特别有天赋的天才人物所从事的揭示宇宙法则的神秘深奥活动,是如何能以理性的方式得到管理和控制的。它也表明如何可能较大规模地制造发现者,以致当科学逐渐被视为有用的知识和创造有用知识的方法而并非一个已确定不变的知识体系时,投资者无需等候"天才"的出现,而只要能扩展现存的制造科学家的系统就行了。在某程意义上说,通过知识生产者的生产活动而对科学进行的学术统治,以及系统地利用研究者来处理已分化但又由实验室领导来协调的工作,这为其他领域的雇主提供了组织研究的模式。通过展示如何能让科学家得到培训以及如何能组织新手来创造知识,大学中研究学派的发展不仅表明科学作为系统的确定知识具有实用性,而且表明实际的知识生产过程本身能加以规划和组织。并非等着少数几个天才人物从知识大树上摘下一些果实并将其用于解决科学以外的问题,研究学派的组织证明了科学工作如何能被组织成一个定向于多种多样目标的过程。该过程既能理性地加以组织,而且它也能通过扩展加以规划来实现并非纯学术的那些目标。科学作为一个关于世界的、稳定准确而统一的知识系统,被改造成为一个能够加以组织和规划的知识生产流程或方法。科学的学术专业化因而为科学大规模应用于非学术环境和非学术目的铺平了道路。

现代科学在大学中被体制化的第三个主要后果是强有力的学术权力机构的出

现。通过把对新成员的培训、学校里的课程、执行研究计划的研究人员的组织、由建立在对知识目标的贡献基础上的声誉而定的工作等方面的控制,与作出这些贡献所需的日益昂贵复杂的研究设施结合起来,大学院系及其控制的已有学术机构主宰了各门科学。尽管在19世纪,大学雇员并没有在所有国家都垄断科学知识的生产与合法化,但学术界的确逐步在科学"共同体"中占据了主导地位,甚至在"业余式"传统仍保持着强大意识形态力量的国家里也如此。[43] 而且,专门职业化的学术模式也成了"显著"途径,声誉共同体藉此就能获得对工作和研究设施的控制,并将外来者拒之门外。学者对已确立和正在出现的科学日益加强的主宰,意味着科学建制成了学术建制。它也导致了正在成为学术事业的科学与在学术边界体制化的科学之间的差异。

学术机构在过去和现在都在科学中具有强大权威,这不仅因为它们控制着劳动力的生产和培训——这是它们与其他职业机构所共有的特征——也因为它们通过广泛利用高等院校的学生充当研究人员而主宰着知识生产过程。通过垄断开展科学研究所需的技能传授与认证,使得没有通过某个学术训练计划的人不可能作出"合格"(competent)贡献,学者们控制了进入劳动力市场的门槛和称之为"科学的"(scientific)技能的意义。更进一步,通过利用学生来分担已经协调成为一个研究计划的那些研究工作,学者们成为科学领域中的主要知识创造者,因为他们控制着更多资源。尽管并非所有的研究计划都同样"成功",也并非所有科学都同样可以进行规划,但是因为学术机构控制着教材中科学的"官方历史"(official history)的书写及其在训练新手过程中的使用,所以这些机构更有能力界定什么是"成功"。同时,因为它们控制着大批科学劳动力大军——包括教学人员和学生——它们就比"业余爱好者"个人更有能力主宰科学主要目标的解释。在控制着劳动力市场的同时,它们也通过控制知识生产系统的主要部分来主宰工作的界定和工作成果的协调。

控制大部分科学劳动大军并不是控制学术机构开展的知识生产活动的唯一途径。作为工作和技术规程日益增加的精确化、纯化和标准化过程的一部分——利用学生从事研究这一情况促进了这一过程的发展——开展科研以作出合格贡献所需的技术设备变得更复杂昂贵。[44] 原材料也同样变得更加纯化而且其获得也更受限制,以至于从业者个人会发现,若没有集体资源,要从事科研会更加困难。[45] 创造科学知识的技术途径日益增长,而且超出了个人所能提供的能力范围,以至于不得不对它们进行集体的组织与控制。它们越是高度集中于大学中并置于学术控制之下,学术的既有权力机构对声誉共同体的主宰程度就越高。通过精确性的提高以及测量与观察的标准化途径而得以实现的任务不确定性降低,使得科学更加局限于小圈子,也更加专业化,而且也更受控于学术团体。

19世纪许多科学中材料和工作规程的标准化,是科学工作专业化的总体过程的一部分。它通过使受训者能对知识作出贡献的同时,又使科学的研究对象和工作规程远离日常的、外行的观念与实物,而促进了学术团体对科学的主宰。专业化学术科学发展过程的核心部分——科学研究既变革为一种由处于较广泛劳动分工中的团队与小组围绕着系统应用限于圈内人的标准技术展开的活动,同时又转型为一种使集体的以及得到集体组织的资源——它们由一个单一的主要机构,即大学,所控制——成为必要条件的活动。研究工作的标准化与规范化,在专业声誉共同体的发展过程中也是很重要的。正如库恩指出的,假如其他条件均相同,科学的数学化就能使争论得到更快解决,并使"常规"科学更平稳地发展。技术规程和符号结构的标准化,方便了跨越社会和空间界限的交流,并使声誉共同体更有能力控制工作实践和结果。也许可用术语称之为技术任务不确定性(technical task uncertainty)的程度降低,能让共享一套较为标准化技术的从业者轻松快捷地交流与协调工作结果。从而,这些领域中的能力资格就被定义为能够应用这些技巧处理合适问题的能力。相对较清晰的社会边界与认知边界就被划定和具体化了,而且对工作流程的许多细节给予强有力的集体性社会控制也就得以实施。尽管作为声誉组织的科学早已存在,但却正是它们与运用标准工作规程、围绕研究纲领建立起来的训练单位和职业单位打成一片,才强化了其身份认同与权力。同样地,学术团体对反复教导和应用这些工作规程的训练单位与职业的主宰,也方便了它们对声誉组织的控制达到如下程度,即各科学领域都成了以大学为基础的"各门学科"(disciplines)的同义词。

大学主宰科学的这种程度有赖于两方面的主要条件。第一方面是,大学的职位在通过为知识目标作出贡献而谋生方面提供了主要的——即使不是唯一的——机会,或者是在有其他替代性就业资源的地方,大学的职业地位也要高得多。第二方面的条件是,大学职位的主要单位都与知识生产与合法化的单位保持一致并主宰着后者。在政府或其他机构为开展定向于公共声誉目标的研究提供资源和岗位的情况下,大学精英管理研究领域以及用他们的评价准则影响从业者的权力就相应被削弱。事实上,在专职研究实验室控制着研究所需昂贵设备的领域,或者这些实验室能提供大量就业岗位的领域,大学科学家就失去了他们能拥有廉价劳动力的优势,因为他们还得花一些时间来教课,而竞争者都有机会获得全职的技术人员。专职实验室中为获得实验设施而展开的竞争,将这些大学科学家置于劣势中,正是因为他们不在其位(on site),也不靠近行政系统。

随着科学工作及优先次序的替代性组织方式逐步确立起来,特别是在"应用的"(directed)或"成熟的"(finalized)科学领域里,非大学的、政府资助的公共科学岗位的增加,已削弱了大学院系与科学声誉目标及边界之间的联系。[47]但是,即使是在政府实验室获得上述快速增长以前,科学领域中的研究受限于高等教育职业单位的程度也是有限的。在任何一个某某学(X-ology)的领域里,决不是所有的贡献都出自于某某学的院系中,也决不是所有职业单位中的科学家都将他们的研究限定在这些领域中。这部分是因为创造能在学术团体中获得高声誉的原创贡献的竞争压力促进了专业化和分化,以至于职业单位中所确立的身份与边界已不再反映在研究战略与声誉共同体中。然而,当年轻科学家力图通过确立与当前的身份和优先考虑事项不一致的新方法与(或)新论题以获得高声誉时,对原创性贡献带来的声誉的追求就不仅只是促进在既定边界内的分化,也将引发建立新的研究领域和地盘的努力。这是一种高风险的战略,因为如果给予其他人的资源——包括声誉——被削减的话,将威胁现存的责任承诺与技能。因此,这通常要求外部支持来成功地实现这种战略。[48]既有的大学精英团体,只要控制着工作和交流媒介,就能控制这一过程,但在有多重体制提供工作与交流媒介,以及外部资助机构追求与大学精英们相异目标的情况下,其权力相应就会受到限制。

当然,甚至在由学术专业组织和以大学为基础的研究设施主宰的领域内,大学精英建立能主宰研究战略和合法化准则的具有内在一致性的统一群体的程度也存在很大变数。在科学领域中,总体上对就业机会以及获得设施与交流媒介的机会的专业控制,并不自动暗示所有专业人员都团结一致并作为一个内在统一的群体行动着。一个给定领域中职业单位的数量越大,研究资源越易于获得,单一职位在影响智力发展路线方面越可能只有限的重要性。当替代性的就业机会易于得到而且获得必要研究设施和期刊的机会较多时,对科学家研究战略的影响就将不得不更多地通过普遍的声誉系统来实施,而并非通过直接控制工作场所的资源和人员。在此,声誉组织的权力在控制工作的方向与评价方面,就比职业组织中的行政权力更重要。一般而言,可以合理地说,在大多数从业者都能广泛获得工作、技术人员、机器和期刊这些必要资源,以及相对于能涉及到的全体成员而言,任何单个教授、部门或学院对从业者的控制都较小的场合中,行政权力在影响科学发展路线方面的重要性就比声誉地位小。像其他科学家一样,教授们如果想要控制科研工作的话,他们也必须在这种广泛的声誉系统中角逐影响力和权力。在决定此类竞争结果的过程中,对资源的控制显然是一个主要因素,但也很少能独自起决定作用。正如职业组织相对独立于声誉组织并有自己的发展与变迁模式,声誉组织也不应被视为只是一个全能的教授权力精英群体的工具。相反,我们需要在不同领域及其对智力工作机构的影响中去探索这两套组织之间相互依赖关系的变化多样性。

2.4　雇员主导的科学作为工作组织与控制的二元系统

大学科学工作与实践的体制化产生了一个工作组织与工作控制的杂交系统。在这个系统中,雇主提供工作、实验设施与受训人员,而工作目标和绩效评价则大部分由跨越各职业单位界限的声誉群体所控制。大学认证科学能力资格并雇用大部分知识生产人员,但也依赖于国际国内网络来确定工作优先事项以及评价工作成果的正确性与重要性。这一杂交系统在基本定向于公共科学体系、由国家资助的实验室中得到传承,但依靠大学来提供合格技能这一点除外。在很大程度上,这一工作组织与控制的二元系统已作为我们社会的一个主要的集体认识形式,而逐渐主宰了公共科学知识的生产与评价。因此,科学知识的组织与发展都要依赖于这样一些方式,通过这些方式,该系统在过去的一个多世纪里一直发挥着作用,系统中的不同领域也根据变化而得到不同组织。

大规模地为研究者提供支付报酬的职位逐步确立,以及作为合格知识重要贡献者的无偿的"业余爱好者"逐渐减少,已使得现代科学知识成为雇员的产品。因而由单个雇主对研究进行的组织与控制,以及他们与声誉群体的关系,就对知识的组织具有重大意义。特别是,长期性的岗位、学院与系部的成立,明显建构着将加以研究的主题类型,并或明或暗地把这些主题组织成为某种社会威望序列。尚未确立永久性定位的智力领域将会发现,它们在确立其智力自主性和社会自主权上,将比那些已在职业组织中在某种程度上控制着岗位与研究设施的领域要困难得多。同样,在政府资助已对持续的知识生产——这种知识生产被广泛认定为是为集体目标作出的一种贡献——发挥关键作用的领域,那些受到限制或只有极有限的机会获得这些资金的个人和群体,也会很明显地处于不利地位。因而,声誉群体要想在一个雇员主导的科学时代继续发挥科学知识生产与合法化控制者的作用,就必须在某种程度上控制职业与资源的分配决策。那些没有设法影响这类决策的科学思想和主题概念都将最终从正统的、既有的科学中消失。

从这一点也可推论出,那些成功地获得了对岗位和研究设施某种程度控制的群体,将在强行把其观点当做应予采纳的正确途径以及强行赋予一些特定论题以更大价值上占据着强势地位。在高级职位都由某一特定智力路径上的或某一特定论题序列上的成员所占据的地方,显然地,该领域的研究方向以及什么被视为构成了这一方向,就都将受到他们偏好的左右,就像1881—1903年福斯特(Foster)担任皇家学会的生物学会长职务时期的例子所证明的那样。[49]特别是,像在20世纪化学领域中那样,在研究能够与某一战略保持一致地进行规划,而且实验室主任管理大批人的工作而无需很多相互间的协商与直接合作的领域里,情况就是这样。[50]然而,工作控制的二元系统确保了绝不可能对科研工作完全进行地方性控制,而需以声誉群体作为中介。即使在研究较常规化且能通过正式规则和组织来进行管理,同时智力领域由少数处于领导位置的科学家来主宰的情况下,内部的声誉竞争也将确保专业的分化与工作的分化,从而那些也许可能也许不可能被统合到某个总体的等级体制中的亚领域就能发展起来。同时,如果该领域的声誉较有社会威望且(或)有科学威信,那么外来者就可能会努力尝试作出实质性贡献,这通常是通过修改知识主张据以得到评价的那些准则。这种内部分化与外部渗透的结合——当然其发展势头在各领域间是有差异的——降低了具有内在一致性的某一小群体完全操控工作与声誉的可能性。

从而,各科学领域在工作由雇主和声誉组织控制的程度方面以及在这两套组织的边界与目标的重叠与一致范围方面都各不相同。在公共科学系统中,比如在研究大部分是为了发表和声誉而开展的情况下,以及在雇主与科学家国际交流网络共同享有对工作目标与流程的控制权的情况下,各门科学之间在直接雇主对工作的控制、国际国内声誉网络的影响力,以及此类声誉系统的社会组织和智力组织等方面的相互差别就会非常大。雇主的目标越是多种多样且相互矛盾,声誉领域中的研究群体越多意见分歧和冲突,那么这些领域中由声誉体系来决定大多数研究者所采用的目标和工作规程的可能性就会越小。替代的情况则是像许多生物学领域一样，科学家个人在决定其研究战略与研究路径上，相对于任何单个声誉领导群体都有很大的自主性。[51]而另一方面，像20世纪的许多学术物理学一样，雇主的目标和工作规程越是定向于声誉目标——特别是如果它们聚焦于某个单一领域中——而且声誉评价准则越是有内在一致性并得到整合，声誉网络就越有能力控制研究目标与过程，也控制工作的获得机会并管理工作组织中的岗位。

这两个维度——雇主目标的多元性和声誉群体的内在一致性——相互作用并影响着智力的边界与发展。比如，在大多数雇主都定向于众多互相歧异、互不相容目标的场合，一个单一的、在社会和智力上有内在一致性并得到整合的声誉组织的确立就是不可能的。管理研究看来好像就是这种情况的一个例子。因此，职业的边界与目标影响着科学群体的边界与目标，特别是在训练计划也同样多种多样且已分化的领域里。国家科学中的目标与优先考虑问题并不完全与既有的声誉目标相符，为实现这些不同目标而利用技能与研究设施，这已导致了新声誉组织的形成并削弱了现存的声誉组织界限，特别是在生物-医学科学领域。因为雇主们往往采用不同的战略来行事——既涉及他们如何达成同一个总体目标的方面，也涉及他们利用哪些技能以及如何组织这些技能等方面——这些新领域很少能变得具有高度一致性且有难以渗透的边界。这些领域在从业者依赖于从其他组织——如大学院系，它们是按照不同原则来组织的——习得技能和技术规程的情况下，就能把自己的研究定向于大批的阅听人，因而这些新领域的智力界限与社会界限就都有很高的渗透性。在这些领域，聘用从训练和雇主的多种目标中分离出来，就产生了声誉群体的多元性，他们与雇主共同分享工作目标的控制权但不垄断获得工作机会或管理岗位的权力。

甚至在职业组织基本定向于声誉目标的领域里，比如在大学里，在学术组织单位等同于声誉边界的程度以及由此导向较紧密的社会结构与智力结构的可能性大小等方面，都有很大差异。对某一特定领域所作的贡献可能来自受雇于各种各样的岗位和职业单位的科学家，就像某一给定院系中的研究也可能高度分化并能为相当广泛的各种智力目标作出贡献一样。总体而言，很可能是，训练单位、职业单位与声誉组织相互之间的边界和目标越少关联，声誉组织变成内在一致的寡头统治并操控职业组织中获得工作和管理岗位的机会的可能性就越小。在这些情形中，任何一个单一的声誉组织垄断劳动力市场和资助机构的能力都将受到限制，就业与升迁决议的作出将是不同领域的群体间竞争性较量与协商的结果。

另一方面,像在20世纪数学这样的领域里,职业组织的主要单位与训练单位及声誉组织有共同的边界,而且雇主基本定向于声誉目标和绩效评价准则,具有难以渗透的边界的声誉组织就很有可能逐步确立起来并控制工作目标。职业组织中的管理群就很可能基本上都是根据他们的国际声誉来任命,并依据声誉目标与优先考虑事项来分配资源。这类群体由于在职业组织中享有很高的声誉地位与声誉权力,他们能强有力地影响声誉目标与优先考虑事项,并因而决定这些领域中研究的方向。在必须从少数几个政府机构获得额外资金来开展有助于获得声誉的研究,而且这些政府机构又基本上受控于支配性声誉群体的领域中,这种影响将更加强烈。正如许多物理学领域那样,职业、资助、训练与声誉组织等单元的目标和边界基本上都相同的领域,将很可能是受控于同一个群体,该群体既能设定通行的绩效评判准则,又能坚决要求大家遵从特定的方向与工作规程。这些由雇员主导的研究单位的目标和边界之间的相互差异越大,科研工作就会变得越多样。阅听人、雇主和资助机构的分化将降低要求科学家与单一的一套目标和工作方式保持一致的压力,并让他们能运用新技术来追求歧异多样的目标。

2.5 小　　结

本章所讨论的要点可总结如下:

1. 在科学研究尚未由雇员主宰以前,它与其他文化生产系统的区分较模糊,也尚未被高度组织化为分立的领域。比起更"专业化"的科学来,其智力目标和声誉更笼统,也更易受个人的影响,同时对知识所作的贡献也不那么明确和狭隘。研究技能显得相当散漫而非标准化,它们通常被应用于广泛的各种问题,并使个人在领域间的巨大流动性成为可能。这类技能的训练较无组织,并高度取决于个人品性与个体环境。冲突和争论相当激烈而广泛,研究竞争者都力图影响贯通数个领域工作的方向,并力图主宰总体的声誉系统。智力方面的承诺和标准都比后来变成的情形有更多的个体性和独特性,对研究活动与目标的控制也倾向于个人化而且散漫,因此地方性差异非常大。

2. 19世纪,更多研究者在工作和收入上对智力声誉的日益依赖既扩展和加据了声誉对科学工作的控制,也把声誉目标和标准跟雇主的目标与权力组织整合了起来。因此,在专家同行中的声誉对科学家而言变得更加重要,这种声誉也更多地与职业组织中从事研究的特定安排相联系。当雇员开始主宰知识生产与评价系统时,其组织与等级体系就逐步与声誉准则和价值观联系在一起。

3. 雇主的目标与声誉信念间的关系可归纳在 3 个标题之下:(a) 雇主的目标定向于公共声誉目标的程度;(b) 雇主的人事政策遵循声誉群体的判断和标准的程度,(c) 雇主的奖励系统依赖于一个领域中的单一声誉精英群的标准与价值观的程度。科学可以根据上述维度上的不同而分为 3 个类型:工业科学、国家科学与学术科学。

4. 19 世纪欧洲——特别是德国的——大学系统中知识生产的特殊体制化,对智力工作的组织与控制产生了 4 个主要影响:(a) 它把智力创新的实施与扩散以及研究技能的教育和认证整合起来了。这促进了以教科书形式实现的知识标准化以及"纯"研究从非学术工作中的分离。(b) 它导致了研究围绕着由智力方面和行政方面的领导主宰的、按等级制组成的团队而实现了"常规化"(normalization)与专门化。(c) 它把技能与知识的生产以及分立但又以集体的形式组成合法知识体系的"学科"(disciplines)中的不同劳动力市场的组织统一起来。(d) 它实际证明了智力生产如何能得到组织与控制,以及知识生产者如何能系统地受到训练并被认证。

5. 雇员对知识生产与合法化过程的主宰已导致了一个正成为现代科学基本特征的工作组织的二元系统,其中,雇主和智力精英共同控制着研究如何开展及评价的过程。各科学领域在这种控制权如何分享方面的差异,影响着智力组织的模式并成为理解科学间差异的重要因素。

注释与参考文献

1. 参见 S. F. Cannon, *Science in Culture*, New York: Science History Publications, 1978, 见 chs. 4,5,讨论 19 世纪英国的"前职业化"科学以及围绕"物理学"建构边界的问题。有关"物理学"在 18 世纪如何变迁的描述,参见 J. L. Heilbron, "Experimental Natural Philosophy" in G. S. Rousseau and Roy Porter (eds.), *The Ferment of Knowledge*, Cambridge University Press, 1980.

2. 因为参与科学评价的人的数量相当少,其旨趣也各不相同、变化不定,所以比起责任和技能都已在职业组织与训练组织中牢固立起来的人来说,前者的智力边界与意见都往往摇摆不定,且更多地受到个人影响.

3. 正如报道所提到的 I., Grattan-Guinness "Mathematical Physics in France, 1800—1835", in H. N. Jahnke and M. Otte (eds.), *Epistemological and Social Problems of the Sciences in the 19th Century*, Dordrecht: Reidel, 1981 at pp. 358—359.

4. 比如参见 Roy Porter, *The Making of Geology*, Cambridge University Press, 1977; "Gentlemen and Geology: The Emergence of a Scientific Career, 1660—1920", *The Historical Journal*, 21(1978), 809—836.

5. 引自注释 1 Cannon 的著作,pp. 39—40. 根据注释 1 所示 Heilbron 的著作,占据德国 1700 年"物理学"教席的人中,有三分之二是医学博士,他们中有 50% 的人后来又转而从事医疗职业. 1800 年,这种比例仍占 15%.

6. 参看 Porter, op. cit., 1978, note 4; J. G. O'Connor and A. J. Meadows, "Specialisation and Professionalisation in British Geology", *Social Studies of Science*, 6(1976), 77—89; M. Berman, "Hegemony' and the Amateur Tradition in British Science", *Journal of Social History*, 8(1975), 30—50; D. E. Allen, *The Naturalist in Britain*, London: Allen Lane, 1976; P. L. Farber, *The Emergence of Ornithology as a Scientific Discipline: 1760—1850*, Dordrecht: Reidel, 1982, pp. 125—140.

7. H. Mehrtens, "Mathematicians in Germany circa 1800", in H. N. Jahnke and M. Otte (eds.), *Epistemological and Social Problems of the Sciences in the Early 19th Century*, Dordrecht: Reidel, 1981, p. 409.

8. 比如参见 Grabiner, Scharlan 和 Dauben 讨论数学的论文,见前面注释 7 所引的 Jahnke 和 Otto 主编的文集. 三位作者似乎都同意,日益增加的对数学基础的重视是与教这门课程以及逐步确立明确身份的需要相关联的.

9. 特别是那些由各种各样的国家科学院与皇家学会所出版的期刊.

10. 参见注释 1 所示 Cannon 著作,p. 126.

11. 曾经强调过物理学、天文学、地质学、数学、地理学以及其他某些领域中"绅士科学家"的影响力的文献,参见 J. Morrell and A. Thackray, *Gentlemen of Science*, Oxford University Press, 1981, pp. 26—29.

12. 描述 Liebig 的教育背景这个案例的,比如可参见 J. B. Morrell, "The Chemist Breeders: the research schools of Liebig and Thomas Thomson", *Ambix*, XIX, (1972), 8—9.

13. 当然,正如近年来有关争论的研究所揭示的,这种争论在成熟科学中并不显著. 参见 *Social Studies of Science*, volume 11, no 1, 1981 passim. For a historical case study, see R. G. A. Dolby, "Debates over the Theory of Solution", *Historical Studies in the Physical Sciences*, 7

(1976),297—404. 不同国家之间在分类方面的差异,参见 Farber, op. cit., 1982, chs. 6 and 7.

14. 正如 Jungnickel 所说:"站在自然科学朝向精确测量迈进的起点处,Fechner 不得不揭示由前辈观测者所任意使用的那些工作规程背后隐藏的规则,并从这些规则中逐步确立起新的、得到完善的方法。"参见 Christa Jungnickel, "Teaching and Research in the Physical Sciences and Mathematics in Saxony, 1820—1850", *Historical Studies in the Physical Sciences*, 10 (1979), 36.

15. 比如参见 Karl Hufbauer, "Social Support for Chemistry in Germany during the 18th Century: How and why did it change?" *Historical Studies in the Physical Sciences*, 3(1971), 205—231; B. H. Gustin, *The Emergence of the German Chemical Profession, 1790—1867*, unpublished PhD thesis, University of Chicago, 1975, chs. 2 and 3; Maurice Crosland, "Chemistry and the Chemical Revolution", in G. S. Rousseau and Roy Porter(eds.), *The Ferment of Knowledge*, Cambridge University Press, 1980.

16. 除了注释 1,3,8 所引的论文以外,还可参见 H. J. M. Bos, "Mathematics and Rational Mechanics", in G. S. Rousseau and Roy Porter(eds.), *The Ferment of Knowledge*, Cambridge University Press, 1980; R. H. Silliman, "Fresnel and the Emergence of Physics as a Discipline" *Historical Studies in the Physical Sciences*, 5(1974), 137—162. 有关更早时期天文学与数学的不断变化的关系的讨论,参见 R. S. Westman, "The Astronomer's Role in the Sixteenth Century", *History of Science*, 18(1980), 105—174.

17. 特别是在英国这种情况尤为可见,参见注释 1 所示 Cannon 著作;也参见注释 11 所引 Morrell 与 Thachray 的文献。

18. 比如 19 世纪地质学中的争论,参见 C. Gillispie, *Genesis and Geology*, New York: Harper Torchbooks, 1959; R. Porter, op. cit., 1977. 当然,这一特征在如今的人文科学中清晰可见并将其中的一些与更"职业化"的科学区别开来。

19. 在此所用的职业化,基本上是指通过技能训练机构和认证机构来控制劳动力市场。职业技能决定着工作如何实施,但并不必然决定为何目的而开展研究。

20. 因此,工作竞争者人数的日益增长,加剧了科学中有关成果与问题的重要意义的争论,特别是假如得不到替代选择的时候。

21. 尽管工业中许多研发实验室的领导都曾经是成功的公共科学家。

22. 讨论工业劳动力市场对现代物理学的扩展的重要性的文献,参见 S. Weart, "The Physics Business in America, 1919—1940", in N. Reingold(eds.), *The Sciences in the American Context*, Washington D. C.: Smithsonian Institution, 1979.

23. 近来讨论该现象的有 W. v. d. Daele et al., "The Political Direction of Scientific Devel-

opment", in E. Mendelsohn et al. (eds.), *The Social Production of Scientific Knowledge*, Sociology of the Sciences Yearbook 1, Dordrecht: Reidel, 1977; R. Johnston and T. Jagtenberg, "Goal Direction of Scientific Research", in W. Krohn et al. (eds.) *The Dynamics of Science and Technology*, Sociology of the Sciences Yearbook 2, Dordrecht: Reidel, 1978.

24. N. Elias, "Scientific Establishments", in N. Elias et al. (eds.), *Scientific Establishment and Hierarchies*, Sociology of the Sciences Yearbook 6, Dordrecht: Reidel, 1982.

25. 比如参见科学与公共政策委员会中的生命科学研究委员会的报告, *The Life Sciences*, Washington D. C.: National Academy of Sciences, 1970, pp. 230—239; E. Yoxen, "Life as a Productive Force", in R. M. Young and L. Levidow(eds.), *Studies in the Labour Process*, London: CSE Books, 1981.

26. 正如以前所提到的,关于19世纪以前科学家的职业的重要意义与范围存在一些争论. 比如,Roger Hahn 和 Maurice Crosland 就明确对革命时期及其以前的法国帝制时期建立在职业身份基础上的职业结构的存在表示异议. 参见他们的论文. Maurice Crosland 主编. 西欧科学的出现. 伦敦:麦克米兰出版社,1975. 也参见 D. Outram. "政治与职业:法国科学,1793—1830". 英国科学史期刊,1980(第13卷):27—43. H. Gilmann McCann 则主张,1760—1795 期间的化学领域中法国科学家已有职业生涯,参见他的《化学的转型:从燃素到氧气的范式转换》(Norwood, New Jersey:Ablex,1978). 但是,所涉及的人数是非常少的,而且尽管高科学声誉可能导致获得年金或者其他形式的物质奖励,但在整个科学中并不存在系统的机制以19世纪所确立的那种方式来把工作与研究成果联系起来. 关于普鲁士的改革,参见 C. E. McClelland, *State, Society and University in Germany 1700—1914*, Cambridge University Press, 1980; Roy Steven Turner, "The Growth of Professorial Research in Prussia, 1818—1846, Causes and Context", *Historical Studies in the Physical Sciences*, 3, (1971); "University Reformers and Professorial Scholarship in German", in L. Stone(ed.), *The University in Society*, Princeton University Press, 1974.

27. 正如 E. Mendelsohn 所说:"大学似乎是科学的完美栖息之地",参见他的"The Emergence of Science as a Profession in Nineteenth Century Europe", in Karl Hill(ed.), *The Management of Scientists*, Boston: Beacon Press, 1964, p. 43. 众多有关各门科学的职业化的讨论都假定,学术岗位是畏研究人员提供工作的标准途径. 参见讨论 H. Kuklick, "The Organisation of Social Science in the United States", *American Quarterly*, 28(1976), 124—141 and M. S. Larson, *The rise of professionalism*, University of California Press, 1977, chs. 1 and 2. 有关19世纪英国大学之外的化学家的"职业化"的讨论参见 C. A. Russell et al., *Chemists by Profession: the Origins and rise of the Royal Institute of Chemistry*, Open University Press, 1977.

28. 这在 Turner 的 1971 和 1974 两本绝版著作中得到了强调，不过，McClelland 提出，19 世纪的上述变化并不是很明显，参见 E. McClelland 的 1980 年绝版，pp. 342—343。

29. McClelland, op. cit., 1980, note 26 chs. 3 and 4; 参见 Fritz Ringer, *The Decline of the German Mandarins*, Harvard University Press, 1969.

30. Mendelsohn, op. cit., 1964 note 27; K. H. Manegold, "Technology Academised: Education and Training of the Engineer in the 19th Century", in W. Krohn *et al.* (eds.), op. cit., 1978; W. Scharlan, "The Origins of Pure Mathematics", in H. N. Jahnke and M. Otte(eds.), *Epistemological and Social Problems of the Sciences in the Early 19th Century*, Dordrecht: Reidel, 1981. 关于瑞典大学里的科学从技术和"实用研究"中脱离出来的讨论，参见 A. Jamison, *National Components of Scientific Knowledge*, University of Lund Science Policy Institute, 1982, ch. 8.

31. McClelland 发现了德国学术体制化采取的特殊形式及其随之而来的高社会声誉，他们在从中产阶级中吸收进来的一小群精英的帮助下，为稳定和合法化精英统治的更易变部分的规则而作出的努力, op. cit., 1980, p. 98.

32. McClelland, op. cit., 1980, p. 106; Morrell, op. cit., 1972.

33. 正如 Terry Shinn 所指出的，参见"The French Science Faculty System, 1808—1914", *Historical Studies in the Physical Sciences*, 10(1979).

34. Porter, op. cit., 1978; Berman, op. cit., 1975.

35. Morrell, op. cit., 1972; Gustin, op. cit., 1975, chs. 4 and 5.

36. 田野科学中该过程的出现比实验室科学的要晚，而且该过程在英格兰也出现得晚些. 参见 Allen, op. cit., 1976, note 6; O'Connor and Meadows, op. cit., 1976, note 6; Porter, op. cit., 1978, note 4; Farber, op. cit., 1982, note 6, ch. 7; Russell *et al.*, op. cit., 1977, note 27, ch. 9.

37. Morrell, op. cit., 1972, note 12.

38. Jungnickel, op. cit., 1979, note 14, pp. 41—42.

39. 参见注释 1,4 和 6 中 Porter, Berman 和 Cannon 的讨论。

40. Gustin 强调，Liebig 在训练学徒过程中遵循的是已确立的一个传统，所以他的创新不应得到过分强调. 参见注释 15 中所引 Gustin 的著作, ch. 3.

41. Berman, op. cit., 1975; Jungnickel, op. cit., 1979.

42. 这一点由 Berman 在其对皇家学院的描述中得到了讨论，参见 *Social Change and Scientific Organization*, London: Heinemann, 1979. 也可参见 R. H. Wiebe, *The Search for Order, 1877—1920*, New York: Hill and Wang, 1968, ch. 6.

43. R. Moseley, "Tadpoles and Frogs: Some Aspects of the Professionalisation of British

Physics, 1870—1939", *Social Studies of Science*, 7(1977), 423—445; R. H. Kargon, *Science in Victorian Manchester*, University of Manchester Press, 1977, chs. 5 and 6.

44. 注释 1 所引的 Heilbron 的著作中,他指出,在电子领域开展研究所需花费的不断增长,限制了临时观测者参与研究的能力。

45. 当然,众多博物学领域中的原材料,也要求要获得大量的资源,当广泛旅行成为必要,而且洪堡式的科学总体上有赖于众多的观察者与政府的支持。参见 Cannon, op. cit., 1978, note 1, ch. 3; Farber, op. cit., 1982, note 6, chs. 3,4,5 and 6.

46. T. S. Kuhn, "The Function of Measurement in Modern Physical Sciences", in his collected essays *The Essential Tension*, Chicago University Press, 1977.

47. G. Bohme *et al.*, "Finalisation in Science", *Social Science Information*, 15(1976), 207—330; R. Hohlfeld, "Two Scientific Establishments which Shape the Pattern of Cancer Research in Germany", in N. Elias *et al.*(eds.), op. cit., 1982, note 24, 145—168.

48. 德国大学里为在新学科中设置新教席曾要求有直接的政府资助,而且分子生物学也确实得到了来自洛克菲勒基金的大力资助,就像遗传学得到卡内基研究所的扶助一样。参见 McClelland, op. cit., 1980, pp. 174—189, 258—287; E. Yoxen, "Giving Life a New Meaning: the Rise of the Molecular Biology Establishment", in N. Elias *et al.*(eds.), op. cit., 1982, note 24; Garland Allen, "The Transformation of a Science: T. H. Morgan and the Emergence of a New American Biology", and Nathan Reingold, "National Science Policy in a Private Foundation: The Carnegie Institution of Washington", in A. Oleson and J. Voss (eds.), *The Organisation of Knowledge in Modern America, 1860—1920*, John Hopkins University Press, 1979.

49. 参见 G. L. Geison, *Michael Foster and the Cambridge School of Physiology*, Princeton University, 1978, pp. 300—301.

50. 对于矿物化学的讨论,参见 Terry Shinn, "Scientific Disciplines and Organizational Specificity", in N. Elias *et al.*(eds.), op. cit., 1982, note 24.

51. B. Latour 和 Woolgar 的《实验室生活》(*Laboratory Life*)对此特征进行了描述。

第3章
科学家与科学领域组织间的相互依赖程度

3.1 导　言

在前两章中,我已指出,科学领域是这样一种工作组织,它通过科学家为集体目标作出贡献并在国内、国际阅听人中竞争声誉,来组织和控制智力创新的生产。这样,与其他工作组织相比,它们本身就会面临高度的不确定性,并依赖一个广泛的正式交流系统来协调和相互连接来自于地理上分散的工作场所的研究成果。19世纪为知识生产持续支付报酬的职业的发展,大学中综合教育、研究技能的反复训练以及与声誉相关联的职业的统一化,在赋予了科学领域领导者剧增的控制知识生产权力的同时,把这些领域分离为通过特定技能来控制劳动力市场的不同学科。通过将某一特殊领域中职业身份和获得研究设施的机会与在该领域中的国际地位相联系,这些发展围绕着专门化的旨趣与专业技能而对知识生产与合法化过程进行组织。因此,科学领域转型为学科——这样一些劳动力市场控制单位,它用能对特定智力目标所作贡献实施垄断的特殊技能来训练知识生产者。[1]在整个19世纪,知识日益发展成为相当于是这些分化的声誉组织的产品,这些组织的领导者把技能界定与训练的控制、工作及研究设施的获得机会与评价智力声誉的主导标准都统合起来。[2]

这些学科收编并整合了雇员主导的科学中智力生产的三个主要组成部分:技能训练与认证,包括学术岗位在内的为知识生产提供的、所需物质报酬与设施的获得机会,以及交流体系。但是,重要的是要记住这些组成部分的整合程度,在不同学科——比如化学与鸟类学之间[3]——和不同历史阶段之间存在着差异。特别是自从政府资助和"驾驭"(steered)的研究广泛发展以来,在许多公共科学中,技能训练已变得越来越脱离于对知识生产目标和就业的直接控制。[4] 同样,技能也更专业得多,而且分几个不同的阶段来习得,有些阶段是在大学外实施的。比如美国,自20世纪20年代以来在许多领域中博士后研究都已剧增,如今人们相信,它对各门物理科学中科学家精英的成长是非常关键的。[5] 在许多科学领域中,声誉网络都已不再与大学职业单位的边界相重合,而且如今在追求跨越多个传统学科边界的声誉的过程中,特定研究技能都已用在各种各样的问题和论题上,这种情况特别表现在生物-医学科学中。因此,研究情境的变化已影响了科学领域的组织过程,而这些科学领域在其整合与协调现代科学不同方面的智力工作的程度上都各不相同。

当科学领域在职业组织中牢固确立起来时,它们作为知识生产与控制的确定单位,已变得更加重要了,展现了在过去的150年左右一直变化着的组织研究的各种方式。它们在更广阔的社会结构与日常研究及针对研究结果的意义与重要性的协商这一微观过程中发挥着中介作用。它们本身就构造出公共科学研究得以开展和获得意义的主要情境。因此,它们通过声誉来组织和控制研究工作的变化多样模式,影响着手解决的问题范围、成果的理论整合程度、科学家之间的竞争程度,以及智力组织与发展的其他类似方面。同样,这些工作组织与控制的模式,正是与特定的背景情境(而非其他因素)相匹配的。因此,具备某些特定特征的科学领域,在某些情境中会比在其他情形中更有可能出现和得以确立。作为整体的科学中的总体社会过程、私人科学与公共科学之间以及科学与主导社会体制之间的关系,构建出逐步确立起来的科学领域的类型,并通过这些类型而构造出由这些领域生产和合法化的知识结构。考虑到智力生产已分化为分立的科学领域,这些领域在职业和训练组织中也已经牢固确立并不同程度地控制着资源,所以,工作组织与控制的模式就是建构科学知识发展与变迁的关键性特征。模式的变化多样及其影响与情境,正是下面4章的研究题材。

3.2 科学工作组织与控制的维度

要比较分析作为组织和控制科学研究的声誉系统的各科学领域,要求由某些途径来概括它们与不同类型智力结构和环境境遇相关联的那些最有意义的差别。尽管这些方法或许可以从大量讨论工作组织的管理结构及其原因与后果的文献中得出,我在详述某些细节时也将利用这些文献,但是,声誉组织还是有些特殊的特征,这降低了这些文献的直接可用性。[6]

当然,其中最重要的一个特征是,对研究如何开展、能力如何评价的控制权,与雇主的直接行政管理等级体系的高度分离。这使得许多有关工作规划与控制的正式途径的传统文献只有限的应用价值,甚至在工业科学领域也是这样。[7]作为工作组织与控制的职业系统的子系统,雇员主导的科学既对学术科学中的工作过程也对研究目标实施一定的控制。正如我们已看到的,这种控制在领域间存在很大差异,并影响着这些领域中智力整合与内在一致性的程度。比如说,大学中的化学家们能控制化学中研究技能的性质与界限的程度,就比来自与其他领域中的外行群体和知识分子都能影响评价标准与能力资格标准的人文社会科学领域中的许多学者群要高得多。同样,物理学家精英对许多职业组织中的智力优先考虑事项和研究战略所施加的控制,又比许多生物学领域中的带头人所能做的要更高,而且物理学中对研究的理论整合与协调程度,要比生物学高得多。[8]因此,声誉对雇主目标和研究技能运用的控制程度,是科学领域及其运作情境的重要特征。

有关的情境要素,一方面是指相对于外行,另一方面是指相对于其他更有社会威望的科学领域所关注的问题、语言和概念的独立或自主程度。维持界限和明确身份的能力是所有工作组织的一个关键特征,影响着这些组织协调工作和整合目标的程度。当科学领域的术语和工作规程与常识相似,或是借自其他领域时,比起那些词汇和工作方法都更独特而深奥的领域来,更难以从其他群体的问题与解决办法中分离出自己的问题与解决办法,并维持对研究的统一控制。在这一方面,社会科学与19和20世纪的自然科学形成了鲜明的对比。

在此能辨识出的有关智力领域情境的另一个特征是,对获得资源的机会进行控制的集中程度和智力产品阅听人的多样性程度。一般来说,获得智力生产与分配的必要手段和机会渠道越是有限,科学家就会愈加依赖这类渠道的控制者,其研究战略也会有更多关联性和相互竞争性。同样,科学家的工作拥有合法阅听人越多样且差别越大,其目标就越可能有更大差异而且更加隔离,以至于这类领域中智力优先考虑事项的协调与整合会受到限制。因此,一个领域对外行阅听人的开放性越高且越易受到影响,那么形成协调整个领域的研究的统一性理论框架的可能性就越小。

因此,科学领域的这些情境特征促成了工作组织与控制的特定模式。这些模式可以从两个维度上来进行概括,它们源于现代科学作为以集体事业的方式来协调和控制创新生产的系统这一本质属性。在第 1 章把雇员控制的科学领域当做一个特定的职业组织亚类来加以描述时,我已指出,其主要特征就是通过为集体智力目标作出创新性贡献来追求声誉。本质上说,现代科学是一些受到联合控制的新知识生产系统,其中研究人员为了从特定同行群体获得声誉,必须对知识作出新贡献。这些贡献要根据其对集体目标的重要性和对他人的有用性来进行评价。因而,它们在具备新颖和独特性的同时,还要定向于同行的工作并能在他们各自的研究中得到应用。这些相互冲突的要求,在科学家之间制造出特殊的张力,而在其相互平衡过程中存在的变异,则影响着不同领域所生产知识的组织方式。科学之间的许多主要差别可能就源于这些变异,它们可以描述为以下两个不同维度:在作出合格的有意义的贡献过程中研究人员之间的相互依赖程度(the degree of mutual dependence between researchers),以及生产和评价知识主张过程中的任务不确定性程度(the degree of task uncertainty)。[9]

作为集体生产与合法化知识的系统,雇员主导的科学在对工作成果和战略进行协调和条理化方面,有诸如期刊、规范化的交流系统以及讨论会等这样的精致机制。科学家通过这种机制构造出他们的工作成果并力图说服有影响的同行相信其正确性与重要价值。为了获得对智力目标作出了重要贡献这样的好名声,科学家不得不阐明,这些特定成果"切合"(fit in)他人的成果且对他人的研究战略具有重大意义。因此他们相当依赖于主宰着声誉组织并为研究能力资格和研究价值设定标准的那些特定的同行群体。但是,在不同科学及不同历史背景下,科学家必须把其研究与一个明确界定的、确定了边界的同行专家群体的研究相协调和相关联的程度是各不相同的。在某些领域,研究者个人可以通过在不同期刊上发表其成果而对几个不同的问题领域作贡献,并从不同的阅听人获得声誉。[10] 但在其他地方,比如说在粒子物理学领域中,则有一个清晰的期刊等级体系,阅听人也得到了明确界定。在这里,如果要想让贡献被当做有价值的而得到承认,它们就必须相当清晰具体并切合当下所关心的问题和当前的成果。[11] 因此,科学家之间相互依赖的程度在不同领域存在差异,并与各领域中智力结构的差异相关联。

作为生产新颖和创新知识的工作组织,科学也具有较高程度的任务不确定性特征。比起其他组织来,科学工作结果的可预见性、直观性与可重复性都较低,并限定着规范的规划与控制体系的发展。不过同样地,科学领域间的任务不确定性程度各不相同,并影响着对新颖性与应用价值的洞察力。在存在数个竞争性研究学派的领域里,什么是该领域的主要论题或者怎样来评判这些学派的能力,通常并不清楚。比如冯特(Wundt)指出,一个在莱比锡实验室接受实验心理学训练的学生,如果碰上一个维尔兹堡学派的代表提出的试题,这个学生就注定会答不上来。[12] 19世纪末,生理学的技术标准已得到广泛接受,但是在问题的意义和理论方法的正确性方面,福斯特与其德国竞争者之间仍然存在实质性冲突。[13] 当然,也必须对技术不确定性的程度实施一些控制,因为来自不同工作场合的成果必须能加以比较,声誉的授予也需建立在国内范围或国际范围的基础上。但鉴于以上这种最低限制,这种控制在不同领域间的差异就会很大,而且这种差异影响着智力组织活动的模式。

在某种程度上说,依赖性和不确定性必然相互关联,因为研究成果的跨国协调意味着对杰出研究工作进行充分控制使之得以交流和比较。同样,如果科学家试图接受公共的评价标准和研究方式的话,那么他们为了获得声誉与奖励,就需要充分的相互依赖。但是,在这些限制范围内,各不相同的不确定性程度能够与各不相同的依赖性程度相联系,从而科学领域就能在两个维度上根据变异来进行描绘。进而言之,因为我们能考察各门科学在其中随这些变量而改变其位置的环境,对现代科学的这些方面的分析就提供了一种把科学变迁作为社会过程来理解的途径。但是,首先我们需要更详尽地讨论这两个维度,并认清哪些因素与科学的变迁相关,而哪些则是它们对科学研究产生作用的结果。开始时我将把注意力集中在相互依赖的程度、它对科研组织与控制过程的意义,以及它与特定情境要素的关系等方面。而任务不确定性的变化多样则将是下一章的主题,在第5—6章中则会把这两个维度结合起来以描述科学领域各类型的特征。

3.3　科学家之间的相互依赖程度

这一维度指的是科学家依靠特定的同行群体以对集体智力目标作出合格贡献,并获得因之能得到物质奖励的显赫声誉。日益增加的相互依赖程度意味着科学家为了声誉和获得资源的机会而变得更加依赖于特定的同行群体。如果想要因其一贡献而获得重要声誉的话,他们就必须忠诚于特定的能力资格标准与重要性评判准则。因此在追求奖励的过程中,他们与特定的专家同行既展开竞争又进行合作,并且不得不重点关注某个重要的阅听人。当相互依赖性整体上有所增长时,该领域中角逐声誉与控制研究方向的紧张度就会增长，组织边界与组织身份的力量也会增加。

从便于分析的角度看，相互依赖程度有两个不同的方面。第一个方面是指研究者为了建构被认为是合格的有应用价值贡献的知识主张，而必须采用同行专家的某些特定成果、思想和工作规程的程度。可以将其称为一个领域中成员间的*功能性依赖程度*（the degree of functional dependence），它涉及的是需要协调工作成果并实际证明对共享的能力资格标准的忠诚。尚不明确地与既存知识保持一致、以及基本上采用的不是与同行专家相似的技术、方法和原材料的投稿，在表现出高度功能性依赖的领域将不可能得到发表。而且，如果一个人想使这些贡献能在这些领域赢得盛誉的话，就必须证明它们对其他人的研究有用，因此科学家在高度相互依赖的领域中撰写论文时就必须表明其成果如何能合并到同行的工作中去。[14]

相互依赖性的第二个方面，指的是为从同行赢得盛誉，研究者必须说服同行相信他们的问题与解决途径具有重大意义和重要性的程度。这可称之为*战略性依赖的程度*（the degree of strategic dependence），因为它涉及的是需要协调研究战略和让同行确信对某些特定方面的关注对于集体目标具有中心地位。在具有高度战略性依赖的领域，比如像由少数几个中心主宰着知识生产的德国心理学领域中，[15]当科学家力图引领彼此的旨趣与战略时，这些领域就存在高度竞争，并在不同战略与解决途径的相对优越性方面存在很大争议。因此，协调活动并不仅是把专家的贡献整合到公共目标中的一个技术性问题，而且也涉及根据特定的优先考虑事项和旨趣来组织研究纲领与计划。这是一种设定研究议程、决定资源分配和左右在声誉组织与职业组织中的职业生涯的政治性活动。

科学家之间相互依赖的这两个方面是相互联系的，因为如果相互依赖性的某一方面未达到相当可观的程度的话，另一个方面达到很高程度是不可能的。比如说，某个科学领域表现出成员间高度的战略性依赖，它也就可能表现出某种程度的功能性依赖，这是因为，如果研究人员想要让同行相信他们的研究工作对总体目标具有重要意义，他们就需要证明其工作是如何与其同行的战略相适应，且有重要关联。同样，高度的功能性依赖也意味着一定程度的战略性依赖，因为，科学家需要应用同行的特定成果并表明他们自己的贡献如何与同行的成果相关的过程，也就是在他们的战略与解决途径对其集体目标具有重要价值的基础上要求得到声誉的过程。因此，任何一个声誉组织，要想作为独特的工作组织与控制系统发挥积极作用的话，就必须在依赖性的两个方面都达到某种最低限度。专家之间在某个层面彼此高度面向对方，也就意味着在另一个层面的某种相互依赖。但是，在此限度内，科学之间在功能性依赖程度与战略性依赖程度上还是出现了一些变异，这是与组织模式上的变化多样相关联的。

有个例子可以说明这一点。如果我们把现代物理学和化学作为明确的学科来进行比较，[16]可以合理地说，二者都已高度专门化并展现出工作规程、论题与成果方面的高度相互关联性。因此可以把它们描述为在其从业者之间有高度的功能性依赖关系。然而，化学已高度分化为分立的亚学科和专业领域，它们在控制资源和声誉上相对于整个化学学科有相当大的自主权，以至于它们在各自的相关核心问题上看上去并无竞争；而物理学按等级制来组织的程度却要高得多，而且有确定的专业群体、理论家来协调和整理专家群体内和群体间的贡献。[17]物理学中的声誉依据一个人所在亚领域的威望而各不相同，并且某些类型的研究明确地被认为比其他研究更重要。因而物理学家的战略性相互依赖以及他们向作为整体物理学证明其领域重要价值的必要性，就比化学表现得要大些。因此，在当代科学领域中，大致相似的功能性依赖程度，是随着不同的战略性依赖程度而出现的。

这个例子表明，我们可以把科学家之间相互依赖性的这两个方面理解为——它们彼此在一定限度内是相对独立地变化的，因而可以根据科学在每一方面所处的位置分别来考察各门科学。假如我们将这两个维度进行二分并将之视为相互独立的，那么就可以辨识出如表 3.1 中所列的四类科学领域。在此我通过区分以上两个方面相互依赖性的不同程度以及为每个类型提供一些可能的例子，概括各领域间的几个主要差别。[18]当然，科学间的另一些差异的出现则与任务不确定性方面的变化多样相关联，这将在下一章中讨论。

1. 在科学家之间的这两类相互依赖程度都较低的科学领域中，研究人员能对各种目标作出贡献，而无需系统地体现特定同行专家群体的具体成果与思想。他们可以用一种较散漫的方式处理相当广泛的问题与论题，也无需确切地证明他们的贡献如何与该领域中其他成员的贡献保持一致。此外，该领域中的科学家也不太关心要去说服同行相信他们的解决途径对实现集体目标具有优越性，也不力图将其战略与其他人协调起来。因此他们倾向于采用多种多样的技术途径来追求各种各样的智力目标，因而贡献也相当歧义多样。这类领域中的群体围绕着散漫而综合的、通常以常识和日常词汇为特征的领域而形成,并在成员资格和身份上具有相当的流变性。论题和领域间存在很大流动性,当兴趣转移时声誉也会起伏不定。能力标准倾向于较不规范而散漫,不同群体会对它们作出不同解释,从而不同研究场合间成果的协调,高度依赖于私人联系和个人知识。自从20世纪60年代资源和工作扩张以来,这些特征似乎在人文科学中很典型,特别是在盎格鲁-撒克逊的社会学和管理研究中。[19]

表 3.1 各科学领域中功能性依赖与战略性依赖程度的变化

战略性依赖程度	功能性依赖程度	
	低	高
低	采用各种各样的工作规程来追求多种多样目标的弱界限群体。对成果和问题的协调几乎没有。各具体工作场所的劳动分工程度低。 例子:20世纪60年代后的盎格鲁-撒克逊社会学与管理学	采用明确的标准化工作规程来追求已分化目标的专家群体。对成果和专题的协调程度极高,但对目标等级体系的总体关注则几乎没有。 例子:20世纪的化学与美国数学
高	采用独立工作规程追求各不相同的目标、具有强界限的研究学派。学派内部的协调程度高,但学派之间的协调则几乎没有。激烈角逐对领域的主宰。 例子:1933年以前的德国哲学与心理学	采用明确的标准化工作规程来追求已分化目标的专家群体。对成果和专题的协调程度极高,专业问题间严格的等级秩序。在亚领域对于整个学科的核心地位方面展开角逐。 例子:20世纪的物理学

2. 在功能性依赖程度很高而战略性依赖关系则相当有限的领域中,科学家必须更多地把他们的研究与特定同行专家群的研究整合在一起,但却不必在专业目标对于整个领域的比较优势上展开激烈竞争。他们依靠其他人的独特工作成果来对集体关注的问题作出合格的贡献,因而比上面所描述的那类领域中的科学家更多地定向于特定群体的研究。这意味着能力资格标准得到广泛认可,而且相当明确,以至于研究者在作出自己的贡献时能抱有信心地依赖同行的成果。另一方面,这些领域中的科学家不必为了获得能因之得到奖励的盛名而需要整合他们各自的专业目标,也不必就其相对重要性展开竞争。因此对多个不同亚领域的理论协调就不是很强,而且不同专业中声誉的相对显赫程度也不是紧张冲突的焦点。对声誉的追求往往首先是在这些亚领域和问题域中,而不是在整个学科中展开的。能以某种智力优先次序来排列这些领域的综合理论图式,并非高度关注和努力追求的目标。这种领域的例子是美国的数学、人工智能、许多生物学领域以及现代化学。[20]

3. 在科学家之间的功能性依赖程度不是很高,但他们为了声誉——这些声誉建立在其问题、战略和成果对总体目标的重大意义和价值的基础上——而相互依赖的领域中,可以看到一个相当不同的结构。在这些领域,研究者在为集体目标作出贡献时,并不高度依赖特定同行专家群体的具体工作,但却在其贡献对该领域的集体目标和智力优先考虑事项的相关性方面存在竞争与冲突。从业者间高度的战略依赖性,意味着科学家力图通过实际证明他们对该领域核心论题的解释的优越性来说服同行相信其论题与解决途径的重大价值。比如说,心理学中有关核心问题的论战,也就是围绕着合适的理论方法和这些目标应该如何达成而展开的争论。[21] 从而,在这类领域中,当不同研究学派采用各不相同的方法而对相互独立的论题进行研究,以至于结果通常难以在各学派之间进行比较时,根据其对于核心目标的重要性而对问题和解决途径进行的等级排序,就意味着对工作规程和能力资格的排序。声誉的获得往往是因为这类学派为各自的目标作出了贡献,而特定工作成果对其他学派开展研究的意义则难以辨明或得到一致认同。像这类领域中存在的诸如此类的专业化和劳动分工,往往是出现在这些总体的研究路径之中,而并非出现在这些路径之间。相反,对贡献的评价则采取相当散漫而心照不宣的方式,并伴之以对私人联系与个人知识的高度依赖。这类科学的案例主要出现在由学术界主宰的人文科学中,比如哲学、早期的德国心理学、文学研究,还可能包括20世纪50—60年代的英国社会人类学,那时它的资源有限,研究中心都被相当牢固地控制在少数几个智力方面的领头人手中。[22]

4. 在相互依赖性程度变化方面要考虑的最后一种科学领域,表现出高度的专业化与劳动分工,同时有很强的集体认同与界限意识。这种领域中的科学家很在意证明其工作对其他人的目标是如何地重要,与其他人的研究是怎样地切合。如果研究者想赢得盛誉,工作成果的总体意义对他们来说就非常关键,因此,他们力图让整个学科的同行相信他们讨论的问题和所关注的事项对整个学科而言都意义重大。能力资格标准在整个领域中都相当标准化与规范化,以至于其意义在各专业问题领域中都可推论出来,并受到严格控制。此外,为整个学科的总体目标和研究确立成果的精确含义的重要性,则意味着对研究战略作理论协调已成为关键性活动。研究倾向于集中在较狭窄的、得到清晰说明的论题上,并采用标准化的工作规程来实施,生产着特定的、高度明确的成果。这些研究的整合则通过一个非常精细的交流系统,采用高度规范化的符号结构,以协调跨越地理边界与社会界限的研究。通过标准化和形式化的通报程序,模糊性得到了降低,从而,工作成果对于整体目标与总体战略的意义就可相对较容易而直接地确定。因此这类学科中的研究体制较集中,而且在形式上得到了协调。这种领域的典型例子是现代物理学。[23]

通过以上这些有关不同领域——它们是以其成员的功能性依赖与战略性依赖关系程度的变化多样为基本特征的——非常简要的评论,科学领域在这些维度与特定特征之间的某些关系也就能加以辨识了。与功能性依赖程度的增加相关联的是研究论题与工作的更高程度的专业化,工作规程、能力资格标准和交流体系更高程度的标准化,以及对在不同的具体研究场合中开展的、为解决特定问题而获得的工作成果的更高程度的协调。当功能性依赖程度增加时,个人与研究群体所处理的问题的范围就倾向于缩小。

与战略性依赖程度的增加相关联的则是对问题与解决途径的相对重要性的更大关注,因此加剧了群体间为主宰该领域而展开的竞争。无论工作规程和能力资格准则的标准化是否跨越了群体,高的战略性依赖关系都意味着为了从同行获得重要声誉,强烈需要把研究战略和研究目标与同行专家群的那些方面相协调和相关联。这进而表明,当竞争群体探索他们工作的内涵及其对竞争对手的意义时,理论主题、相似点和对立处都成为主要的关注点。因此,当战略依赖性增加时,对贡献和解决方法进行理论协调的重要性也会随之增加。下面我将更详细地探讨关于某一特定领域中科学家之间相互依赖性程度的变化与研究的组织及控制模式之间的各种关系,其后则将讨论与正在变化着的相互依赖性程度相关联的一些主要情境因素。

3.4 相互依赖性程度的变化与科学工作的组织

某一特定科学领域中科学家之间相互依赖性程度的变化跟工作组织与控制模式的几个实质性差异相关联。首先,我将勾勒出随着相互依赖的总体水平的提高而产生的某些变化;其次,我将讨论与功能性依赖程度的增加相联的某些变化;最后,将论及伴随着战略性依赖程度的增加而产生的某些变化。与相互依赖性程度的变化相关联的工作组织与控制的特定方面,涉及智力身份与边界的强度、工作与技能专门化的程度、工作结果与战略的协调途径与协调程度、问题与成果的总体内涵及理论意义的重要性、智力方面冲突的范围与紧张程度。其他方面,比如科学领域的内部组织、智力内聚力和协调规程的例行化程度等,则都更多地与任务不确定性方面的变化相关,或更多与这两个维度的结合相关,因而将在下一章中进行分析。

1. 日益增长的相互依赖性程度

依赖性增加的最明显结果就是集体的自我意识和身份感的增长。如果研究者变得更依赖于某一特定同行群体以得到作为获得物质奖励中介的声誉,他们就将更加认同该群体,并将自己从其他知识生产者与合法化者群体中分离出来。当相互依赖性增加时,该身份系统与其环境的边界和区分就变得更严格,并受到更严格的控制。因此科学家在以下方面都逐步确立了明确的区分,即在胜任的研究者与门外汉之间、紧密相关的贡献与那些不值得考虑的贡献之间、以及"真正的"物理学、经济学或其他科学与琐碎的乏味的无意义的研究之间。用玛丽·道格拉斯(Mary Douglas)的话说,就是他们变成了"高群"(high group),并把来自其他领域的贡献排斥在外。[24]语言、工作规程和认识对象都变得更局限于圈内,且更疏离于其他领域和常识性的日常用法。

自然,这种知识生产与评价系统的分离与分化活动在学术群体主宰的学科中表现得最为明显。在这些学科中,一个单一的组织控制着新手的选拔与培训,研究技能的界定、传授与认证,工作的分配和获得研究设施的机会,以及根据智力产品的正确性及对学科目标的贡献而对其做出的评价。在这种环境条件下,对学科同行的依赖程度明显地非常高,而且超越既定规范与标准限定范围的稿件都不可能得以发表,更别谈会因此获得积极声誉了。跨越学科边界的问题和解决方法都将受到忽视,因为它们最不可能增加研究者在那些控制着关键资源获得机会的人中的声誉。因此那些关于开展更多学科间或跨学科研究的呼吁很少成功,除非现有的学科声誉在总体智力地位上的丰富资源和实质性变化与这种呼吁相伴出现,就像来自化学和物理学的技术和方法在生物学中的入侵那样。[25]

为了声誉而日益相互依赖的科学家之间集体身份的力量的日益增长,与科学家相互之间竞争的加剧相伴。当他们发展成更为定向于一群都在研究某些相关问题的特定同行时,他们就更清楚地意识到这个群体是该领域中声誉的竞争者,但也是声誉的赋予者。一个领域越是界限分明,并对外行及其目标、标准和工作规程越是排斥,该领域中的成员就会越是专注于相互把对方作为达成集体目标的合作者和作为对那些目标作出主要贡献的竞争者。这种竞争并不像哈格斯特龙及其他一些人讨论的那样，对承认只有消极意义，而是也包含积极的、导向的意义。科学家从同行中寻求盛名的活动并非仅是在组织中为其成就寻求名声；他们也力图引导其他人的研究沿着某些特定路线前进，并确保他们的旨趣、问题与标准能在同行的研究中得到采纳。因为这些盛誉乃是由在他人研究中得到应用的贡献——而非仅由综合的成就——所赋予的，所以竞争就意味着在问题、目标与技术上的重要性以及该领域的走向上发生冲突。

在高度相互依赖的领域中科学家间的这种竞争的加剧，是通过必须得到同行认可和支持的需要而得到缓解的。假如他们想要相信某人的工作是正确的并有实用价值，显然就必须共享这项工作的某些前提与目标，因而在相互依赖性很高的科学中，那些挑战该领域整个智力大厦的研究是不会得以开展的。为从某个特定科学家群体中获得盛名而展开的竞争，意味着对其标准和工作规程的某种认同，而且至少要达到有能力并乐意采用某个人的思想和成果的程度。一个科学家越是依赖于某个特定群体，他或她就会越多地遵从该群体的规范，如果他或她的研究要想被当做合格工作的话；这样说来，合作与竞争的强度是随着相互依赖性的增加而增长的。这表明，虽然说服的重要性增加了，但不一致的范围却在缩小。在某一科学领域中，竞争采取何种特定形式将视以下情况而定，即功能性依赖与战略性依赖的程度以及任务不确定性程度哪个更高。

某一科学领域中相互依赖性增加的更进一步表现是，相对于地方性等级体系与偶然性而言国内与国际声誉的重要性。这不仅意味着在设定研究战略与评价绩效的过程中，在科学领域间作更严格的划界，也意味着降低纯地方性动机所带来的影响与冲突。因此，当研究人员的相互依赖性增加时，在该领域中缺乏声誉地位的行政领导将少有能力影响什么研究得以开展或如何开展。同样，当专业群体为其所有成员设立了标准与工作目标时，该领域就更少容忍个人或雇主的特殊性，而当科学家必须使特定同行专家群相信他们的能力、资格和贡献的重大意义时，地方性自主性总体上就会下降。从而，当一些特定声誉组织的重要性上升时，建立在获得地方性资源与利益的机会基础上的智力可变性与多样性，就会随之下降。就像20世纪20年代的美国物理学那样，国际国内的带头人逐渐主宰了战略的确立、技能的测定以及绩效的评判。

对科学研究的超地方性（extra-local）控制的增强，很明显需要一个有效而广泛的交流系统来报道成果、协调工作结果以及整合研究战略。因此在交流网络和某种邮政体系建立以前很可能是不会逐步确立为声誉系统的。不过这里更重要的是一个能把工作结果不太模糊地传达给一个庞大阅听人的符号系统的逐步建立。更进一步说，因为就作者而言阅听人通常是匿名的，所以他不能假设能够依赖意会的共享的个人经验和认识。因此表述贡献所采用的语言就需要相当明确而详尽但又非个人化，而且需要得到规范组织。采用其他人能明白并视之与自己工作相关的某种方式来对那些可推广的工作规程和结果进行通报，比具有个体独特风格的个人解释更重要。当依赖性增加时，大体而言地方性个人境遇和偶然性就变得无关紧要了，而成果对于身处广泛多样境遇中的同行专家们的意义，则成为关键所在。因此在这种情况下，符号系统就变得更加规范而标准化，并呈现出一种抽象、客观的姿态。

这进而促进了能通过这种系统得以有效交流的研究的发展。当科学家所追求的声誉来自于一个大部分是个人之间相互不认识的群体，群体成员通过共同的训练程序而共享了某些责任和信念，但可能在他们各自的战略、经历和解决问题的途径方面却存在差异，在这时候，能够通过较规范而明确的方式进行报道的研究，就比那些要求有更多渠道、更个人化交流的研究工作，更有可能得到开展。阅听人越庞大、越多匿名性，相互依赖性程度越高，那么，符号系统就会变得越少个人性而越规范，有待交流的、并能通过它而获得盛誉的研究就会变得更严格而明确。人文学科中许多领域的技术性的增加，比如当哲学和某些编史学方法逐渐"专业化"时，其交流系统的形式化就具体说明了这一过程。

2. 日益增长的功能性依赖

除了科学工作与组织的这些与某个特定领域科学家之间相互依赖程度的增加相关联的总体特征以外，还存在一些随着日益增长的功能性依赖而逐步形成的独特特征。这涉及通过共同的训练计划而实现的技能与工作规程的标准化、技能与工作专门化的程度以及日益增长的工作结果的专一性。

当科学家变得更依赖于某个特定同行群体以对集体目标作出合格贡献时，他们必须在做出原创性成果的同时向那些同行实际证明他们的技术能力，因此创新就受到了需要表明它们如何切合他人的工作与标准要求的控制与限制。为了做到这一点，他们遵从相似的工作规程，而且能使这些工作规程在各工作场合中不让其意义和应用性变得太过模糊，从而充分明确地加以交流。如果为了集体目标，而要让独立的、个人的工作成果得到协调，并因此得到建立在其对众多智力问题作出了贡献基础上的那些声誉,那么就必须假定共享技术背景和技术方法。这一点通过确立整个领域通用的训练计划,以及相伴随的研究技能与技术的标准化来得到保证。当然这也有助于巩固集体的自我意识,并限制进入这些技能的劳动力市场的机会。因而,日益增加的功能性依赖意味着不同情境中的研究应如何开展以及研究技能如何传授与评价方面的标准化程度更高了。研究规程和研究工具的这种标准化,其例证就是19世纪早期在诸如鸟类学、植物学、昆虫学等日益分立的博物学方面共享的分类体系与方法的逐步确立,[29]以及有机化学的分析技术,比如李比希的那些用于有机化合物氧化分析的实验仪器,靠着它们,李比希曾经创立并主宰着该领域。[30]

集体规范的这种标准化与强制执行,缩小了作出合法化贡献的范围,也因而减少了作出创新的余地。如果成果和思想要被认定是值得重视的,那么同行就得能采用它们,通过坚持这种主张,这些成果和思想就不得不迎合阅听人并与其旨趣和预设相匹配。这样,当科学家专注于创造能切合同行专家群的工作成果时,工作结果就因而变得更加明确且在范围上受到更多限制。他们就会倾向于采用同行的某些特定思想和成果来建构一些新颖但明确的贡献——这些贡献与其他人的贡献结合在一起,以便通过独特方式来解决特定的问题——而非作出一些散漫而涉及面广的、讨论该领域中众多问题的贡献。

这种对研究者个人所处理论题的范围的限定,是与日益增长的工作专门化和分化联系在一起的。这进而又由科学领域中成员间相互依赖性增加时那种日益增长的竞争所促进。这种竞争因为一种需要向集体标准具体表示忠诚的要求而被限定在一定范围内,但当集体的相互依赖性增加时,竞争的激烈程度也就会增加。原创性因而就既表现为论题及其解决之道的分化,也表现为通过遵从已被认可的工作规程来主张合法性。这些领域的科学家将乐于处理一些会对总体的综合目标作出贡献但又不至于与优先考虑事项形成尖锐对立的、独特但又相关的论题;而不是通过处理完全相同的问题以展开直接的竞争,因为这显然是一种高风险的策略。只要战略性依赖程度有限,日益增加的功能性依赖就会因此导致研究论题和成果的更大程度的专门化与分化,并伴之以劳动分工和工作分工的日益增加。埃奇(D. Edge)和马尔凯(M. Mulkay)关于英国射电天文学发展的描述,就包含这种专门化的一个例子,其中的乔德雷耳·班克学派(Jodrell Bank,设在英国曼彻斯特大学的天文观测与研究小组——译者注)和剑桥学派分别采用不同的仪器和研究风格来探讨着不同的论题。[31]只要能得到足够的资源，而且只要他们能在彼此间分治该领域而又不会在理论上有很大程度的竞争，那么这两个研究路径之间的相对重要性就不会成为关键议题。

3. 日益增长的战略性依赖

确切地说，正是这种在个体和群体战略的相对重要性和重大意义方面的竞争随着日益增长的战略性依赖而增加。当研究者越来越需要使其同行专家相信他们的目标和解决途径对集体目标的重要性，他们就会更多地关注那些目标是什么，应如何解释它们并与研究战略相连接，以及如何把特定成果与那些集体目标联系起来。增长的战略性依赖包含着关于工作成果与战略的意义以及总体上优劣的争论的增加，从而对整个领域的研究作理论协调就变得比功能性依赖程度单独增加时更重要些。科学家为了在这种环境中争得盛誉，就必须说服同行相信他们的工作对于集体目标的总体意义重大，因而就必须能够描绘出他们的工作与其他人的问题及解决途径的联系。

使某一特定群体信服一个人的贡献对其他人的目标具有核心价值，具有重要意义，意味着研究者不能一味追求独立的研究战略与论题，而不对这些战略及论题与其他人工作的联系及相关性投以极大关注。取而代之的情形是他们必须证明其战略具有理论相关性，并证明他们的问题如何对该领域的核心议题有所贡献，因而他们需要比那些战略性依赖较低的领域更密切得多地注意其论题与解决途径的理论联系及理论重要性。这进而就涉及更高程度地重视究竟如何创造出这种联系，以及究竟如何来解释这些主流目标以便给某些战略赋予比其他战略更高的价值。比如在物理学这样的领域里，强调描绘出这些联系的重要性已极大提高了理论工作的地位，以至于一个主宰该领域的独特职业群体得以建立起来。[33]不过理论上的详尽阐述与形式化程度并不都一样，这是因为，这种程度意味着把那些问题领域按其重要性和价值的顺序整理成一个等级体系，也意味着贬低非理论性的技能。但是另一方面，科学家也更有可能去追求明显理论化的目标，更可能意识到其研究的总体意义，并更可能依据该领域的目标来论证其研究的意义。

在缺乏技术标准化和通行工作方法的情况下，这种论证将不会涉及来自不同研究场合的成果和思想究竟如何协调配合起来并相互联系，但却倾向于把注意力集中在旨在达成核心目标的、会产生不同类型成果的、可选择对照性的解决办法上。每个地方性研究中心都将遵从独特的战略和对该领域目标的独特解释，并采取独特的工作规程而得出独特结果,这些都不易加以比较和协调。不同的理论由不同的学派逐步发展起来,并与不同的工作方式相连接,因而就紧密相关性和重要意义所展开的争论都将聚焦于该领域及其核心问题的总体看法上。心理学似乎是这方面的一个例子,至少在二战以前是如此。[34]

在有一定程度的技术标准化从而各具体研究场合的工作可以加以比较并围绕共同问题进行协调的领域里,高度的战略性依赖会导致更密切地关注来自不同群体的成果对于已被认可的知识整体的特定意义。在这样的领域中,如果要因创新而获得盛名的话,创新就必须切合并推进现存的认识。战略间的竞争涉及在对有关多个问题的研究协调过程中,实际证明它们对其他人工作的明确影响以及它们对于达成集体目标所具有的优势。学派之间仍然就其论题与研究路径的比较优势展开冲突,但却不得不考虑如何关涉与吸收其他人的成果。因此他们既在该领域的智力重点问题和对该领域中核心问题的洞察方面存在差异,但也认可彼此的能力资格标准以及许多成果的正确性。比如说,在生理学中,福斯特在其核心问题上与他的德国对手们有区别并偏爱理论取向,但也遵从标准化的工作规程,而且通常也认可对手们的成果。[35]

在战略性依赖程度高的领域里,说服同行相信一个人工作的意义重大具有重要性,意味着问题是考虑到其总体相关性与战略意义而更有意识地选定的。因此比起论题的总体意义不那么关系重大的领域而言,这些问题倾向于更加综合且更多地源自于理论。然而,研究者在系统阐述这些问题时,头脑中会想着某个特定阅听人,因而使这种普遍性受到阅听人旨趣与目标的限定。于是,有关这些问题对于某一领域总体目标的价值与重大意义的主张,就受到需要遵循当下有关那些目标的主流看法的要求的限制。问题的普遍性与理论创新性程度,受到主要阅听人所关注的事物的限制。阅听人在一个关于比如"生命"本质的总体性综合规划中,会不甘于处于一个附属地位。因而,理论面向的战略和问题在那些具备高度战略性依赖的领域是受到鼓励的,但其程度与规模则受限于研究者对某一特定专家群体的依赖性。

总而言之,与科学家们之间相互依赖性程度的差异相关联的是边界与身份的强度差异、工作与技能的分工程度差异、个体处理问题和工作成果的明确性程度差异、工作规程与技能的标准化程度、科学家间竞争的激烈程度以及成果的总体理论含义的重要性程度。因而,在其拥护者间的相互依赖程度上表现出变化差异的科学领域，在研究如何组织、分化与协调上也表现出差异，从而由个体与群体所生产的知识类型，在其散漫性、普遍性和形式化方面也显现出差别。依赖关系的变化也与科学领域环境方面的变化相关联——包括相邻的声誉组织——从而这些环境方面的某些关键特征的变化，会促进某领域中成员间相互依赖程度的变化。这些特征，或称之为情境要素，将在下文予以探讨。

3.5 影响科学领域中相互依赖程度的情境要素

相互依赖性意味着把注意力集中于某一特定声誉组织的工作与目标。这种依赖程度要达到很高的话，该组织就必须能主宰物质资源与奖励的分配，以至于科学家如果想有机会获得那些资源与奖励，就必须从那些同行专家中寻求声誉。这意味着此类声誉有很高的社会地位和科学威望，而且可供选择的渠道不易得到。因此，下述三组情境要素在影响科学家之间相互依赖程度方面，似乎是特别重要的。

首先是，相对于竞争组织与广泛社会结构的总体自治与独立的程度。这包括把能力资格标准施加于雇主的能力、建立意义评判标准的能力以及确立一套独特语言和描述性概念及术语的能力。其次是，对获得资源的机会的控制集中程度。这包括内部交流系统及其与外部所提供的资源——如工作、设备、技术人员、田野工作者与资金——的关系。最后是，工作成果的可能阅听人的多元性与多样性，以及他们在科学系统及其他地方的相对社会地位。这三组要素与相互依赖性程度的关系下面将分别讨论。

1. 声誉独立性

对技能标准和能力资格标准的控制能力是声誉组织的一个关键特征，某一组特定问题或领域的知识越多地由拥有某些特定技能的人所生产，其相互依赖性的程度就越高。如果雇主能采用多种多样的技能或是运用一些超越现存声誉边界的方式来组织这些技能以生产有效知识，那么科学家对某一特定声誉群体的依赖就受到了限制。尽管在众多工业研究中是这种情况，但同时也表现在某些政府资助并调控的科学中。其中，为了研究某些问题，比如说界定为医疗方面的问题，一些标准化技能通过一些新方式而被结合在一起。一些新的声誉组织已围绕着这样一些反映多样旨趣与影响力的问题建立起来，以至于成就标准已不再完全受控于那门最初创造和认证了那些原创研究技能的学科了。比如说，比较一下核物理学与许多生物-医学研究领域对能力资格准则的声誉控制。

在决定科学家之间相互依赖程度方面，对意义评价标准的控制也是一个重要因素。在那些科学领域的带头人有能力独立于雇主和其他群体的目标而确定关于贡献的智力意义的评判标准的领域中，科学家显然会为了声誉而高度依赖于这些带头人，并力图用那些标准所确定的术语来论证其工作的重要性。当该领域在科学中声名显赫并能通过普遍认可的有关其声誉的价值标准来控制资源时，这种情况就极有可能出现。而另一方面，如果影响意义评判标准的是追求多种目标的资助机构、其他有同等或更高社会地位的科学群体以及雇主，该领域的相互依赖性就低得多，而且科学家也能确立一些建立在有关智力重要性的相异观念基础上的独立战略。同样，这种情况在国家科学中也很明显，特别是如果这些领域的社会地位并不显赫的话，其目标、资源和工作都尚未统一为一个公共声誉组织。比如说，比较一下等离子物理学与癌症的流行病学研究。

对某一领域的范围和可采纳的概念术语范围的控制，是影响相互依赖程度的另一个关键要素。从某个合格贡献中清除掉外行的日常用语的能力，增加了说服同行专家信服该研究价值的重要性，并降低了获得非专业性阅听人的可能性。这也适用于来自其他领域的符号系统，因为如果生物学领域的知识主张能用取自比如说化学中的术语而得到合法表达的话，那么它对生物学家的依赖程度就不会很高。当然，表述的数学形式化在执行这种排除功能方面是很有效的，尽管把它们应用到人文科学中来扩展声誉控制权却只取得了极为有限的成功，这是因为它们不能把具有内在一致性的能力资格与意义评判标准强加在雇主和资源提供者头上。但分析经济学领域可能除外。

2. 智力生产方式与分配方式的控制集中化

除了声誉控制各种标准的自主性与能力是科学领域中导致更高相互依赖性的关键因素以外，另外一个关键因素是如何组织这种控制。这可区分为两个方面：一方面是政治体制的组织，特别是对获得交流媒体的机会的控制；另一方面是它与应予考虑的物质资源与奖励控制的联系。在这两种情况下，控制的中心化与集中程度似乎正是核心要素。对关键资源的控制越是被少数人垄断与集中，科学家就越是依赖该领域的带头人。

声誉由一个较少人组成的精英群所控制的程度，在整个科学领域有很大的差别，而且明显地与科学家间相互依赖程度相关联。比如说，当今的盎格鲁-撒克逊社会学和经济学,它们在由一个较少人数的智力带头人群体对研究战略和意义评判准则施予影响方面有很大差异。在研究者为了声誉和获得奖励的机会而相互依赖的程度上,它们也有很大差异。[36]对声誉的寡头控制往往是通过控制交流系统——在一个为了评价能力资格与绩效而以公开通报成果为前提的系统中,它显然是一个关键资源——来实现。李比希的刊物《化学与医药年鉴》(*Annalen der Chemie und Pharmacie*)在其主宰有机化学的过程中是一个至关重要的资源;同样,冯特的《哲学研究》(*Philosophische Studien*)对于他在心理学中建立一个明确的研究学派和知识工厂(knowledge factory)也是关键性的。[37]总体而言,对于主要交流媒体的控制越是集中,就越容易让某个小精英群体来确立标准和指导研究战略。在每个研究小组都有接近某个刊物或出版社的渠道,而且其社会地位也都大体相当的领域里,对声誉的控制就可能得到更平等的分配,而研究者也就越是能够追求不同的战略。在许多领域,德国的每个研究所都出版自己的期刊或系列丛书,这就增加了智力多元化的程度。

当科学家变成为需要有昂贵的、通过集体来组织的研究设施的雇员时,一旦对交流媒体的控制与对其他资源的控制结合起来,前者就变得有更大的影响力。事实上,在雇员主导的科学中,假如某个刊物不能提供声誉及因之而能获得的工作等资源的话,那么它被广泛用做资源来影响研究的情况就似乎不太可能出现。尚未得到广泛阅读和利用的出版物就只有有限的影响力:在当今过于拥挤的交流系统里,情况就更是如此了。声誉控制日益卷入到对获得智力生产手段和传播手段的机会的控制中。

因而,在研究群体中的工作聘用和地位控制都在由某一小群体所设立的标准所监控的领域,交流媒体的工作规程和规划可能也受到监控。根据福尔曼(Forman)的资料,在20世纪20年代早期,慕尼黑的索末菲(Sommerfeld)在德国物理学教席的分配方面具有主宰性影响力,只有极少数的其他正教授能参与到这种决策中。[38]因此,这一时期该精英群体就有能力为整个德国的物理学设立标准,因为这些教席控制着主要研究所进行的知识生产。因为主导群体如此之小并控制着获得关键资源的机会,所以科学家们非常依赖该群体,并遵行其标准和目标。虽然主要期刊《物理学杂志》(*Zeitschrift Fuer Physik*)并未委托给他们进行评价,但该精英群体却通过控制训练计划和工作,而有能力保持对出版标准的控制。他们优先考虑的重点致使20世纪20年代原子物理学主宰着整个物理学科,并产生了高度竞争性。[39]

对某个领域的主导性岗位的寡头控制以及由此而来的对声誉标准和职业生涯的寡头控制,因非常昂贵的设备和建筑——通过同样一些标准它们受到集中控制,其使用也受到限制——而被强化了。19世纪末建造物理实验室所需的高昂费用,意味着研究者不得不依赖那么几个研究所的头头们来获得智力生产手段,这进一步使控制集中在这些头头们的手中。[40]当今粒子加速器的应用正是与此相同的一种现象,它助长了物理学中控制的集中化以及要求对议题和问题进行协调和按级排序的必要性。总体而言可以合理地说,任何形式的"大科学"都可能助长科学控制的集中化,并因而提高相互依赖和问题协调的程度。试比较物理学与化学:在化学领域,许多国家大多数仪器在各大学院系中都有,而且工作机会也未受到某个小精英群体的控制,于是我们就能看到,对统一和协调理论的关心,后者就比前者要少得多,而且专业亚领域也尚未依其重要性而组织成某个单一的等级体系。[41]

概而言之,对获得期刊版面、工作、仪器与资金的机会的控制,越是集中到一个具有相当内聚力的较小研究者群体中,那么他们主宰声誉系统的程度就会越高,而且功能性依赖和战略性依赖的程度也就越大。一旦这种集中化减弱,研究在整个学科范围内的声誉的至关重要性也就会降低,科学家和专业亚领域间的战略性依赖也会减少。如果工作和其他资源是在研究场所中广泛加以分配的,那么科学家就能发展自己的战略,而不必为了创造出成果而根据某个单一的一套理论标准来说服某一特定精英群体,使其相信他们的研究意义重大。因此,在控制的集中程度受到限制的场合,智力的歧异多样性更为可能。

与科学领域中对主要资源进行集中控制相联系的一个因素是其规模。规模在此是指某一给定领域中角逐声誉的知识主张提出者的数量。总体而言,相对于可能得到的资源而言,人数越多,对那些资源的角逐就会越激烈,科学家为得到能因之获得物质奖励的声誉而相互依赖的程度也就越高。柯林斯已指出,这将使科学家对更多的研究规程进行专业化,使之标准化并把注意力聚焦于经验性论题,以此作为普遍化评价准则和缓解竞争的途径。[42]因此,功能性依赖随着规模的扩大而增加,但战略依赖性程度则不一定。

一般而言,许多有关工作组织的研究都表明,雇员人数的增加导致了更大程度的工作规程标准化、通报组织与协调机制的规范化以及工作的专业化程度增加,[43]

而且确实可以合理地假定,加剧的竞争会促使科学家通过缩小他们所关注问题的范围来分化其工作。但是,他们发展出更标准化的工作规程和更规范化的符号体系的程度,则视以下情况而定——向其他领域迁徙的可能性与吸引力,研究群体间资源的分配和领域内部的政治构造。

如果该领域有充分的社会地位和科学名望,而且其他领域有较富足的资源,那么许多研究者可能会以转换领域的方式来对加剧的竞争作出反应,而并非将他们的工作更多地与现有同行的工作相协调。或者情况是,如果各研究中心都控制着得以持续创造和发表成果的丰富资源,如果其内部结构像传统的德国大学系统中那样有很强的等级制,以至于资历较浅的科学家都不能通过追求其他研究中心同行的认可而轻易获得能因之而得到奖励的声誉,那么规模的扩大就只会引起关于目标和工作规程的冲突的增加,而不会导致技术的标准化和更高的功能依赖性。而在雇主们较少等级结构的地方,比如说像在美国名牌大学中那样,规模的增长就可能导致研究论题与技能的窄化,并随之坚决执行技术标准化以确保贡献可进行比较,以及研究人员能通过对降低风险提出专业化意见来从整个领域中获得积极的——但也不是很高的——声誉。不过这在其他地方并不必然如此,就像人文科学所清楚证明的那样;而且不同国家在研究职业组织过程上的差异,在此是一个主要影响因子。[45]因此,巨大规模可能助长某一领域中从业者间的功能依赖性,但这种关系还需其他因素作为中介。

3. 阅听人的多元性与多样性

第三个从总体上影响相互依赖性程度的情境因素是与声誉相关的阅听人的数量和多样性。在阅听人的目标和标准都受到限定而且相类似,并按照智力地位和社会地位组织成了一个清晰等级体系的领域里,科学家之间的相互依赖性就高。而另一方面,在有不同阅听人且他们地位大致相当,并定向于不同智力目标的领域里,科学家依赖某个单一的特定群体的程度就会低很多。这个因素也与科学领域的内部政治结构连接在一起,这是因为,多元而异质的环境降低了高度集中和寡头垄断的权力结构在工作组织中的有效性,[46]而且当研究人员能为带来奖励的声誉而面向歧异多样的阅听人发表演讲时,对研究战略进行集中控制显然就更难办到。

阅听人的多元性与多样性,被众多追求不同目标和战略的资源提供机构所促进,也由某领域所关注的事物及概念与日常话语和利益群体的高度接近所促进。比如说,医疗目标——至少是那些对资源进行合法化的主张,比如说癌症研究中——的重要性就为纯科学的目的提供了替代性的研究重点和标准,从而降低了战略之间的相互依赖程度,也因而降低了该领域的内在一致性。[47]同样,有教养的外行大众作为许多人文科学的合法阅听人的存在,也限制了这些学科发展独立的语言和标准化的研究规程。智力带头人主宰研究战略和坚决贯彻某些特定能力资格标准的能力,受到了这些领域向日常信念、概念和描述开放的限制,这已让那些反叛群体得以呼吁外部资源和资助的合法化。[48]此外,某些主题与国家机构改革运动及社会改革运动之间的密切联系,同样也降低了那些领域中研究人员间的相互依赖性,并使高度的技术与理论统一性的发展不太可能实现。[49]

同样的论点也适用于总体科学地位较低的科学领域。在这些领域中,一些科学家可能力图通过采用来自更重要领域的标准和方法来竭力支撑其影响力与声誉,从而就增加了战略与工作规程的多样性。当这种行动导致了对其他领域技术和技能的总体输入——就像生物学那样——时,现有学科精英们继续主宰战略与能力资格标准的能力就被极大削弱,从而相互依赖程度也就大大降低。这一点强调的是一个领域在整体科学体系中的地位对于其相互依赖性程度及智力身份的整体重要性。某一领域对当前的科学知识主流信念越不重要,它的声誉在整个科学领域中的地位越低,科学家就越有能力且越可能寻求替代性阅听人,也更少要求把他们的工作与同行专家相协调。

因而可以概括地说,科学领域中的相互依赖程度是其在科学和社会中的声誉所具有的重要性的产物,也是这些声誉垄断获得关键资源机会的程度的产物。地位显赫且相对于其他社会群体有很大自主权的那些科学,就更有可能表现出成员间高度的相互依赖性,特别是如果资源有一个相对较小的精英群体来控制时。在环境越少受控制的那些领域,研究人员则能从多种多样的阅听人中寻求声誉,而对某一特定同行专家群的依赖性也就越小。

3.6 小　　结

本章论点可总结如下:

1. 科学领域已成为传递环境对研究目标和生产者影响的重要组织。它们并非必然等同于诸如学科这样的劳动力市场单元。

2. 它们可以用类似于理解其他类型工作组织的方式得到理解,特别是在其相互依赖程度和任务不确定性程度方面。

3. 某一领域研究人员间的相互依赖程度包含两个方面：功能性依赖与战略性依赖。

4. 与相互依赖程度的变化相关联的因素有：集体自我意识程度的变化、竞争激烈程度的变化、相对于集体目标与集体标准的地方和个体自主性的变化，以及交流系统的规范化与限定性的变化。

5. 此外，与功能性依赖程度的增加同时出现的有：技能与训练计划的标准化增加、工作与规程的专业化增加，以及个人与研究小组所处理的研究论题范围的限制性增加。

6. 再者，战略性依赖的增长，提升了对研究战略与研究成果的协调与相互影响的关注程度。理论议题变得至关紧要，且成为更受关注的焦点。问题与解决途径的相对重要性，也变成争论的重要来源。

7. 相互依赖程度的变化与特定的情境要素相关联。它们包括：资格标准与意义评判标准声誉控制能力以及控制描述性概念的相对程度，对于获得智力生产手段和传播手段的机会的控制集中程度，阅听人的多元性与多样性。

注释与参考文献

1. 因此，学科被视为科学领域在训练单位与职业单位中的体制化. 他们基本上就是技能的传授与认证单位，往往与声誉组织相连但并不一定完全等同于后者. 因此，就我看来，科学领域与科学学科并非相同的现象. 如果我们想要评价科学研究的组织与控制在 18—20 世纪是怎样转变的，那么上述区分就是根本性的. 对于在学科与职业之间作出区分的尝试，参见 P. L. Farber, *The Emergence of Ornithology as a Scientific Discipline：1760—1850*, Dordrecht：Reidel, 1982, pp. 114—132.

2. 关于"前职业化"研究时期"科学绅士"如何限制知识观念和科学思想的评论，参见 J. Morrell and A. Thackray, *Gentlemen of Science*, Oxford University Press, 1981, ch. 5.

3. 正如 Farber 附带指出的，参见 Farber, op. cit., 1982, note 1, p. 131. 也参见 D. Allen, *The Naturalist in Britain*, London：Allen Lane, 1976, *passim* and S. F. Cannon, *Science in Culture*, New York：Science History Publications, 1978, chs. 4 and 5.

4. 关于现代科学的"指导"，参见 G. Bohme, W. v. d. Daele, and W. Krohn, "Finalisation in science", *Scoial Science Information*, 15(1976), 307—330；W. v. d. Daele, W, Krohn, and P. Weingart, "The Social Direction of Scientific Development", in E. Mendelsohn, *et al.* (eds.),

The Social Production of Scientific Knowledge, Sociology of the Sciences Yearbook 1, Dordrecht, Reidel, 1977; R. Johnston and T. Jagtenberg, "Goal Direction of Scientific Research", in W. Krohn et al. (eds.), *The Dynamics of Science and Technology*, Sociology of the Sciences Yearbook 2, Dordrecht: Reidel, 1978.

5. [R. B. Curtis], *The Invisible University*, *Postdoctoral Education in the United States*, Washington D. C.: National Academy of Sciences, 1969, chs. 1, 4. 这一定程度上是因为，博士学位论文研究的狭窄性与有限的发挥余地，而这在经典生物学和人文科学中的显著性则要小得多，参见 pp. 64—71.

6. 对这一工作的一个有益的总结与综合的尝试，参见 H. Mintzberg, *The Structuring of Organisations*, Englewood Cliffs, NJ: Prentice-Hall, 1979. 也见 D. S. Pugh, D. J. Hickson, and C. R. Hinings, "An Empirical Taxonomy of Structures of Work Organisations", *Administrative Science Quarterly*, 14(1969), 115—126. J. D. Thompson, *Organizations in Action*, New York: McGraw-Hill, 1967.

7. 关于工业研究中的项目选择与资源分配的规范模型的有限实用性的讨论，参见 D. R. Augood, "A Review of R and D Evaluation Methods", *IEEE Trans. Eng. Mgt.*, EM-20(1973), 114—120; T. E. Clarke, "Decision-Making in Technologically Based Organizations", *IEEE Trans. Eng. Mgt.* EM-21(1974), 9—23; C. Freeman, *The Economics of Industrial Innovation*, London: F. Pinter, 1982, ch. 7.

8. 关于物理学家精英与理论专家的主宰作用的讨论，参见 J. Gaston, *Originality and Competition in Science*, Chicago University Press, 1973, pp. 26—31, 59—83; W. O. Hagstrom, *The Scientific Community*, New York: Basic Books, 1965, pp. 167—176, 247—252; D. J. Kevles, *The Physicists*, New York: Knopf, 1978, chs. 13, 22 and 23.

9. 关于类似路径的讨论，参见 R. Collins 的《冲突社会学》(*Conflict Socilogy*), ch. 9.

10. 关于生物-医学研究中领域、场域和论文的灵活变动性的讨论，参见 K. Knorr-Cetina, *The Manufacture of Knowledge*, Oxford: Pergamon, 1981, ch. 5; B. Latour and S. Woolgar, *Laboratory Life*, London: Sage, 1979, chs. 3, 4 and 5.

11. 关于物理科学中精确测量的重要性，参见 T. S. Kuhn 的《必要的张力》(*The Essential Tension*), ch. 8. 关于粒子物理学中期刊的等级制，参见注释 8 所引 J. Gaston 著作(1973), p. 138.

12. 正如 M. Ash 所论及的，参见 M. Ash, "Wilhelm Wundt and Oswald Külpe on the Institutional Status of Psychology", in W. D. Bringmann and R. D. Tweney(eds.), *Wundt Studies*, Toronto: Hogrefe, 1980.

13. 例如以下讨论，见 G. L. Geison, *Michael Foster and the Cambridge School of Physiology*, Princeton University Press, 1978, pp. 331—351. 也见 G. L. Geison, "Scientific Change, Emerging Specialities and Research Schools", *History of Science*, 19(1981), 20—40; G. Allen, *Life Science in the Twentieth Century*, Cambridge University Press, 1978, pp. 19,82—94; D. Haraway, *Crystals, Fabrics and Fields*, Yale University Press, 1976, pp. 6—28.

14. 论文的"结果与讨论"部分的重要性和把注意力聚集于他人的成果与工作规程，这证明的上述论点. 参见 K. Knorr-Cetina 的《知识的制造》,pp. 121—126.

15. 比较注释 12 所引 M. Ash 的著作.

16. 学科通常被认为基本上是指技能界定和劳动力市场控制的主体单位. 他们并不必然等同于声誉组织，但却通过他们对工作和合适的能力资格标准，对声誉组织构成重要的限制.

17. 比如像注释 8 所引 Hagstrom 的著作所讨论的，参见 Hagstrom,pp. 245—252. 因此物理学家比起那些处理相对较具体的、触手能及的物质实体的性质的化学家来，对理论议题的集中关注要多得多，参见 T. Shinn, "Scientific Disciplines and Organizational Specificity", in N. Elias *et al*. (eds.), *Scientific Establishments and Hierarchies*, Sociology of the Sciences Yearbook 6, Dordrecht, Reidel, 1982. 在此我想补充的是，尽管当代化学领域中的战略依赖性程度要低于物理学，但是，比起例如美国数学领域中的状况来，化学领域中的共同的理论结构，确保了成果能在各专业间得到更高程度的整合，参见 L. L. Hargens, *Patterns of Scientific Research*, Washington D. C.: American Sociological Association, 1975, ch. 2.

18. 这些例子是起说明作用的，而不是为了通过他们而加以系统研究.

19. 比如参见 N. Mullins, *Theories and Theory Groups in Contemporary American Sociology*, New York: Harper and Row,1973,关于 20 世纪 60 年代工作机会的增长以及 5 个新的理论流派的出现的讨论. 关于管理研究的讨论，参见 R. D. Whitley, "The Development of Management Studies as a Fragmented Adhocracy", *Social Science Information*, 23, 1984.

20. 参见注释 8 所引 Hagstrom, pp. 228—235,他把这种情况的基本特征描述为数学领域的失范. 也参见 C. S. Fisher, "Some Social Characteristics of Mathematicians and their Work", *American Journal of Sociology*, 78(1973), 1094—1118. On artificial intelligence, see J. Fleck, "Development and Establishment in Artificial Intelligence", in N. Elias *et al*. (eds.), *Scientific Establishments and Hierarchies*, Sociology of the Sciences Yearbook 6, Dordrecht: Reidel, 1982.

21. 可能在德国程度更高，这是因为工作机会数量有限，而且少数几个教授拥有主宰权. 参见 M. Ash, op. cit., 1980, note 11, and "Academic Politics in the History of Science: Experimental Psychology in Germany, 1879—1941", *Central European History*, 14(1981), 255—

286. 关于盎格鲁-萨克森(Anglo-Saxon)心理学中行为主义的多样性以及他们分立为明确的相互对立的学派,参见 B. D. Mackenzie, *Behaviourism and the Limits of Scientific Method*, London: Routledge Kegan Paul, 1977, pp. 18—23.

22. 关于英国社会人类学,参见 A. Kuper, *Anthropologists and Anthropology, The British School, 1922—1972*, Harmondsworth: Penguin, 1975, ch. 5.

23. 寻求精确性并非总是19世纪期间物理学所变成的那种样子的一个特征. S. F. Canon 指出,这更像是"洪堡式"科学所具有的基本特征;参见注释3所引洪堡, chs. 3,5. 但是,我感到奇怪的是,当物理学在19世纪早期到中期作为一个明确的智力领域出现时,它是否可能从追求统一性和理论一致性的活动中分立出来. 关于19世纪期间电学研究中关于理论和实验的观念的不断变化的讨论,参见 M. Heidelberger, "Towards a Logical Reconstruction of Revolutionary Change: the case of Ohm as an example", *Studies in the History of the Physical Sciences*, 11 (1980), 103—121.

24. 关于 Douglas 对"格"、"群"两个维度的概括,参见"Introduction to Grid/Group Analysis", in M. Douglas(ed.), *Essays in the Sociology of Perception*, London: Routledge Kegan Paul, 1982. 并不完全明了的是,这两个变量如何相互充分依赖,以及什么算是合适的归因水平,特别是在高度分化的社会里. 对于变化多样的解释,参见 D. Bloor, "Polyhedra and the Abominations of Leviticus: Cognitive Styles in Mathematics", and M. Rudwick, "Cognitive Styles in Geology" both in the Mary Douglas collection and K. Caneva, "What Should We Do with the Monster? Electromagnetism and the Psychosociology of Knowledge", in E. Mendelsohn and Y. Elkana (eds.), *Science and Cultures*, Sociology of the Sciences Yearbook 5, Dordrecht: Reidel, 1981.

25. 例如以下讨论,见 P. Abir-Am, "The Discourse of Physical Power and Biological Knowledge in the 1930s", *Social Studies of Science*, 12(1982), 341—382. 也见 E. Yoxen, "Giving Life a New Meaning: the rise of the molecular biology establishment", in N. Elias *et al*. (eds.), *Scientific Establishments and Hierarchies*, Sociology of the Sciences Yearbook 6, Dordrecht: Reidel, 1982.

26. 参见注释1所引 Hagstrom.

27. 得到了慈善基金和博士后联谊会的发展的巨大扶助. 比如,参见 D. Kevles, *The Physicists*, New York: Knopf, 1977, chs. 13 and 14; S. Weart, "The Physics Business in America, 1919—1940", in N. Reingold(ed.), *The Sciences in the American Context*, Washington D. C.: Smithsonian Institution, 1979.

28. 关于哲学对职业利害关系日益增加的限制和对技术上高度复杂的领域的日益增加的主宰,参见 B. Kuklick, *The Rise of American Philosophy*, Yale University Press, 1977, pp. 242—

256, 451—480, 565—571. 关于美国 1920 年以前人文科学的有限的职业化与分化的讨论,参见 L. Veysey, "The Plural Organised Worlds of the Humanities", in A. Oleson and J. Voss, *The Organization of Knowledge in Modern American, 1860—1920*, John Hopkins University Press, 1979.

29. 正如注释 3 所引 D. Allen 所提供的和注释 1 P. Farber 所提供的文献.

30. 正如 J. B. Morrell 所讨论的,参见 J. B. Morrell, "The Chemist Breeders: the Research Schools of Liebig and Thomas Thomson", *Ambix*, 19(1972), 1—46.

31. M. J. Mulkay and D. O. Edge, "Cognitive, Technical and Social Factors in the Growth of Radio Astronomy", in G. Lemaine *et al.* (eds.), *Perspectives on the Emergence of Scientific Disciplines*, The Hague: Mouton, 1976. D. O. Edge and M. J. Mulkay, *Astronomy Transformed*, New York: Wiley, 1976.

32. 尽管可以参见 B. Martin 对于英国射电天文学的逐步确立的竞争性背景的讨论,参见 B. Martin, "Radio Astronomy Revisited", *Sociological Review*, 26(1978), 27—55.

33. 但并非没有困难.关于德国实验主义者的主宰以及他们对理论家的反对的讨论,参见 P. Forman, *The Environment and Practice of Atomic Physics in Weimar Germany*, PhD dissertation, University of California at Berkeley, 1967, pp. 56, 69, 132—135; P. Forman, "Alfred Landé and the Anomalous Zeeman Effect", *Hist. Stud. Phys. Sciences*, 2(1970), 158, 217.

34. 参见注释 12 所引 Mitchell Ash 的工作,以及注释 21 所引的关于德国心理学的讨论.

35. 正如注释 13 所引 Geison 所论及的.

36. 比如,比较注释 19 所引 Mullins;以及 N. Wiley, "The Rise and Fall of Dominating Theories in American Sociology", in W. E. Snizek *et al.* (eds.), *Contemporary Issues in Theory and Research*, London: Aldwych, 1979; H. Katouzian, *Ideology and Method in Economics*, London: Macmillan, 1980, ch. 5; J. R. Stanfield, *Economic Thought and Social Change*, Carbondale, Illinois: Southern Illinois University Press, 1979, ch. 8.

37. 关于 Liebig,参见注释 30 所引 J. B. Morrell;以及 B. Gustin, *The Emergence of the German Chemical Profession, 1790—1867*, 未发表的博士论文, University of Chicago, 1975, pp. 92—103; on Wundt, 见 Ash, op. cit., 1980, note 12.

38. Forman, op. cit., 1967, note 33, p. 107.

39. 同上, pp. 17—195, 316.

40. P. Forman, J. Heilbron, and S. Weart, *Personnel, Funding and Productivity in Physics circa 1900*, Historical Studies in the Physical Sciences 5, Princeton University Press, 1975, pp. 85—114.

41. 美国国家科学院化学统计委员会视该领域为"小科学",参见《化学：机遇与需要》(*Chemistry*：*Opportunites and Needs*)(Washington D. C.,国家科学院,1965). 也参见 S. S. Blume and R. Sinclair, *Research Environment and Performance in British Chemistry*, London：HMSO,Science Policy Studies, no. 6, 1973, Table II. 7.

42. 参见注释 9 所引 R. Collins, pp. 510—511.

43. 特别是"阿斯顿"(Aston)研究. 参见 D. S. Pugh and D. Hickson. *Organizational Structure in its Context*, Farnborough：Saxon House, 1976. Compare, W. H. Starbuck "Organizational Growth and Development", in J. G. March(ed.), *Handbook of Organizations*, Chicago：Rand McNally, 1963.

44. 例如以下讨论,参见 J. M. Beyer and T. M. Lodahl, "A Comparative Study of Patterns of Influence in United States and English Universities", *Administrative Science Quarterly*, 21 (1976), 104—129.

45. 关于国家智力风格的一个综合性讨论,参见 J. Galtung, "Structure, Culture and Intellectual Style：an essay comparing saxonic, teutonic, gallic and nipponic approaches", *Social Science Information*, 20(1981), 817—856.

46. 正如 Thompson 指出的,参见注释 6 所引 J. D. Thompson, p. 129.

47. 在癌症研究中医疗机构与科学机构之间的冲突在下述文献中有所描述,参见 R. Hohlfeld, "Two Scientific Establishments which Shape the Pattern of Cancer Research in Germany：Basic Science and Medicine", in N. Elias *et al.* (eds.), *Scientific Establishments and Hiearchies*, Sociology of the Sciences Yearbook 6, Dordrecht：Reidel, 1982.

48. 最显著的可能就是社会学和文学研究领域,其中,外行阅听人和文献大众阅听人都卷入了有关工作的目标和研究方法的论争.

49. Philip Abrams 已概述了英国社会学中的上述过程,参见 *The Origins of British Sociology*：*1834—1914*, University of Chicago Press, 1968, See, also, H. Kuklick, "Boundary Maintenance in American Sociology：Limitations to Academic 'Professionalisation'", *Journal of the History of Behavioral Sciences*, 16(1980), 201—219.

第4章
任务不确定性程度与科学领域的组织

4.1 科学研究中的任务不确定性

现代科学从体制上承担着生产新知识的责任,在公共科学领域,唯有被认为是新作出的贡献才能因之获得盛誉及其他奖励。因此,在任务结果无法重复也无高度可预见性的意义上说,与其他工作活动相比,研究活动相当不确定。每个成果都是独一无二的,至少是在一个重要方面与众不同,因而工作规程不可能预先完全得到规划或常规化。不过,创新性本身是根据某些背景期望和假设才得到辨识的。如果没有关于在一个给定研究中将会发生什么的某些常识和看法,那么,是否以及在多大程度上产生的成果会是新颖而重要的,这将含糊不清。因此说,新知识的生产和认可都有赖于现行知识和期望的存在与结构。现存知识越是系统、综合而精确,任何成果对于以上公共知识库存的新颖性与意义就越是清晰明了。在那些背景知识得到广泛共享并被组成为一个较有内在一致性的系统的科学领域中,其工作结果与那些从业者所分享的现存知识的数量和一致性都不那么大的领域相比,前者就显得更有预见性,而且也更易于推论其意义。用库恩的话说——一个领域越是具有范式边界,研究成果的可预见性、清晰具体性和可重复性就越大,而可接受的创新也就受到更多限制。

因此,研究实践者之间共享并明晰表达工作规程、问题界定和理论目标的差异程度,是与工作的不确定程度相关联的。尽管所有科学中的成果都有创新性,但其新颖程度则各不相同,与现存知识相匹配的程度,以及引申其意义的难易程度也有差别。因此,科学领域间的任务不确定性存在差异,而且我们可以把这些差异与科学间其他维度的差异关联起来。正如在解释组织结构的差异时把其他工作和技流程的常规化程度作为一个主要的解释性要素一样,[1] 我们也能指望,在那些工作结果和研究流程的可预见性、清晰度以及与总体目标清晰关联的程度上各不相同的科学领域之间发现巨大差别。总体而言,与工作的常规化相关联的是控制规程的标准化与形式化、权力的集中化、高度的劳动分工以及通过预先规划的工作规程而对结果所作的协调。根据该领域大多数文献所认为的,在技术和工作较常规化了的组织中,工作人员的处理权限和影响力将受到高度限制。[2] 不过在继续更深入分析以上这些关系之前,更重要的一点是要更详细一点地澄清任务不确定性概念。

在组织研究文献中,有关任务不确定性与变动性的讨论有好几种不同方式,它们并非都相互兼容。不过某些共同的要素受到了大多数技术与组织研究者的认同。这包括原材料的一致性与稳定性程度、材料和工作规程得到很好理解与标准化的程度、目标与期望结果的可变性、目标与技术的变化速率以及人们必须应对的意外事件的数量。[3] 大多数作者都用以上这些或类似的维度建构各式各样的分类图式,并作为推论指出,不同类型的组织都能在此分类法中得到一个席位,并展现出独特的结构特征,以此来结束论述。[4] 比如说,佩罗(Perrow)对常规化程度的分析就是根据了那些已完全确立的、确定能生产出正确结果的技术的存在,以及原材料与工作的一致性与稳定性这两个维度。[5] 他指出,工作组织可以根据这些相互独立的、对工作的控制与协调系统具有重大影响的变量来进行分析。对各种问题与工作——包括其变迁的速率以及应用于处理这些问题和工作的技术规程的直接性——之间作出的上述区分,是上述关于组织的研究文献中相当共同的方面,且能延伸到科学领域。

通常认为,科学研究的技术规程具有高度系统的方法,从而成果都有稳定性与可重复性。研究方法与技术得到了高度标准化,以至于它们能通过教科书和正式训练大纲来进行传授,也能在精密机械和仪器设备中牢固确立。不过当然,研究中的意会部分也得到了一些作者的强调,比如波兰尼和拉维兹,而且近来关于研究过程的一些研究也凸显了许多经验研究的高度偶然性与特殊性。[6] 进而言之,任何社会科学家都心知肚明的是,在课本和课程中明确阐述的那些方法都很少能被直接应用,而且总体而言科学中那些技术规程及其得出的成果的意义模糊性程度都相当高,不同科学之间也存在差异。

在各种科学领域中,工作技术得到很好领会并创造出可靠成果的程度,可用术语**技术性任务不确定性**(technical task uncertainty)来表示。在这种任务不确定性程度较高的领域里,成果的意义会模糊不清而易于产生各种相互冲突的解释,技术规程的应用也将只可意会、高度依赖个人领悟且易于变化。什么时候应当采用某些特定方法以及什么时候这些应用是成功的,这些都将不太明确。而在技术性任务不确定程度较低的领域中,则有一套完备确立的研究技术,它们能通过正规的训练计划而习得,其应用较直接,应用是否成功也易于判定。这些领域中的研究成果将比其他领域更可预见、更清晰可见而且可重复。给定某个特定问题,科学家将会相当明了应怎样处理它,应怎样应用合适的方法,以及应当如何赋予成果以意义;然而在技术性任务不确定性程度较高的领域里,以上各点均不易确定,有关争论也是常事。

佩罗提出的第二个维度——有待处理的问题和工作的多样性——既涉及原材料的标准化程度,也涉及目标的可变性。正如李普(Rip)所指出的,科学中的纯净要素和同质稳定现象的逐步确立,在现代化学与其他自然科学的出现过程中是一个关键点,因为它使对研究题材的技术控制得到广泛证实和巨大增长。[7] 不过,我认为,科学工作的这个方面与某一领域中技术工作的确定性的确立紧密相关,因为如果对有待研究的现象没有某种程度的控制,就难以明白工作规程如何能得以完备的确立并得到充分理解。技术的标准化意味着对原材料的标准化达到以下程度,即对研究对象进行建构以使一般的研究规程能应用于它们。为了运用某一特定的、已得到标准化的技术,科学家必须确立一些关于待研究对象的、与工作规程相称的描述,这就要求对其属性作一些限定,也要求特征的同一性。事实上,若没有对将把特定技术和描述加之于上的那些研究对象作类似的充分理解和高度控制,就难以明白可靠且得到充分理解的技术如何能以一种较常规化的方式得到应用。因此,与其把这第二个维度看做是聚焦于正在研究的实际认知对象,比如像化学元素或生物分子,倒不如把研究对象的这种一致性和稳定性理解为是在处理正在考虑的问题的属性,因此最好是根据提出的问题和已确立的优先考虑事项的变动性与流变性来分析科学领域。

在讨论工作组织时,这一维度常用来指产品和(或)市场的变动性,并偶尔推广至环境的总体不确定性程度。[8] 鉴于科学体制化的创新责任和认知产物的分化,上述解释就好像不直接适用于它,因为产品的变动性是根植于研究系统中的。但是,科学研究的确在乐意思考有广泛性质差异的问题的程度上,以及在对主流路径的替代方案的容忍程度上,都各不相同。同样,问题阐述的稳定性以及依据其重要性和意义所作的等级排序的稳定性上的差异,也遍及所有领域。因而,如果作适当修正的话,这一维度仍可用来对科学进行区分,并提示一些有关知识结构与变迁模式方面的变化多样的原因。我们将它称为战略性任务不确定性程度(the degree of strategitic task uncertainty),因为它涵盖的不确定性包括以下方面——智力优先考虑重点方面的、研究论题及其处理它们的优选途径的意义方面的、关于不同研究战略的可能声誉报酬方面的、以及工作成果对于集体智力目标的紧密相关性方面的。

在上述意义上展现出高度不确定性的科学领域,处理的是大量不同类型的问题,这些问题的系统阐述在其合法性方面有差别,其重要性也受到可能是不固定的、正在快速变化的替代性评价的支配。因而,问题的种类繁多,在应如何才算最好地表达了科学领域方面存在的差异也非常明显,而且这些想法都较不稳定。此外,这些问题对于可能的阅听人的"价值"(value)也是悬而未决且变幻不定的。也就是说,科学领域中问题的变动性和稳定性涉及哪些领域和整个科学中关于智力目标和信念的总体考量。关于确定哪些问题是最重大的问题上,答案越是模糊,这些评价越是易于受到快速变化和当地影响力的支配,在不同研究场合中以及因而在整个领域中,所处理的问题的变动性就越大。因此,关于恰当目标的不确定性是这一维度的一个关键方面。某一给定领域中的从业者都普遍认可的、条理清晰的目标和问题的有序化程度,直接影响着研究活动的一致性与稳定性。在有多个追求着不同目标、且只对某些特定成果感兴趣的不同群体的领域中,科学家就在决定研究什么以及如何研究方面有多种多样的可能性;因而,比起在哪些是最重要的问题、用哪些类型的方法合适、哪个群体有能力决定知识主张的真理性地位这些方面都得到普遍认同的场合来看,前者的目标和问题有更多的差异。

有关工作组织的文献中,这两个维度通常被视为相互独立,而且工作组织是根据它们在那些简明的分类表中每一维度上的位置来加以分类的。⁹科学领域也可根据被认为是独立的两类不确定性来作如表 4.1 所列的区分,只不过某些特定的组合比另一些的出现有更大可能性。比如说,低的战略性任务不确定性与高的技术性任务不确定性的组合,就可能不太稳定,这是因为技术变动性与不稳定性意味着成果难以得到系统比较,从而它们对于理论问题的意义就不清晰,并易于受到不同解释的支配。在这种情况下,科学家就很可能逐渐建立起具有地方特色的解决方式来应对那些在可迁移性上具有高度意会性且高度依赖个人知识的技术难题。其他类型的工作中,技术不确定性是与产品的均质性相匹配的,因为行业规程使不确定性足以降低到可靠地生产出均质的产品——就像现在的建筑工业和玻璃工业中那样。[10] 但是在科学中,高度的技术不确定性使得难以辨明何时产品是类似的还是有广泛差异的,因为工作结果不标准且易受到多样解释与描述的支配。换言之,在一些领域里,当工作方法没有得到清晰领会而没有生产清晰可见的、可预见、也可重复的成果时,其产品的一致性和稳定性就不可能很高,因为用任一标准方式都不可能确定它们究竟是什么。取而代之的情况是,各工作场合间解决问题的方式将有很大差异,理解问题的方式也如此,以至于标准化的、稳定的问题阐述成为不可能。

表 4.1　各科学领域中技术性任务不确定性与战略性任务不确定性程度上的变化

战略性任务不确定性程度	技术性任务不确定性程度	
	低	高
低	工作结果的高度可预见性、稳定性和清晰具体性。成果的意义易于推论并较少引起争议。问题和目标得到了清晰的排序和限定而且稳定。 例子:20 世纪的化学;20 世纪 30 年代以来的物理学	技术对经验现象的控制有限,成果不稳定且难以解释。工作结果的意义易于受到替代性看法的支配且难以协调。问题与目标得到限定与高度结构化而且稳定。 例子:1870 年以来的经济学
高	工作结果的高度可预见性、稳定性和清晰具体性。在如何解释和协调成果方面的意见一致。问题与目标相当变化多样、不稳定而且没有清晰排序。 例子:20 世纪 50 年代以来的生物学;人工智能;工程学;达尔文主义以前的鸟类学	技术对经验现象的控制有限,成果不稳定且难以解释。对工作结果的意义的看法变化多样,而且在它们之间很少有协调与比较。问题与目标也变化多样、不稳定而且相互冲突。 例子:1960 年后的美国社会学;1960 年后的美国生态学

然而,在某些技术性任务不确定性高的领域中,通过有效分离理论议题与经验研究,并坚决主张理论一致性与稳定性的优先地位,对问题的范围和多样性进行限定还是有可能的。在这种领域中,合适问题在类型和观念上都受到严格限制;异常的问题表述很可能受到忽视,或降阶为"应用型问题"(application)或者干脆被视为专业上无能的标志。这种对问题和概念的限制,允许某些研究技术得以达到相当程度的标准化与正式化,但总体的工作结果不确定性水平,也意味着经验成果的解释变得难以组织到一个内在一致的、对所考虑的理论有直接影响的方案中去。这就是说,在尽管应用共同的技术规程,但研究结果仍能以多样的方式来描述的领域,技术性任务不确定性水平就一直居高不下。这是因为原材料未得到充分隔离

和限定，以使其活动情况受到严格控制。比方说在经济学中，用于计量经济学分析的高度规范的技术，仍需要应用大量的解释技能，统计预测中的某些最大方差，均可归因于研究小组间的"判断性"（judgemental）差异。[11] 比起当下的化学和某些生物学领域，此类领域中经验现象的技术控制明显低些。不过，在经济学中，上述工作成果的不确定性并不像在某些其他社会科学中的情况那样引起问题和理论方法的变动性与不稳定性，而是倾向于促使规范的理论工作从宏观经济数据的经验分析中脱离，并提高前者的地位。数据资料的难以驾驭已致使经济学中的最核心部分渐趋脱离于经验问题，并通过日趋理论化和数学化而达到了智力上的确定性。正如菲力斯·迪恩（Phyllis Deane）所说："然而，不允许任何质疑来威胁'纯经济学'的分析核心……无论其学科的应用领域中所提出的问题有怎样的难以驾驭性，它们都事实上正在建立坚不可摧的分析基础。"[12] 用李普的术语来说，严格性已从数学中引进来了，但却不是作为对经验研究对象施予技术控制的一种途径。[13]

总体而言，在上述发展趋向上，鲜有其他领域表现出效法经济学的榜样，尽管也曾做出过使社会科学形式化的阶段性努力。取而代之的是另一种情况。我认为，大多数科学领域的特征都可描述为两种形式的不确定性都高，或者是技术不确定性较低而问题的变动性与不稳定程度高，或者是两种形式的不确定性都低。这三种类型可理解为是在描述现代科学在开展、协调和控制研究方面持续不断地降低不确定性。在更详尽考察与这两种任务不确定性的变化相关联的主要因素之前，我们下文先来简要讨论上述三种类型的特征。

在人文与社会科学中，可能可以找到最多的任务不确定性极高的领域。在这些领域里，为了让人把工作结果看做是相互关联的，行业技术得到充分共享——虽然所达到的共享程度各不相同——但成果则较无预见性，易于受到多样的不同解释的支配，且不能高度可靠地得以重复。理论目标备受争议，与技术规程和工作结果也只有脆弱的关联，以致于成果对于特定理论目标的意义与相关性都不易确立起来。与从业者紧密相关的问题的变动范围很大，边界模糊不清，而且常受争议。此外，问题的重要性不明确，不同群体根据相互对立的方式及相应的理论策略来评价它们，问题的阐述及其阅听人的稳定性也较低，以至于科学家不能确切知道主要议题究竟应如何进行表述，报告究竟应面向哪个群体。这给予个体在阐述他或她的研究战略方面相对于任何单一的主宰群体的高度自主性，但同时也意味着他们不清楚该如何确定最佳途径，以生产出能因之从重要群体中获得盛名的有价值成果。视他们需把自己的成果与他人的工作相协调的程度而定,这些领域中的科学家经常性地会卷入到关于优先考虑重点与方法的协商与冲突中。智力结构高度易变而不稳定,对于什么是合适的问题或恰当的解决途径与技术,也少有一致意见。阅听人也多种多样,变化快且采用多种多样的评价标准。

第二类科学领域表现出较低的技术任务不确定性和较高的战略不确定性。这类领域中的成果相当稳定,采用标准化技术生产而成,并仰仗标准化的物质和现象,工作结果的可预见性、清晰可见性及可靠性都相当高,从而工作可根据技能来进行区分,其成果也可围绕总体目标进行协调。然而,问题则会包含广泛议题,并能用多种方式来表述,从而科学家可能追求多种多样的目标,主题的歧异性也很大。在此情况下,成果对于总体目标的意义难以稳定确立,不同群体将对工作结果的相关性做出不同评价。这些领域中的从业者共享一套相当标准的技能,它们由训练大纲系统地授予并生产明晰且各研究场合间可加以比较的成果,但在研究战略对于组织目标的总体相关性与意义方面却意见不一。事实上,他们可能追求各种各样的目标与阅听人而胸无清晰理论战略,也没有共同的智力框架协调不同研究场合中的成果。在对目标能达成一致意见的场合中,技术性任务不确定性充分降低到了能使竞争性研究战略根据其生产所需成果的效能而得以比较,不过此类一致却通常都不稳定,协调与冲突的结果也一样。这种问题的多样性、不稳性及其重要性的多种排序与技术标准化的组合已出现在多个科学领域中,特别是在生物学的各领域中。[14]

第三类智力领域可能是通常讨论得最多的、最贴近于关于科学的流行描述的。此类领域中的战略性和技术性任务不确定性都较低,从而成果都采用标准化的方式进行生产,与那些相当一致、稳定且已根据对于该领域的总体重要性和价值排列成某种等级的理论目标有着清晰的关联。从业者的技术和理论环境都相当稳定一致,从而能在对可能的研究结果及其意义将如何得到特定群体的评价抱有相当大信心的情况下,对研究战略作出阐述。技能和认知对象都得到了标准化,成果对于理论议题的意义也不太难加以辨识和达成一致。问题在其变动性上受到了限制,并根据其可能意义进行了排序,从而可以相当直截了当地选择有待展开的项目。因为总体智力结构稳定而且一致,研究战略的确立几近于"理所当然"(naturally)。这些领域中的科学家几乎少有脱离于有关目标和优先事项的主导性等级序列的自主权,他们高度受限于标准化的工作规程与理论结构。尽管有关亚领域间的相对重要性的冲突可能出现,特别是当资源变得贫乏时,但总体框架已得以牢固确立,因而不太可能发生急剧变化。比起那些不确定性较大的科学领域来,这些领域中个人和群体力图转换研究重点和讨论新重点的尝试都更少可能成功。集体思想结构与实践易于受到个人或个别组织的压力和替代选择影响的程度也较低。

就像库恩所指出的,这类领域中对背景知识和工作规程的广泛认同,使得"反常"(anomalies)本身能得到清晰确认,其反常性质也能得到清晰说明。[15]不过,研究假定和规程在社会连带主义共同体中的这种牢固确立,使得较重要的"反常"不可能获得承认,如果它们意味着需要改变主导目标与信念以及支持这些目标与信念的社会秩序的话。在工作目标和工作规程相对一致和稳定,而且问题和研究领地的等级体系是由一个强大的权力组织来再生产和控制的领域里,剧烈的智力变迁——诸如"革命"这一术语所暗示的那样——就不太可能出现。认知上的无序意味着社会的无序,也意味着声誉系统已崩溃——可能是因为环境的变迁。某一科学领域的社会结构越是牢固地建立起来,工作流程中总体的不确定性越低,则"反常"引起"危机"(crises)的可能性就会越小,更别谈是革命了。

许多作者都已总体上把各个工作组织中任务不确定性的上述这些变化类型与工作的组织与控制过程中的差异以及权力结构的差异联系起来。这些联系也可望出现在科学这样的声誉组织中,因此下面我将讨论与任务不确定性程度的变迁相关的研究组织与控制模式的主要差别。随后则将考察任务不确定性与情境要素之间的关系。

4.2 任务不确定性程度的差异与科学工作的组织

科学研究领域中任务不确定性程度的变化所产生的最重要组织后果,就是对研究战略和工作结果进行协调和控制的程度与方式。总体而言,任务不确定性程度越低,就越易于通过标准化和规程、报道系统以及相互联系的目标来对工作进行协调与控制。这进而又使工作能预先由那些并不实际从事该工作的人来进行规划,工作结果也能由非直接参与生产的那些雇员组成的类似群体来加以整合。较低的任务不确定性也就因而加强了对工作规程和工作目标的集中化控制。

在科学研究中,以上几点的适用性程度要相对小许多。这是因为,科学从体制上承诺着创新的责任,因此降低其任务不确定性程度就有限。不过,各领域在其成果与战略的多样性和稳定性方面确实明显地各不相同,而且这些变化与组织和控制研究方式上的差异紧密相关。特别是,任务不确定性程度的日益增长意味着各个领域中研究战略与研究规程的标准化程度都变得更低,以至于研究成果与论题相互间更难以比较和协调。某一特定研究展现的是什么,以及它对其他工作的意义,这都日渐模糊,也难以通过高度结构化和规范化的报道系统来对它们作跨研究场合的有效交流。因此,用类似于"机械"科层制(mechanistic bureaucracies)[16]的方式来组织研究日益变得不合时宜了,通过规范交流系统对研究战略、成就标准和声誉实施的集中控制也崩溃了。当任务不确定性增加时,协调和整合研究的总体程度降低了,控制系统也变得更加个体化。进而言之,当协调变得更加不确定时,一个领域通过哈格斯特龙的分裂(segmentation)概念所勾勒的那种方式[17]分化成分立但又互相依存的专业,而这些专业又形成跨越地方与国家边界的辅助性声誉组织,这种可能性就更小了。当意义评价标准方面的不确定性增加时,共同背景知识和假设的范围与规范性的降低,使上述这种分化难以形成。下面我将通过独立的标题讨论技术性的和战略性的工作不确定的方式,来进一步探讨任务不确定性和科学工作组织之间的上述以及其他一些联系。

1. 日益增长的技术性任务不确定性

科学领域中日益增长的任务不确定性对研究的组织与控制有多重影响。这涉及以下方面,包括:工作结果判定的地方性——区别于整个国家的和国际的——能力标准和偶然性的重要性;更依赖于个人的而非不带个人色彩的方式来协调研究场所之内以及之间的工作;研究技能和认知对象的日益散漫性、日益不可言传性;交流工作结果的符号系统的相应散漫而精致,以及关于这些结果的特征如何描述的更大变动性;最后是协调和控制单位的有限规模。总体而言,技术性任务不确定性的日益增长意味着在研究如何开展方面更加依赖于直接的个人控制,也意味着工作目标与工作流程方面的极大地方性变异,以及更不正式的交流与协调过程。[18]

工作结果易变、不稳定和难以赋予集体意义的工作系统,都只能通过公共成就标准来进行微弱的协调与控制,因为成果没有得以标准化。当技术性任务不确定性增加时,对特定成果的性质与意义的评价就会变得更难,从而以对集体目标作出贡献为基础的奖励分配,就会逐渐成为一种相当具有偶然性和个体风格的过程。因为成果及其意义的精确特质难以规范地确定和交流,所以特定成果的声誉在不同雇主之间和国家之间都会各不相同。这种情况在人文科学中更是引人注目,因为在人文科学中,限于一个国家范围内的智力声誉,对于其他国家的文化精英来说通常都难以理解。当技术性任务不确定性增加时,因为工作规程和解释规范的标准化程度降低了,知识生产过程中特定的地方条件就对工作结果的意义影响更大。因此,关于创造成果的特定环境的知识,在决定成果的意义与价值的过程中变得重要起来,也因而这些成果就不能采用各研究场合或群体都通行的惯例方式来加以比较和判断。不同文化和职业单元会采用不同的方式来解释"同样的"贡献,从而对这些贡献的优势评价不一。因而,对成果和声誉所作的国际和国内范围的协调与控制,在像19世纪和20世纪的哲学与文学研究那样的技术性任务不确定性程度较高的领域中,就受到了限制。

  工作成果的以上这种日益增长的情境性与地方性,意味着研究技能在各知识客体与地方文化之间是相对散布且变动多样的。如果成果多种多样、急剧变化且允许歧异多样的解释,那么生产这些成果的技能以及成果由已构成的那些素材,就不能在整个领域中得到标准化和普及化。因此,地方研究小组就倾向于发展独特的方式来实施和解释关于用特定方式构想的、特定类型的认知对象的研究。心理学中的莱比锡和维尔兹堡学派间的差别就是这方面的一个例证。结果是,训练大纲和技能界定在各大学间各不相同,而在各国教育体系间则差别尤甚,以至于研究的独特民族"风格"(styles)变得清晰可见,其中人们运用不同的技能来研究不同的问题与题材,也采用不同方式来解释其结果。[20]

  当技术性任务不确定性增加时,不仅技能为各地方训练组织所特有的程度增加了,而且它们也通常会变得与特定类型的问题和研究对象相关联。比方说,在物理学中,实验技能在整个问题与论题范围内都可推广应用,从而个体的流动性(mobility)就很大;[21]而与之对照的是,在人文科学领域中——比如文学与史学——研究技能则通常都与特定议题及研究领域相联系。在这些领域里,行业技能通常都被认为是与特定的文化、文本和时段相关联的,因而它们不可能轻易地就挪用到其他文化、文本和时段上,更别谈是用到更普遍更抽象的论题上,就像近来英国文学研究中关于"理论"(theory)作用的争论所展示的那样。[22]认知对象和技能都是采用相当散漫而高度意会的方式来阐述的,从而使得成果难以推广到其他论题和领域中。事实上,对某一特定问题的阐述如此关联并依赖于有关该现象的大量知识,以致于研究技能的性质都难以与研究对象区别开来,而且能力资格标准也通常围绕着这些研究对象而特定化了。当研究某一特定时段或某一套文本的专家设定了该论题所特有的绩效评判标准时,工作结果的意义和影响的高度不确定性,就能让他们以不胜任或不切题为由来排除掉竞争者的贡献。假如相互依赖性不是特别高,那么就会导致一种对细枝末节的重视和极端的经验主义。

因而,在技能、认知对象和成果尚未标准化而又相互高度关联的领域里,围绕着集体智力目标和能带来物质奖励的声誉的集体授予而对工作结果所进行的协调,就不可能得到惯例化或规范化。取而代之的情况是研究的协调与控制,它们往往通过私人联系和个人知识来达成。就像工作流(work-flow)的多样性与不稳定性总体上会助长采用直接的、个人的方式监管工作和协调任务一样,[23] 有高度技术性任务不确定性的科学领域也同样会高度依赖私人网络来赋予成果意义和评价贡献的优劣。

这从而限制了一个既有核心机构通过规范交流系统直接控制和整合研究战略及成果的程度,也确保了智力优先重点问题和意义评判准则有很大的地方性变化。当技术性工作不确定程度较高,而且这些领域中占主导的结合体都典型的是由一些基本上通过私人纽带和个人忠诚联系着的地方性带头人所组成的、相当具有流变性的联盟的时候,对于研究如何开展以及为什么目的开展的控制就会相当分散。因而,在协调研究成果和结成明确的政治性派别方面,老师-学生这种网络就至关重要。[24] 此外,对私人联系的这种依赖性自然也限制着次级单位和总体声誉系统的规模,从而某一领域中知识创造者的急剧增长就会要么引起分化,要么降低任务不确定性以便确立更标准化的方式来对更标准化的研究对象进行研究,并比较其研究成果。20世纪60年代北美社会学扩张以后,性质各异且未经协调的理论流派的全盛状况,为此提供了一个佐证。[25]

私人联系和关于开展研究的当地环境的知识对于工作结果的协调与评价的重要性,也反映在用于交流成果和说服同行信服其正当性与重大意义的符号系统中。因为研究对象、技能和结果不太标准和明确,所以这些有高度技术性任务不确定性领域中的语言,与那些工作和结果都更标准化的领域相比,就必须得以更详尽地传达研究是怎样开展的以及它有什么目的和意义。成果的高度模糊性意味着其表述必须更精细详尽,而且还必须证明所采用的特定表述具有正当性。因此这类领域的典型论文都相当长,而且成果通常都用书的方式来交流。而相反,较低的任务不确定性程度,则使研究能通过深奥且标准化的符号系统用较短篇幅即可得以有效交流。

在技术性任务不确定性程度高的领域,用以说服同行的语言在各科学家之间也更个性化且更易变。因为成果的意义和重要价值含糊不清、捉摸不定,所以研究者必须说服他人相信他们对问题的理解和解决之道的正确性。认知对象和工作流程的标准化程度较为有限,这意味着他们不能假定其看法和习惯做法对同行来说也讲得通。因而科学家需要采用一种使所采用的特定解决途径和解释看上去有说服力的方式来表述他们的成果。这不仅使得报告的涉及面相当广泛,而且风格也必须根据有待交流的特定信息而量体裁衣。事实上,在这些领域中,如何表达一项研究的结果,构成了如何看待该项研究的一个主要部分。正如开展什么和如何开展研究都更个人化,更易变一样,其报道方式也是如此。当然,这些表述技巧之间的能力标准是有差异的。因而,比起那些约束着报告风格的符号系统及标准更少含糊散乱的领域来,它会更大地影响集体的评价。所以说,在人文科学中,写作的个人风格是他或她的声誉的一个重要组成部分。

与高度技术性任务不确定性相关的认知对象、技能及解释规范的标准化与约束的较低水平,以及相应的在决定战略与判定结果的过程中个体的、地方的偶然性与惯例的重要性,都意味着科学家在对集体智力目标作出自己的贡献时,不能轻易地依赖超地方的(extra-local)同行的成果。他们发现,难以直截了当地证明其特殊成果怎样才能切合那些同行的成果,从而构成重要的贡献。因此,给予那些相对狭窄而专业的贡献以声誉,从现实主义的角度看,不能指望来自那些不共享这些特定进路和实践的人,尽管这些实践在创造它们的地方可能是盛行的。因此,高度专业化的成果,通常只在那些在同一学派中受训或在同一群体中工作的科学家中才能产生积极声誉,而在其他流派中则不能。结果是,由研究小组或学派提出的知识主张都所涉宽泛且变动范围大,而不是视界明确而有限。每个小组都追求为总体的智力目标作出整体贡献的那类声誉,而不是追求由其特殊成果切合于他人的目标和解决途径而能得到的那类声誉。

因此,因为各研究场合的评价标准的散漫性和解释规程的变动性,在技术不确定性程度较高的那些领域中,智力生产与评价的主导单元就是地方性的研究流派。这些群体采用独特的智力方法和规程创造着相当散漫宽泛的贡献,并主要由地方来控制关键资源。[26]其内部凝聚力和对外的排斥性视这些群体角逐声誉系统控制权的激烈程度各不相同,但这些群体还是形成了身份与协调活动的主要来源,尽管这种联系程度可能相当有限。为了协调和理解个人贡献,这些群体高度依赖于个人忠诚和个人纽带，这限制了这些群体的规模，以致于岗位和研究设施的急剧膨胀就可能导致他们的解体，以此作为整合工作成果的有效途径。人文学科中这种学派的例子有北美社会学中的"芝加哥学派"(Chicago school)和"结构-功能主义学派"(structural-functionalist school)，还有德国心理学的维尔兹堡学派(Würzburg school)。[27]

2. 日益增长的战略性任务不确定性

正如工作结果的多样性与变动性限制着研究规程协调与控制的规范化程度，问题与意义评判准则的多样性与变动性也意味着缺乏标准化途径来围绕共同目标协调和整合研究战略。它们也意味着在贡献的价值评判及由此而来的声誉授予上的变动性。因此，与高度战略性任务不确定性相关的是巨大的组织流动性，缺乏对问题与目标的等级式有序化，对意义评判标准的控制集中度有限，以及高度的理论多元性。

智力问题在其阐述、定向和所理解的意义方面都差异显著，而且少有得到广泛认同的稳定的综合标准来评判那些特殊战略的优劣。在这样的领域里，科学家在决定做什么以及如何解决这些问题时，就置身于一个高度不确定的智力环境中。尽管他们可能共享技术规程，并有较标准化的方法来比较和协调工作结果，但是，某一特定研究项目或方案的选定，还是反映着有可能不被同行认同，因而有可能得不到较高声誉的某一组智力重点问题。成果的重要性需经协商和论证，而并非通过主导理论结构来加以保证。由于意义评判准则未经标准化而且不稳定，所以某一给定研究如何切合或照应他人的战略，也就不确定并易于急剧变化。所以，当竞争群体都力图相互说服对方，令其相信自己的问题和解决途径具有优越性、自己的目标具有优先性时，声誉就易于变化而且不稳定。

声誉规范缺乏稳定性与可预见性，强化了研究战略决策过程中地方性的影响力和迫切需求的作用。在声誉组织较多样化而且其目标结构变化迅速的领域里，个人和小组相对于集中指导和协调的自主性就非常大。因而研究人员和雇主都可以采取独特战略选定独特方向，不会因为理论上的背离而处于严重不利地位。结果是各研究场合所选定的研究问题与论题会变得相当歧异多样，并易于受到多种因素的影响。这在近几十年的生物-医学科学领域中表现得尤为引人注目，因为这时候生物学的学科结构的重要性已降低，而且研究目标是由诺尔(Knorr)所谓"超认识的"论争场域来设定的。[28]当意义评判准则摇摆不定而且声誉界限变弱时，这些领域就表现出优先考虑事项方面高度的流变性,战略也受到局域性需要的强烈影响。

在有高度战略性任务不确定性的领域里没有一套清晰而得到普遍接受的意义评价标准,这意味着各自追求着独立目标的那些专家群体对于问题的价值与重要性缺乏一致意见,也没有一致公认的论题领域等级序列,以便判定一个领域中的声誉高于其他领域。根据该领域中的竞争激烈程度而定,上述状况可能使得研究人员围绕相对未经协调和联系的特定关注点而形成高度专业化的亚群体,就像美国数学领域中那样。[29]无论哪种情况下,出自不同群体成员之手的成果和贡献整合为一个单一智力结构的程度总是有限的,其工作对彼此的影响也难以判定。因此,这种声誉组织在其政治结构上较分散化,并伴随着巨大的目标多元性和不稳定的协调过程。当战略性任务不确定性增加时,某一核心群体或学派控制和协调整个领域研究战略的能力就会下降。这是因为意义标准开始变得歧异多样,并成为形成个别群体去生产旨在解决独特问题的知识主张的基础。

当然,对研究目标的集中控制的降低,是与共享的背景知识和前提假设的范围有限相关联的。日益增长的战略性任务不确定性,意味着成果和工作结果对于集体目标的总体意义的不确定性也增加了,以见于不同群体会对研究做出不同评价。它的理论意义和重要性就容许争议和替代看法,这样,一个使各群体和各问题领域的成果都得到协调和关联的、共同整合的、有内在一致性的理论结构就不可能形成。取而代之的情况是,当战略性任务不确定性增加时,探讨不同智力重点问题的不同群体将逐步形成性质各异的理论定向,以至于理论多样性的总体水平变得更大。因此,相比起20世纪中叶的物理学领域,某些生物学领域中理论地位的变化多样就显得更明显,也更具合理性。

这种理论多样性的增加,意味着随着战略性任务不确定性的提高,次级单位的形成就不仅仅建立在对不同问题的探讨和对这些问题的不同等级排序的基础上,而且也采取了替代性的理论立场,至少在对声誉控制的角逐促进了总体意义和理论主张发展的领域中是这样。问题不仅在所理解的重要性上,也在它们被阐述和理解的方式上存在着差别,从而各群体在所偏爱的解释上也有出入,协调和推广工作成果的方式也各不相同。只要是技术标准化程度足以让成果得到比较和对照,上述情况就不会引起宗派式的分裂,但分立的学派还是会围绕着一些有关的中心议题所产生的对立观念以及所偏爱的解决方式而形成,以致于协调和整合各学派的研究会变得很难。美国行为心理学领域的学派林立似乎就是上述情况的佐证[30]——他们相互间对彼此的成果作出反应,并力图将它们整合到各自的研究中,但却采用不同的理论和问题阐述。

总的来说,科学领域中与任务不确定性程度的变化多样相关联的是技能、认知对象、意义评判准则和交流结构的标准化程度上的差异。与此相联系的还有控制声誉系统的集中化程度,由非直接生产的工作人员来组织和评价工作的程度,以及工作与战略协调过程中私人联系的重要性。最后,与此相关的还涉及科学领域中形成的亚领域的类型、规模及相互间的重要性。其中某些关系与前章论及的那些关系类似,特别是与技能的标准化有关。事实上,如果工作成果没有较高程度的标准化以及由此而使得技术性任务不确定性较低的话,在某一科学领域中逐渐形成高度的功能依赖性就是不可能的事。因此,后者暗示着前者的降低。下一章我们将更详细讨论这两个总体维度中上述以及其他一些联系。而下文我将用类似于前一章所采用的方式,来概述某些与任务不确定性的变化相关联的主要情境特征。

4.3 影响科学领域中任务不确定性的情境因素

在科学领域中,任务不确定性程度的变化多样受到作用方向相反的两个综合性力量的制约。第一种力量是指科学中存在一种制度性地降低不确定性的目标,以便能对环境给予更大的控制。第二种力量则指科学职业有一种需要,即要在知识生产过程中维持充分的不确定性,以避免研究过程变成墨守成规的活动或受到外部的控制。在现代工业社会,为支持大量科研所作的一个主要辩护就是,它能创造关于变化多样的环境的可靠知识以帮助管理和控制这些环境。19世纪许多科学公共资助的增长,就是以它们能降低一些关键领域——比如说农业[31]——的不确定性并加强人类的控制为前提的。科学家声称他们拥有独一无二的降低不确定性的能力,以此作为其合法性和得到扶持的要求的基础,因而他们必须用实际证明的方式增加确定性。

但是,限制科学家的还有他们自身的职业利益,即维持对如何使这种不确定性得以降低的控制以及对知识生产技能的控制。此外,他们还力图通过限制客户判断和评价工作成果的价值,并因而控制成就标准的能力来扩大职业自治权。就像医疗方面的从业者力图控制健康和病态的社会意义一样,科学家也力图垄断对知识主张及其可靠性的评价。在许多公共科学领域中,判断是否成功地降低了不确定性的是专业同行而非雇主或"客户"(clients),从而学术团体对工作为何目的开展、如何开展的控制就会得以维系。因此,科学家已作出努力要垄断对研究技能的定义、生产和认证的控制,以及对工作结果的有效性和重要意义的评价的控制。降低不确定性是现代公共科学的一个核心目标,但在很大程度上也是一个需由科学家来予以解释和详细阐明的目标。结果是对知识主张进行评价的依据,一方面是其可靠性和有效性,另一方面则是它们对同行的有用性。其价值判定基本上根据定向于由集体来控制和有序化的创新生产的科学事业的内在动力。它们既使经验有序化,也为进一步的创新提供题材。因此,通过科学研究来降低不确定性,不过是采用这样一种途径,即在一个永无休止的知识建构与修正过程中,创造更多有待处理的不确定性。[32]

现代科学中知识生产的上述总体特征,视其所处的环境而在不同领域中通过不同方式表现出来。工作成果清晰具体、可重复、稳定而且构成为内在一致的理论结构的程度,在各领域间显然各不相同,而且与其智力环境和社会环境的某些特定方面相关联。这也可用前一章所采用的方式来分成三组情境要素:声誉自主性、智力生产方式与传播途径的控制集中程度,以及阅听人的多样性。

1. 声誉自主性

考虑到证明对现象的技术控制对于获得公共合法性与公共资源的重要性,那么声誉对于能力和意义评价标准的高度控制,就极有可能与技术性任务不确定性程度的降低相关联。在这种技术控制难以实现的领域里,研究人员完全控制能力资格和成就标准的能力就受到限制,而且总体而言可以合理地说,技术确定性的提高是提高声誉对这些标准进行控制的必要——虽然不是充分的——条件。因此,在由雇主来评价能力资格的领域里,除了声誉领袖外,外行公众和其他领域里的科学家,都不可能通过深奥的标准化技术来逐步形成高度的技术控制,因为成果可能总是会受到那些遵循不同标准的人的挑战。管理研究中的许多工作对经济学家、心理学家和管理"实践者"(practitioners)所设立的标准的辅助作用,就是上述这点的一个佐证。[33]

声誉自主性较低也可能会限制战略性不确定性的降低,因为后者指的是声誉领袖按特定方式给问题排序的能力和保证控制给定的某一套意义评价准则的能力。在声誉领导与其他群体——比如说资助机构的领导和整体的文化精英群——

共享有关优先考虑事项的一套安排的领域里,科学家显然就会在选择研究战略的过程中,拥有相对于某一特定声誉领导群体的较大自由度。但另一方面,这并不能必然推论出,对这套关于能力资格和意义评价标准的安排的自主程度的日益增加,就会促进理论的统一化和问题的一致性。尽管这种自主性很可能是这种发展趋向的一个必要条件,但却决非充分条件。在科学家自身对工作流程和目标有很大控制权的领域中,他们可能会选择性质截然不同的智力优先问题及解决途径,而无需将它们整合为一个单一的智力结构,就像实验生理学的情况所表明的那样。[34]在那些声誉自主性很高的科学领域,其内部政治体系会随着其等级化程度而变化,也会随其战略性任务不确定性程度而变化。

一个声誉组织能够控制智力对象的描述和可采用概念的程度,是另一个决定任务不确定性程度的核心要素。在这种控制程度低的领域里,精确的边界和泾渭分明的区别都难以确立和保持,轻易就达成和证明对认知对象的技术控制也是不可能的。这是因为任何力图商定或限制现象意义的尝试,都可能会被其他人以相关性为理由或以忽略该研究对象的"真实"本质为根据而加以反对。在科学研究中,对有待转化的原材料进行标准化处理,要求把特征和特性限定为几个基本的、易控制的方面。而在那些到处可见的常识性描述和说明,并且参照在那些常识性说明中似乎很重要的性质和方面而获得合法性的领域,这种限制就可能总是会受到挑战。比如说,心理学中对个体人格概念的限定就已受到这样一些人的攻击,他们声称无法赋予个体人格一些最核心的特征。社会心理学的小群体研究——将一群人限定在实验室情境中进行观察,批评者对此也提出了同样的观点。在视这种攻击为合理存在的领域里,这些攻击就会降低对研究对象的技术性概念的主宰能力,也会降低创造和确立关于描述和工作规程的技术标准化的能力。接近常识的描述使得为了科学目的而对纯技术概念进行系统阐述,并强制让人遵行变得很困难。因此,技术标准化和技术性任务不确定性降低的前提是认知对象与常识性阐述有某种程度的分离。

这一点甚至更适用于来降低战略性工作依赖性。在外行及日常目标与概念都对科学目标与概念方法的选择和阐述有重要影响的情况下,某一科学领域要想能逐步确立一套有关智力目标的、具有连贯性和内在一致性的序列,以便对贡献的评价能以一种直截了当的较少争执的方式来实施,这是极不可能的。认知对象与目标越是多样而散漫——当常识性论证和常识语言极大影响科学思想时,这种情况就可能发生——那么,科学家就越少可能在优先考虑问题和成果的相对重要意义方面达成共识。在较少有相对于常识性论证和目标的自主性的领域中,目标和概念都会更为不精确、歧异多样且易于变动。因此,正如许多盎格鲁-撒克逊的社会学和政治科学所表明的那样,具有高度的理论统一性和内在一致性是不可能的。

2. 智力生产方式与传播途径的控制集中程度

当对获得生产途径的机会的集中化控制加强了声誉组织的寡头控制时,报道系统的某些技术标准化与形式化就得到了促进,从而研究可能得到集中协调。因为对关键资源的高度集中控制提高了某一领域的依赖性程度,科学家就会力图遵从做研究的主流方式和交流工作结果的语言风格。不过这假定了该领域的规模足够大,要求智力上的协调,除了经由私人联系与个人知识来达成以外,还要通过交流系统来实现。但是,就像在19世纪早期法国科学中那样,当知识生产者的人数相当少并通过私人赞助来进行控制时,高度的集中化也会出现。[35]在这种领域里,较少需要符号系统的规范化和高度的技术标准化,因为私人纽带和联系就发挥着协调机制的作用。对研究战略和能力资格标准的控制直接通过私人指导和由私人把工作及其他资源分配给受庇护的学科来实施。因此,成果是通过世袭制而非职业的权力机构来加以整合的。因而,比起声誉组织更大、而且更依赖于规范交流系统来通过集体声誉而协调工作结果以及分配奖励的情况,它的技术性任务不确定性能保持高得多的水平。

总体而言,在研究人员依赖于少数几个直接控制资源的带头人——这种控制除了通过他们对声誉目标和标准的影响来实施以外,还借助于行政职位和赞助人身份,但却不是通过他们对总体上以高度匿名的形式运行着的声誉系统的影响来实施——的领域里,技术性任务不确定性维持着很高的水平,因为知识生产的主导单元是受个人控制的研究学派。对于获得一个赞助人的赞许和扶持来说,联络和说服其他学派中的同行专家是次要的,因而对研究对象、工作规程和成果进行高度标准化就不是特别重要。事实上,在这种学派建立在控制着生产知识所需的大多数资源基础之上的领域里,技术不确定性在整体上——即区别于在每一个学派中的技术性不确定性——可能相当高。因此在由个人控制的学派中对资源进行高度集中化控制与在学派之间对资源进行较分散控制,就与成果的意义及重要价值的不确定性、模糊不清以及意见不一相联系。德国大学系统中正教授的权力就是这种高度"地方性集中"(local concentration)控制关键资源的一个例子,它导致了19世纪一些性质各不相同的学派的形成。[36]

当这类地方性贵族的权力下降,而科学家更多地定向于他们的同行专家时,知识对象的技术控制和工作规程的标准化的增加就变得更有吸引力,也更为可能一些。如果他们所需说服相信其贡献的正确性和优点的是该领域的总体成员,而非他们所属学派的带头人,那么他们就更可能逐步确立有关工作规程、技能和解释的共同标准。事实上,科林斯已指出,在有大量追逐声誉的研究人员的领域里,他们会力图确立通行的能力资格标准,并开展经验研究,以此作为脱离庇护人的控制并增加其自主性的途径。[37]当然,这的确假定了这种脱离是行得通的,而且与其说适用于欧洲的职业组织,还不如说更适用于某些北美的职业组织。当然,在大学里权力得到更平等的分配,而且通过诸如同行评议小组和稿件发表资格评审这样的机制,而使资源在全国或国际范围内进行分配的领域里,当科学家变得更依赖于声誉系统而非他们的私人联系与个人知识的时候,促进技术的标准化就会有可行性。因此,在本世纪的美国,联邦政府资助许多已扩展的人文科学领域中研究的重要性增加,已导致了技术性任务不确定性的某种程度的降低。[38]

当科学家通过用各种不同的方法来探讨独特问题以主张独创性时,研究群体间对资源的较低程度的集中控制,也可能促成高度的战略性任务不确定性。在众多职业单元都控制了所需的研究设施和资金,或者比较容易从各种各样的资助机构获得这些资源的领域,研究人员就能追求多种目标和优先问题,并遵循不同的意义评价标准。这种自主性一旦牢固建立,就不可能毫无抵制地被放弃,特别是如果那意味着将会使他们的专业和技能贬值的话。在这种环境下,任何意欲组织问题领域和概念方法的理论统一活动,都将不会轻易被接受,就像生物学和社会科学中那些综合的系统理论的命运所表明的那样。[39]在控制较为分散的科学中,那些指望会协调和整合各亚领域的研究工作的综合性理论都不受欢迎,因为会降低智力上的自主性,并威胁到专家的身份。因此,在关键资源的控制权相当分散、研究人员无需高度依赖某一单一机构或著名刊物的领域里,问题的一致性和稳定性就是不可能的事情。19世纪博物学中有关达尔文理论的争论,就反映了这种在已确立的、拥有专业技能的领域中不情愿采纳这些综合性新理论的现象。[40]

3. 阅听人的多元性与多样性

正如阅听人的高度多样性会降低一个科学领域的相互依赖程度一样,它也会降低逐步形成共同的、标准化的工作和交流方法的必要性。在能合法地为其声誉而向多个不同群体报告其成果的领域,研究人员被鼓励去创造这样一些知识主张,即它们切合这些独立群体的特定旨趣与工作规程,而又更少可能对各个领域的语言和研究对象进行标准化。当然,如果外行阅听人被视为合法阅听人和声誉来源,对研究对象的常识性表述和解释活动——这增加了工作结果的变动性和散漫性——也因此合理化了,那么以上情况就更有可能出现。因此总体来说,科学家工作的可能阅听人越多种多样且变化迅速,那么某一科学领域中任务不确定性的水平就会越高。这已为许多人文科学所证实,特别是当它们吸引了广泛的文化精英的注意力的时候。而当阅听人已变得有更严格的学术性和职业性时,学者们也就趋于在其采用的方法和语言上更有技术性,也更深奥。[41]

甚至当外行公众已被有效排除出能力合格的研究成果所需考虑的范围时,阅听人的多样性在决定科学领域的任务不确定性水平方面仍可能是一个重要因素。在战略性任务不确定性方面尤其如此。就像资源控制权的广泛分配助长问题的多样性一样,有可能得到各种各样的、在其声誉的显赫程度上并无多大差别的阅听人,也会增加战略性任务不确定性程度。在一些领域里,当科学家能够将其成果发表在多个面向不同阅听人的期刊上时,阐述研究战略就会有更大的自由度——相对于如果他们必须使自己的工作集中面向一个特定群体,或者如果一个领域的声誉比其他群体要高得多这样的情况。

比方说在生物-医学科学中,阅听人的多元性与多样性就比物理学要大得多,从而战略性任务不确定性也就大得多。研究人员在决定研究什么问题,在哪里发表成果以及想吸引哪个阅听人的关注等方面,有很大的选择余地;而且他们在这些方面的偏好也有相当大的流动性,且易于变化。[42]同样的情形似乎在人工智能领域中也存在,在那里,通行的行业技能被用于各种各样的目标和论题上,研究人员迎合广泛多样的阅听人,也尚未形成一个普遍的理论结构。[43]

因而概括地说,较低程度的声誉自主性,高度依赖个人途径来指导和协调研究,以及向外行阅听人开放,这都很可能会与极大的任务不确定性相关联。整个领域的总体声誉变得越重要,阅听人的多样性越低,技术控制和技术能力资格就会越受重视并依据共同标准来加以解释。声誉自主性程度低,职业间对资源的集中控制程度低以及阅听人多样性的增长,也都会增加战略性任务的不确定性。而当得到资源的可能性降低,获得机会通过一个单一机构或精英群而变得集中,以及当刊物和阅听人被有序化为一个单一的、由某套专一的意义评价准则所控制的地位等级体系时,战略性任务不确定性就很可能会下降。

4.4 小　　结

本章提出的论点可归结如下:

1. 各领域间任务不确定性程度的差别很大,并与其工作组织和控制模式的差异相关。它也视变动的情境因素而有所不同。

2. 任务不确定性有两个主要方面:技术性的和战略性的。技术性任务不确定性指的是工作结果的清晰可见性、一致性与稳定性。战略性任务不确定性指的是研究战略和目标的一致性、稳定性与整合度。

3. 高度的技术性任务不确定性通常意味着高度的战略性任务不确定性,但反之则并非必然。

4. 技术性任务不确定性程度的增加限制着声誉组织的规模,导致更大程度地依赖于个人直接控制研究及其协调活动,也限制着技能、原材料和符号系统的标准化程度,并助长智力贡献的散漫、分散。

5. 与战略性任务不确定性程度的增加相关的是理论多样性会更大,研究目标集中控制程度会降低,以及战略和意义评价标准的阐述方面的地方自主性会增加。

6. 当外行阅听人和利益群体影响能力资格标准和问题阐述时,以及当个人赞助成为控制工作的主要途径时,技术性任务不确定性就会更高。

7. 当有多种资助机构和阅听人,以及在资源分配系统中尚未牢固确立起一个专一的地位等级或意义评价标准的时候,战略性任务不确定性就会更高。

注释与参考文献

1. 比较有名的讨论参见 T. Burns and G. M. Stalker, *The Management of Innovation*, Tavistock, 1961 and J. Woodward, *Industrial Organisation*, Oxford University Press, 1965.

2. 参见 C. Perrow, *Organizational Analysis*, London: Tavistock, 1970, pp. 80—82.

3. 这已得到有益概括,参见 Perrow, *idem*, 1970, pp. 75—85. 也参见 R. Collins, *Conflict Sociology*, New York: Academic Press, 1975 pp. 321—329; H. Mintzberg, *The Structuring of*

Organizations, Englewood Cliffs, New Jersey: Prentice-Hall, 1979.

4. E. g. E. Harvey, "Technology and the Structure of Organization", *American Sociological Review*, 33(1968), 247—258; C. Perrow, "A Framework for the Comparative Analysis of Organization", *American Sociological Review*, 32(1967), 194—208.

5. 参见注释 2 所引 Perrow, pp. 78—80.

6. M. Polyani, *The Tacit Dimension*, London: Routledge & Kegan Paul, 1966; J. R. Ravetz, *Scientific Knowledge and its Social Problems*, Oxford University Press, 1971, pp. 76—108; B. Latour and S. Woolgar, *Laboratory Life*, London: Sage, 1979; K. Knorr, "Tinkering toward Success: Prelude to a Theory of Scientific Practice", *Theory and Society*, 8, 347—376.

7. A. Rip, "The Development of Restrictedness in the Sciences", in N. Elias *et al.* (eds.), *Scientific Establishments and Hierarchies*, Sociology of the Sciences Yearbook 6, Dordrecht, Reidel, 1982.

8. 比如,参见 James D. Thompson, *Organizations in Action*, New York: McGraw-Hill, 1967 and H. Aldrich and S. Mindlin, "Uncertainty and Dependence: Two Perspectives on Environment", in L. Karpik(ed.), *Organization and Environment*, London: Sage 1978.

9. 参见注释 2 所引 Perrow.

10. A. Stinchcombe, "Bureaucratic and Craft Administration of Production", *Administrative Science Quarterly*, 4(1959), 137—158. 也参见注释 2 所引 Perrow, pp. 77—78.

11. 正如在最近的社会科学研究委员会(SSCR, Social Science Research Council)关于预测模型的评价所通报的那样。参见 M. J. Artis, "Why Do Forecasts Differ?" *Bank of England Paper No. 17* 1982; S. Weir, "The Model that Crashed", *New Society*, 12(August 1982), 也见 E. A. Leamer, "Let's Take The Con out of Econometrics", *American Economic Review*, 73(1983), 31—43.

12. P. Deane, "The Scope and Method of Economic Science", *The Economic Journal*, 93(1983), 1—12 at p. 8.

13. 参见 H. Katouzian, *Ideology and Method in Economics*, London: Macmillan, 1981, pp. 165—172 and P. Jenkin, *Microeconomics and British Government in the 1970s: The Application of Economic Rationality to Transport, Manpower and Health Policy*, 未发表的博士论文, Manchester University, 1981, chs. 2 and 3; S. Pollard, *The Wasting of the British Economy*, London: Croom Helm, 1982, ch. 7.

14. 至少是像 Latour 和 Woolgar 所提供的证据那样,参见注释 6 所引 Latour 和 Woolgar, 以及 K. Knorr-Cetina, *The Manufacture of Knowledge*, Oxford, Pergamon, 1981.

15. T. S. Kuhn, *The Structure of Scientific Revolutions*, Chicago University Press, 2nd ed., 1970;（中文版：托马斯·库恩(T. S. Kuhn). 科学革命的结构[M]. 北京大学出版社, 2003.）; "The Function of Measurement in Modern Physical Science", in *The Essential Tension*, Chicago University Press, 1977.

16. 正如注释 1 所引 Burns 与 Stalker, pp. 199—225.

17. W. O. Hagstrom, *The Scientific Community*, New York: Basic Books, 1965, ch. 4.

18. 20 世纪早期美国哲学理论的个人性与基础性是与 20 世纪 20 年代以前哲学领域缺乏一致意见和内在一致性相关联的。参见 D. J. Wilson, "Professionalisation and Organised Discussion in the American Philosophical Association, 1900—1922", *Journal of the History of Philosophy*, 17(1979), 53—69.

19. 参见 M. Ash, "Wilhelm Wundt and Oswald Külpe, on the Institutional Status of Psychology", in W. D. Bringmann and R. D. Tweney(eds.), *Wundt Studies*, Toronto: Hogrefe, 1980. Compare G. Böhme, "Cognitive Norms, Knowledge Interests and the Constitution of the Scientific Object", in E. Mendelsohn et al. (eds.), *The Social Production of Scientific Knowledge*, Sociology of the Sciences Yearbook 1, Dordrecht: Reidel, 1977.

20. 关于不同智力类型的讨论，参见 J. Galtung, "Structure, Culture and Intellectual Style: an essay comparing saxonic, teutonic, gallic and nipponic approaches", *Social Science Information*, 20(1981), 817—856.

21. 正如 Hagstrom 所记录的，参见 Hagstrom, op. cit., 1965, note 17, pp. 160—161; compare B. Harvey, "The Effect of Social Context on the Process of Scientific Investigation", in K. Knorr et al. (eds.), *The Social Process of Scientific Investigation*, Sociology of the Sciences Yearbook 4, Dordrecht: Reidel, 1980.

22. 比如参见《泰晤士报文学增刊》(1982 年 12 月 10 日)中有关"宣讲文学"的专题文集以及随后的大量通信。

23. 正如第 2 章已讨论过的；比较注释 10 所引 A. Stinchcombe.

24. 正如 Mullins 在其对北美社会学的描述中所讨论的。参见 N. Mullins, *Theories and Theory Groups in Contemporary American Sociology*, New York: Harper & Row, 1973. See also N. Wiley, "The Rise and Fall of Dominating Theories in American Sociology", in W. E. Snizek et al. (eds.), *Contemporary Issues in Theory and Research*, London: Aldwych, 1979.

25. 正如 Mullins 所记述的，文献同上。

26. 对工作的地方控制的重要性在英国社会人类学中表现的很明显。参见 A. Kuper, *Anthropologists and Anthropology*, Harmondsworth: Penguin, 1975.

27. 正如注释 24 所引 Mullins 的文献所提供的证据;注释 24 所引 Wiley 的文献。另参见 E. A. Tiryakian, "The Significance of Schools in the Development of Sociology", in W. E. Snizek et al. (eds.), *Contemporary Issues in Theory and Research*, London: Aldwych Press, 1979 and M. Ash, "Academic Politics in the History of Science: Experimental Psychology in Germany, 1879—1941", *Central European History*, 14(1981), 255—286.

28. K. Knorr-Cetina, "Scientific Communities or Transepistemic Arenas of Research?" *Social Studies of Science*, 12(1982), 107—130.

29. 参见注释 16 所引 Hagstrom, pp. 228—235. 比较 L. L. Hargens, *Patterns of Scientific Research*, Washington D. C.: American Sociology Association, 1975, ch. 2.

30. 正如 Brain Mackenzie 所讨论的, *Behaviourism and the Limits of Scientific Method*, London: Routledge & Kegan Paul, 1977, ch. 1. 不过,他们在其实验规程和原材料即老鼠的品种方面各不相同,以至于 Hull 和 Tolman 是否实际上创造出了可对照的成果,这尚不清楚. 参见 R. L. Rosnow, *Paradigms in Transition*, Oxford University Press, 1981, pp. 100—102.

31. 关于对英国皇家学院的资助如何与农业利益相关联,并受到 Davy 在农业化学领域中的工作的促进,参见 M. Berman, *Social Change and Scientific Organisation*, 1799—1844, London: Heinemann, 1978, chs. 1,2 and 3. 关于 19 世纪期间公众支持科学的、不断变化的修辞与论辩,参见 F. M. Turner, "Public Science in Britain, 1880—1919", *Isis*, 71(1980), 589—608.

32. 关于科学中如何建构不确定性与忽视的简要讨论,参见 M. Callon, "Struggles and Negotiations to Define What is Problematic and What is Not", in K. Knorr et al. (eds.), *The Social Process of Scientific Investigation*, Sociology of the Sciences Yearbook 4, Dordrecht: Reidel, 1980.

33. 比较 R. D. Whitley, "The Development of Management Studies as a Fragmented Adhocracy", *Social Science Information* 23, 1984.

34. 至少在 19 世纪是这样. 参见 G. Allen, *Life Science in the Twentieth Century*, Cambridge University Press, 1978, pp. 82—94; G. Geison, *Michael Foster and the Cambridge School of Physiology*, Princeton University Press, 1978, pp. 331—351.

35. 关于 19 世纪早期重要庇护人(*grands patrons*)的权力及其利用庇护权对研究的控制,参见 R. Fox, "Scientific Exterprise and the Patronage of Research in France, 1800—1870", *Minerva*, 11(1973), 442—473; "The Rise and Fall of Laplacian Physics", *Historical Studies in the Physical Sciences*, 4(1974), 89—136; "Science, the University and the State", in G. Geison (ed.), *Professions and the State in France*, University of Pennsylvania Press, 1984.

36. 例如在心理学中的那些学派. 参见注释 27 所引 M. Ash.

37. 参见注释 3 所引 R. Collins, pp. 510—511.

38. 关于生物学中这种变迁的简要讨论,参见 M. Heirich, "Why We Avoid the Key Questions: How Shifts in Funding of Scientific Inquiries Affect Decision-making about Science", in S. Stich and D. Jackson (eds.), *The recombinant DNA Debate*, University of Michigan Press, 1977. 关于 20 世纪 50 年代后研究生教育的扩展以及经济学的数学化,参见 H. G. Johnson, "National Styles in Economic Research", *Daedalus*, 102(1973), 65—74.

39. 有关经验主义的生物学家在一个据称是交叉学科的项目中如何忽视数学模型的建立者的一个实例的讨论,参见 J. Bärmark and Göran Wallen, "The Development of an Interdisciplinary project", in K. Knorr *et al.* (eds.), *The Social Process of Scientific Investigation*, Sociology of the Sciences Yearbook 4, Dordrecht: Reidel, 1980. On the fate of the Theoretical Biology Club in the 1930s, 见 D. Haraway, *Crystals, Fabrics and Fields*, Yale University Press, 1976, pp. 124—135.

40. 关于鸟类学中的情况,参见 P. L. Farber, *The Emergence of Ornithology as a Scientific Discipline, 1760—1850*, Dordrecht: Reidel, 1982, pp. 146—147.

41. 这是一个颇受英国文学系的某些成员谴责的现象。参见注释 22 所引《泰晤士报文学增刊》有关"职业精神"的辩论及后来的一些通信。

42. 正如注释 6 所引 Latour 和 Woolgar 以及注释 14 所引 Knorr-Cetina 在实验室研究中所报告的。

43. 参见 J. Fleck, "Development and Establishment in Artificial Intelligence", in N. Elias *et al.* (eds.), *Scientific Establishments and Hierarchies*, Sociology of the Sciences Yearbook 6, Dordrecht: Reidel, 1982.

第5章
科学领域的组织结构

  在前两章中我讨论了组织结构的两个主要维度，它们与科学工作在不同领域如何组织和控制的一些重要差异相关联，也与不同科学所处情境的变化相关联。从本质上说，这两个维度概括了那些被视为独特声誉组织、性质各不相同的科学领域的一些关键特征，从而使得我们能够探讨这些声誉组织的上述特征与其所处环境之间的关系。因此，它们在科学领域社会情境的某些总体特征与进行知识生产与合法化的主导模式之间提供了联系。

  前面既已对这两个维度的基本特征作了分别概述，现在我将把它们作为不同的科学类型来讨论其相互关联，并探讨它们之间的一些特定组合。在本章与下一章，我将对科学领域的以下方面的特征展开描述，即这两个维度与它们所处环境的变迁相关联的发展模式之间的某些相互关系。本章将集中考察相互依赖性和任务不确定性程度，如何与不同类型科学的内在结构相符合和相关联；而下一章则将讨论科学领域所处的情境及其怎样变迁。

  首先我将讨论组织结构的综合维度如何相互结合，以描述7个主要科学领域的基本特征。接下来，将依照前几章所提及的类似路径，勾勒出这7个不同类型科学各自的组织模式的多样性，以及源自于相互依赖性与任务不确定性之间相互组合的一些其他的特征。像以前一样，我将提供一些来自于合适的二手文献中的一些例子来实际论证我的论点。这些例子都是用来阐明和澄清目前所提出的分析性框架，而不是对某些特定科学进行系统描述。

5.1 科学家之间相互依赖程度与科学领域的任务不确定性程度之间的相互关系

鉴于已把上述两个维度划分成了两个性质各不相同的方面,而且还把它们进一步分离为高低两个坐标位置,因此如表 5.1 所示,建立科学领域的 16 个不同类型是可行的。不过,其中一些组合是不可能出现的,另一些则仅仅只是极为可能发展起来,而有一些则在相当特殊的环境下已作为明确的组织而确立起来了。后者的一个例子就是高度的技术性任务不确定性与低度的战略性任务不确定性及低度的相互依赖性的组合。

表 5.1 科学中相互依赖性程度与任务不确定性程度的可能组合

				功能依赖性程度			
				低		高	
				战略依赖性程度		战略依赖性程度	
				低	高	低	高
技术性任务不确定性程度	低	战略性任务不确定性程度	低	1	2	3	4
			高	5	6	7	8
	高	战略性任务不确定性程度	低	9	10	11	12
			高	13	14	15	16

正如前一章所讨论的,把一致、稳定、内在有序的问题和研究战略,同可变、不稳定而且模糊不清的工作结果结合在一起,这样的声誉组织是不可能存在的。此外,如果科学家之间的相互依赖性程度有限,以至于他们能够面向各种各样的阅听人进行通报以追求声誉,并因而追求不同的目的,那就很难看到问题选择和程式化是如何保持标准化与约束性的。内在于研究成果的地方性变化以及阅听人多元性之中的分裂压力,将会大到足以提高战略性任务不确定性的水平,并因而改变该领域的类型。就盎格鲁-撒克逊经济学的情况来说,它似乎是这两类不确定性的上述这种组合的唯一一个例子,它的相互依赖性程度相当高,这是因为它的本科生训练的一致性、交流系统的等级制,以及以牺牲主流研究路径的经验应用为代价对分析性和理论性阐述的高度评价。该领域通过对技能以及从正统理论中分离出经验研究的活动进行严格控制,以维持较低的战略性任务不确定性。声誉在该领域的分析核心是最高的,该分析核心对经验不确定性保持很强的免疫力。[1]正如菲力斯·迪恩指出的,"经济科学(与政治经济学相对立)中的进步只可能在其理论核心中

产生,最重要的那些理论家都对此毫不怀疑。"[2] 因此,战略依赖性较高,但又对经验知识对象缺乏技术控制,这就限制着功能性相互依赖的程度——但最重要的核心层除外。因此,就经济学而言,高度的技术性任务不确定性是与以下方面结合在一起的,包括低水平的战略性任务不确定性、巨大的战略依赖性以及处于"应用型"(applied)经济学外围的经济学家之间的有限的功能依赖性。可再次引用迪恩的话来说,"经验有效性的问题……绝不会在理论层面出现,它们仅仅只是在应用经济学这种更具流变性的外围,才可能是关系重大的。"[3] 除了经济学领域的这种组合以外,其他把较低的战略性任务不确定性与较高的技术性任务不确定性结合在一起的领域,都不可能成为稳定的声誉组织。

更概括地说,研究人员之间高度的功能依赖性要求需要对现象的某种技术控制以及研究成果的可比较性,因此具有高度技术性任务不确定性的领域是不太可能发展出较大功能依赖性的。如果科学家为了对集体智力目标作出能力合格的贡献而不得不相互使用彼此的成果,而且只有通过促使同行采用他们的成果才能获得积极声誉,那么,这些来自各研究场所和学派的成果就必须能够用类似的一些方式来加以比较和解释。这意味着技能和原材料的某种程度的标准化,从而如果功能依赖性程度较大的话,技术性任务不确定性就不会太高。因此,如表5.1的11、12、15、16号展现出那样特征组合的科学领域所示的,就不太可能稳定不变或者经常出现。如果一个技术性控制程度有限的领域的依赖性程度总体上有所增长,那么科学家就很可能会努力促使技能和知识对象的标准化,从而降低技术性任务不确定性的水平。

同样,如果该领域成员间的功能依赖性水平没有一些相应地增加,技术性任务不确定性程度就不太可能大为降低。研究技能、认知对象和工作结果的标准化程度的增加,会降低个人和学派控制研究如何开展的自主性程度,并促进研究专家成员之间的合作与联系。它加剧了一些特定领域中声誉对工作规程以及生产合格贡献所需的那些特定技能的集体性控制。因此,相对较低的技术性任务不确定性程度,意味着各职业单元之间工作规程的高度协调程度以及成果的高度整合程度。如果相对于地方性声誉而言,国际国内声誉的重要性没有增加,以及由此而来的相互依赖程度也没有增加,那么技术控制的大幅度增长似乎是不可能的。因此,那些降低了技术性任务不确定性的科学领域,也可能在其成员间显示出极大的相互依赖性,因而表5.1左上象限如1、2、5、6号所代表的类型,可能除了包括那些正处于转向另一种更加稳定阶段的那些领域以外,不太可能包含其他众多科学。

因此,在通过对各种各样程度的相互依赖性和任务不确定性进行组合而产生的16个可能的科学领域类型中,只有7个类型看上去可能是知识生产与控制的稳定而明确的声誉系统。这7个类型把高度的技术性任务不确定性与低度的功能依赖性结合起来(10、13、14号),或者把低度的技术性任务不确定性与高度的功能依赖性结合起来(3、4、7、8号)。它们展现出多种多样的战略性任务不确定性以及战略依赖性水平。这4个变量不同水平的组合中,每一种看来都至少有一个领域作为代表,而且在某些重要方面会区别于其他类型。尽管我们并不宣称这7个类型穷尽了自雇员主导型科学产生以来的所有科学领域,或者是宣称所有领域都会完全而毫不含糊地划归某个单一的类别,但是,这一框架的确凸显了各门科学之间的某些主要差异,并提供了一些解释它们的路径。我在此提出的进路并非仅仅只是重述有关自然科学和社会科学的一些流行观点,[4]而是提供了一种诸如在不同时期的经济学与心理学之间做出鉴别,以及在由组织与支持科学研究的不同国家系统所生产的知识类型之间——比如多种欧洲传统历史学和哲学之间——做出鉴别的更加系统的途径。因此,该框架在科学领域之间、历史情境之间以及国家结构之间做出了区分。

在表5.2中,我提出了7个主要科学领域类型的一些条目和例子,它们是通过对相互依赖性程度和任务不确定性程度的多种变化加以组合而识别出的。这些条目是用来概括每一类型的某些重要特征,但并不暗示任何特定的等级序列或优先次序。例如,术语"动态组织"(adhocracy)是从明兹伯格(Mintzberg)有关不同组织类型的讨论中借用来的,它指的是声誉组织的政治系统,而并非任何有关科学决策的认识论描述。同样,"多中心"(polycentric)用来指权力中心与路径的多元性,但并不一定暗示这种政治结构比别的结构类型要好一些或是差一些。下面,在更详细分析这7种类型的内部组织结构之前,我将用非常概括的术语来勾勒这些类型的主要特征。

表 5.2　科学领域的类型

任务不确定性程度	功能依赖性程度：低	
	战略依赖性程度	
	低	高
高度技术性与高度战略性的任务不确定性	1. 碎片化动态组织（fragmented adhocracies）——生产关于常识性研究对象的散漫知识。例子：管理研究、英国社会学、政治研究、文学研究以及1960年后的美国生态学	2. 多中心寡头制（polycentric oligarchies）——生产散漫的、由地方协调的知识。例子：1933年前的德国心理学、英国社会人类学、德国哲学、欧陆生态学
高度技术性与低度战略性的任务不确定性	不稳定	3. 分割化科层制（partitioned bureaucracies）——既生产分析性的明确知识，又生产模糊的经验知识。例子：盎格鲁-撒克逊经济学
任务不确定性程度	功能依赖性程度：高	
	战略依赖性程度	
	低	高
低度技术性与高度战略性的任务不确定性	4. 专业动态组织（professional adhocracies）——生产经验性的明确知识。例子：生物-医学科学，人工智能、工程学、19世纪达尔文主义之前的鸟类学	5. 多中心专业（polycentric professions）——生产明确的通过理论协调的知识。例子：实验生理学、大陆数学
低度技术性与低度战略性的任务不确定性	6. 技术整合的科层制（technologically integrated bureaucracies）——生产经验性的明确知识。例子：20世纪的化学	7. 概念整合的科层制（conceptually integrated bureaucracies）——生产明确的理论导向的知识。例子：1945年后的物理学

1. 碎片化动态组织

高度的任务不确定性与低度的相互依赖性的组合类型，代表着我所采用的术语"碎片化动态组织"的特征。这种结构中的研究相当具有个体性和个人特色，而且各研究场合间只有微弱的协调。个人对任何单一的声誉组织的依赖都有限，因而科学家不必生产独特的、以某种明晰方式与他人成果相匹配的成果。相反，他们往往针对宽泛而易变的、高度依赖地方性迫切需要和环境压力的目标，作出相对比较散漫的一些贡献。非常典型的是，这些领域对广大"有教养的公众"（educated public）开放，而且难以从能力合格的贡献中排除掉"业余性质"的贡献，也不能排除业余爱好者对能力资格标准的影响。因此它的政治系统具有多元性和流变性，并兼有由临时性的不稳定资源控制者与魅力型声誉领袖所组成的主导联盟。而当那些标准变更并允许多种多样的解释的时候，声誉也就具有相当大的流变性。鉴于该声誉系统的这种总体开放性,智力方面的问题、对象与工作规程就都较通俗而非深奥,而且常识性语言主宰着交流系统。因此,专业化往往会围绕着诸如"教育"、"市场"或者"18世纪的英国文学"这样的日常经验对象而出现。

2. 多中心寡头制

如果战略依赖性程度大幅增长——比如通过集中控制工作或资金——科学家定向于某一小群控制着稀缺资源的智力带头人的看法和智力观念的程度就会变得大得多。因为技术控制仍然有限,而且成果对于其生产和解释的地方性境遇而言也相对具有独特风格,那么这种控制在很大程度上就会通过地方及个人知识来实施。因此这些领域可以"多中心寡头制"术语相称,这是因为研究被组织成为处于竞争中的一些学派,它们以其在职业组织和对期刊的控制中牢固确立起来的领导权为基础。[6]相比起前一类领域而言,在这类领域中,知识往往更加定向于理论并有更多理论协调。这是因为,科学家必须实际证明他们的贡献对于学派的总纲领具有重要意义,而不是仅仅要求那些基于经验构造能力的声誉。但是,因为研究技能的高度意会性,以及缺乏标准化的解释规程,这些知识就仍然显得散漫。

3. 分割化科层制

高度的技术性任务不确定性、低度的战略性不确定性与高度的战略依赖性的组合,标志着"科层制"的基本特征,它们是一些受到规则高度控制并按照等级制加以组织的领域。在这类领域中,居于核心地位的那些训练计划与技能的标准化,使得声誉精英群有能力控制研究战略与问题的选择,但对经验现象的技术控制的缺乏——在更广泛的社会结构中,这种技术控制是合法性主张的基础——却威胁着这种理论一致性与理论封闭性。理论上的详细阐述变得比经验研究更加有地位一些,而且主流分析技术与分析概念对经验客体的应用,则通过某种不至于威胁到当下流行的框架与标准化技能的方式而被分割到亚领域中。处于核心层的知识非常明确而且具有高度分析性,但是处于周边的"应用"区域的知识则变得更加模糊而且定向于经验事物。

4. 专业动态组织

在技术性任务不确定性更加低,但战略性任务不确定性保持着较高水平的领域,标准化了的技能和技术规程使得一种更典型的"专业"(profession)得以逐步确立起来。其中,声誉组织控制着研究能力的生产和认证,只是在其控制工作目标与优先考虑问题的程度方面存在一些差别。在"专业动态组织"中存在着各种各样的对研究目标的影响因素，不存在单一的一个群体长时间主宰意义评价准则的情况。例如，生物-医学科学与人工智能领域，它们都有多种多样的资金来源和可以开展研究的职业组织，也不存在在确立其研究战略时该领域的所有成员都面向和加以考虑的单一声誉群体。[7] 取而代之的情形，是这些领域的"主导联盟"(dominant coalition)为以下要素的一种临时性的不稳定结盟，包括资助机构的官员、已成名的科学家、职业组织的领导者以及一些有权势的非科学群体的代表，比如像诺尔在她的"超科学场域"的描述中所提及的那些人。[8] 这些领域中的知识高度明确而且高度专注于经验方面，并拥有与特定技能相联系的、多种多样的问题程式化和概念方法。问题和材料的普遍性都不会很高，而且也不可能实现高度的理论整合。

5. 多中心专业

由某一单一声誉群体，比如在德国大学系统中的一群研究所的领导人，对研究优先问题实施日益增加的控制会降低上述这种影响力的多样性，以及研究者个人通过超地方性机构的多样性寻求不同战略的自主性。所造成的高度相互依赖性导致了"多中心专业"的形成，其中，比较标准化的技能和工作规程都围绕着不同的研究纲领和学派[9]——它们典型地以少数几个职业组织与领导为中心——而加以组织。但是，因为技能相对较标准化，各学派之间的成果就可以加以比较，对照性的纲领也不像在多中心寡头制中的那样没有相互关联性。在这样的领域里，集体对有关纲领和成果的重大意义的判定也比较容易形成，而且工作规程的共同背景也保证了论战不至于那么激烈和不可解决。这些领域中的知识，比专业动态组织中的知识更加定向于理论，这是因为每个学派都根据总体目标来论证其问题与解决途径的合理性，而且当针对智力优先考虑问题展开角逐时，科学家就更有可能会挑起总体上的元科学论战。[10]

6. 技术整合的科层制

在技术性和战略性这两个维度上的任务不确定性都较低的领域中，研究会更多地受到规则的监管和规划。问题和技能的标准化促进了一种工作组织与控制的科层化形式，这是因为理论框架变得更加稳定而精确，而且深深根植于研究技术之中。在获得这种技术和其他资源没有多少麻烦的领域，就无需相互竞争各亚群体对于其学科集体目标的重要性，而且科学家也不太关心他们对于整个领域的总体贡献，而是相当专注于特定的次级问题和次级目标。这类领域就可称之为"技术整合的科层制"，因为成果基本上是通过研究技术来加以整合的，它保证了理论、方法和现象研究都得以整合。科林斯认为,这类科学就类似于伍德沃德(Woodward)的流程工业企业,其技术系统处理了大多数协调问题,使得亚群体间的冲突更少。[11] 这些领域中的知识具有高度的明确性和经验性,注意力集中于特定现象的大量性质,而非"基础对象"(fundamental objects)的高度概括和抽象特征上。[12]

7. 概念整合的科层制

比较而言,在研究设施及其他资源相对较贫乏且得到的机会有限的领域里,当亚群体相互角逐获得关键性设备与资金的机会时,技术对成果和问题的协调程度就不会充分到足以处理分配的问题。在总体理论框架内有关普遍意义的竞争性主张要求通过某个核心权力组织来作出裁决,在类似的批量生产企业中,这个核心权力组织通常就是高层管理部门。在这些领域里,协调问题的解决是通过理论上的精致阐述,以及把亚群体的目标整合成为一个统一的认知序列,该序列在它们所关注的问题对于学科目标的重要性之间作出相当系统的区分。尽管这些领域中的成果比较有可预见性,而且工作结果的理论意义也相当容易识别,但是资源获得机会的集中化以及资源的稀缺,意味着为了继续有效地配置资源,"部门"(department)的产出对于企业整体的精确理论地位和重大意义需要加以确定,因而要求有广泛的理论工作。因此,我把这类领域描述为"概念整合的科层制"。这类领域的知识比前面那些情形都更具抽象性,而且更专注于分析性的目标,成果的理论整合也受到高度评价。[13]

在比较科学领域时,表 5.2 中给出的例子针对有关分析单元提出了一些重要的论点。视如何决定这种分析单元而定,该表中的例子在其所处位置方面可能会有差异,因为某些专业可能比其"母体"(parent)学科得到了更大程度的协调和标准化。比如说在管理研究领域中,运筹学就可作此考虑,而且如果这种专业被当做一个基本单元或分析因子的话,那么该领域可能就会位于"4"类而非"1"类了。[14] 同样,盎格鲁-撒克逊社会学中的社会流动研究也可视为比该领域的整体有更高程度的结构化。鉴于作为能力生产与认证单元的学科与作为以声誉组织的形式在众多现代科学领域中控制着智力创新的生产与合法化的科学领域这两者之间的脱节,那么很显然,简单地把大学职业单位的标签视为构成了符合我们目的的基本分析单元是不充分的。无论如何,这一操作规程在某些领域中是行不通的,比如说 20 世纪 50 年代后的生物科学,在该领域里,组织之间的标签就有很大变化。[15]

但是直接把专业作为智力组织和社会组织的基本单元也会产生众多问题。首先,正如众多学者已经指出的,在各门科学中这些组织单元的识别并不总是很清晰的。[16] 其次,从历史角度看,当今智力专业化的程度很高,这是很独特的,因此暂时性的比较将难以开展。再次,它们往往具有高度流动性和变动性,以至于把它们当做相对稳定的工作组织而对其结构和运作进行比较,往往困难重重。最后,因为各门科学之间劳动分工的加剧程度与专业化程度各不相同,所以库恩和某些社会学家曾讨论过的那些专业共同体的类型,[17] 就要么是相对不那么重要的,要么是在某些领域中干脆不存在的。

就雇员主导的科学而言,似乎较明智的是把注意力集中于通过学术声誉——它由公共交流系统加以分配——控制着获得物质资源与物质奖励机会的社会组织的主要单元上面。这可能相当于技能生产的主导单元,就像在众多人文科学中受到学术主宰的那些领域中那样,同样,也可能并不类同于技能生产的主导单元,就像在众多生物-医学科学以及 19 世纪的博物学中那样。此处的重点在于那些把声誉与获得资源的机会相连接并对能力资格标准与意义评价标准施予了主要影响的组织单元。这就是典型的职业主导单元和控制着诸如技术员、仪器设备和原材料等研究设施的主导单元。比如说在运筹学和教育社会学领域,尽管科学家可能会不得不从同行专家那里获得积极声誉,但是他们也还必须说服工作和研究设施的控制者,让其相信他们的贡献对于主宰着资源分配的该领域整体有更广泛的价值。通常正是这种更广泛的社会单元为智力身份和忠诚提供了体制基础,也支撑着更短期的方向和战略选择。因此,这里分析的基本单元就是那些通过公共声誉控制着工作、研究设施、技术员以及其他资源获得机会的主要组织实体。

5.2　7 类主要科学领域的内在结构

上述这 7 种主要的科学领域以不同方式组织和控制着知识的生产与评价,导致了智力组织的不同模式。因此,某个特定领域在某类科学中的位置意味着组织研究的某种特定方式,以及知识的某种特征化。假如某一给定领域由一种变成了另一种,那它也应该改变其内在结构以及智力组织活动的主导模式。比如说,美国政府对生物-医学研究——特别是对癌症和心脏疾病——的资助的增长,就促使众多生物学领域中传统学科精英群的衰退和边界的弱化,例如生理学和动物学,因而也就降低了研究者之间的战略依赖性程度。如今,许多生物学研究是以专业动态组织的方式而非多中心专业方式来组织的,因为该领域的研究成果之间以及较长期的战略之间的相互协调程度看上去似乎都较弱,就像近来对生物-医学实验室的研究所证明的那样。[18] 北美社会学是另一个与此相似的领域。该领域的急剧膨胀促使它的战略依赖性在 20 世纪六七十年代有所降低,结果,该领域从一个由多种形式的结构功能主义统治的多中心寡头制,转变为一种展现出更具智力多元性的碎片化动态组织。[19] 因此,在科学领域中,科学家之间战略依赖性程度的这种降低,是与其内在结构和智力组织模式两方面的变化相联系的。本章以下部分我将概括描述这 7 类主要科学领域的内在结构的主要特征及其变化情况。

在任务不确定性和相互依赖性程度方面各不相同的、关于科学研究组织与控制的一些特定特征,这在第 3—4 章已经讨论过。它们包括了以下维度——工作和技能的分割与独立的程度;个体所处理问题的涉及范围与综合性以及工作结果的明确性;技能、工作规程、认知对象和原材料的标准化程度;科学家之间冲突的紧张程度与广度;对研究的总体理论整合与协调的重要性;目标和概念方法的多样性,在工作流程和工作目标方面地方与个人具有的自主性程度;协调与控制规程以及符号系统的非个人性与规范性;领域的分化程度;分化为分立的思想与实践的不同学派的程度。我认为,科学的这些以及其他一些特征可以归结为以下两个总的标题——第一,工作与问题的结构;第二,各研究场合与研究群体之间进行研究工作协调与控制的途径和达到的程度。

科学领域中的工作结构与问题结构指的是处于不同而又相关的领域中的工作流程和工作目标的内部安排。它包括以下 4 个维度:(a) 工作与原材料的专门化与标准化程度;(b) 各领域分化为用类似的工作规程与前提假设研究不同问题的确定专业的程度;(c) 各领域分化为用相互竞争的研究路径追求歧异多样智力目标的确定思想和实践的不同学派的程度;(d) 亚单元被排列和整合成为一个表述与再生产一组特定意义评价标准的等级结构的程度。

与日益剧增的专业化与标准化相连接的是高度明确的工作结果的生产以及由研究者个人所处理的问题空间的缩小,从而智力方面的优先考虑问题与关注点的范围就被缩小了,并使一种广泛的劳动分工得以逐步确立起来。科学领域日益增加的分化程度意味着它们已分化为各自追求着独立目标与问题的亚领域,但又共享着总体的智力方向与视角。因此,这些专业并不会对做研究的形而上学假定及方法论产生冲突,但却有可能会在其关注点的意义与重要性方面产生冲突。比较而言,研究学派的分化则意味着,当竞争性学派都在力图主宰声誉系统,而且其战略在某种程度上又相互排斥而非相互补充时,它们的目标与看法就会有更大的歧异程度。典型的是这类学派都建立在少数几个职业单元与个人网络的基础之上,而同时又跨雇主边界进行分割,并在工作结果的协调方面更依赖于非个人的途径。作为分化的一个例子,这种对比可通过比较乔德雷耳·班克(the Jodrell Bank)学派与剑桥学派在射电天文学领域中的问题分工来得到具体说明,也可通过19世纪剑桥学派与柏林学派在实验生理学方面关于问题、优先考虑重点以及解决路径的争论而得到说明。[20] 在细分和以学派为基础分化的程度都较低的领域里,很少有稳定而且壁垒森严的次级单位来围绕特定的一些问题而对研究进行协调,也因此研究战略就具有流变性,而且相当宽泛。专业有可能围绕着特定的研究对象、技术或问题而形成,但它们在结构上却往往不够稳定,而且性质各不相同,就如同盎格鲁-撒克逊社会学和管理研究中的亚单元那样。最后一点,正如商业公司的某些职能部门比其他部门有更大权力一样,在科学领域中,某些问题领域也会被视为比其他领域对声誉目标更加关键。而且,在重要性方面的这种变异被有序化为一个单一意义评价准则的主导等级序列的程度也是变化多样的。总体而言,一组这样的评价准则越是占据主导地位并作为整个领域中设立智力优先考虑问题和授予声誉的途径,那么我们就越能够预计到其理论一致性与团结性,而且歧异性也会受到限制。这并非必然意味着来自各领域的成果都得以相互连接成为一个逻辑上统一的结构,但却意味着声誉是在一个把亚领域及其成果按顺序排列着的单一一组意义评价准则的基础上加以分配的。

研究的协调过程与控制过程指的是围绕共同问题与关注点连接与整合科学工作的主导途径,以及这种协调活动制约和缓和智力冲突的程度。可以鉴别出4个不同方面——(a)研究通过非个人的、正式的工作规程与报道系统——不同于直接的个人指导和联系——而进行组织的程度。(b)研究围绕某些特定的理论目的和准则——不同于基本上集中关注对特定现象和性质的探索——加以协调的程度。问题和战略能够得以选定,或主要是基于地方性的特定原因,或是出于更为一般性和理论性的考虑,这种主题的理论协调程度在各领域之间是不相同的。(c)科学家个人及群体之间冲突范围的巨大差异。(d)这种冲突的程度或说紧张度,而且它们明显地与工作结果及研究战略的协调与整合的程度相联系。诸如那些发生在北美社会学中的常人方法论者与功能主义者之间的争论,包括了大量论题和前提假设。而其他争论,比如发生在物理学中的有关重力波的争论,则仅仅集中于少数几个分歧点。与此类似,某些冲突显得相当严酷激烈,比如发生在生物统计学家和孟德尔派遗传学家之间的争论;[22] 而另外一些争论,比如关于研究癌症的多种多样路径之间的争论,则显得更轻松而散漫。

科学领域内部组织的这些特征,以及 7 种主要科学领域各自体现这些特征的程度,都罗列在表 5.3 中。这些变体都是从前两章所给出的论据中得出的,它们描述了科学领域间更实质性的一些差异。它们也与智力的主导风格以及智力组织的主导模式方面的差异相联系。下面将就这几组差异展开更详细的讨论,对 7 类科学领域中的每一种进行探讨。

表 5.3　7 种主要科学领域类型的内部结构特征

科学领域类型	内部结构特征							
	工作与问题领域的结构				协调与控制流程			
	工作及材料的专业化和标准化	细分程度	分化为学派的程度	亚单元的等级化	控制规程的非个人化与规范化	理论协调程度	冲突范围	冲突剧烈程度
1. 碎片化动态组织	低	低	低	低	低	低	高	低
2. 多中心寡头制	低	低	高	低	低	高	高	高
3. 分割化科层制	核心区高周边区中	中	低	高	核心区高周边区低	高	低	中
4. 专业动态组织	高	中	低	低	高	低	中	低
5. 多中心专业	高	中	高	低	高	高	中	高
6. 技术整合的科层制	高	高	低	低	高	中	低	低
7. 概念整合的科层制	高	高	低	高	高	高	低	中

1. 碎片化动态组织

这类科学的主导特征是其智力多样性与流变性。正如从表 5.3 所能看到的,它们没有显示出专业化的工作或者问题领域方面的稳定结构,也没有能够系统地使研究成果及战略相互关联的强有力协调机制。因为任务不确定性较高,而且科学家依赖于某一个特定同行专家群体的程度较低,工作和工作规程的专业化程度就有限,特别是在各职业单元之间。同样,围绕共同目标来协调不同具体研究场合工作的稳定的专家群体的形成,也会受到解释的差异性以及能得到为追求合法声誉所需的各种阅听人的可能性的限制。在对成果进行了协调的领域中,它也会高度个人化并与资源的地方性控制紧密相关,就像发生在加利福尼亚常人方法论的逐步确立过程中那样。[23]而资源的普遍可得性以及交流系统的开放性,则意味着这种协调也是可避免的。因此具有独特风格的个体性研究战略与论题就受到鼓励,明确整合研究学派的形成会受到限制。在此情况下,对工作结构与问题结构的最重要影响是职业系统及其与交流媒介的联系。当各职业单元之间的工作规程、能力资格标准以及意义评价准则极少标准化的时候,如何对工作和地方性研究资源加以分配和控制,这对知识生产和评价极为关键。在此,不同国家之间在职业结构方面的变化差异,就在智力工作组织以及智力风格的发展方面,扮演着较为重要的角色,[24]因此需要简要讨论。

在职业组织相对民主的地方,比如说在美国大学和一些英国大学中,[25]与多种多样的智力关注点及方法相联系的亚群体将会发现,相对于那些盛行着一个更专制与等级制系统的国家——就像在传统的德国组织中那样——来说,更容易影响就业及其他资源的分配。因此,在盎格鲁-撒克逊国家的大学,院系都倾向于在特定领域中招聘专家,比如说教育社会学或18世纪英国文学专家,而不是寻求在整体领域中享有最高声誉的人。因为教学往往会沿着相似的路线进行分化,而且研究可能会定向于专家同行而非总体的理论目标(即围绕着对整个领域的智力主宰权展开角逐),因而这些专业领域之间的工作协调就受到限制。而另一方面,地方性独裁一旦与较高的战略依赖性相结合,就会推动围绕着特定目标与方法的——它们围绕声誉领导权展开竞争——更大内在团结和对成果及战略的协调。当地方性的正统得以加强时,特定工作结果与专业化论题之间的相互关系就会变得有更重大的意义。当竞争性学派就目标与概念方法展开竞争时,理论联系与理论意义就会得到强调。因此,在战前那些年月,德国的心理学往往显得比盎格鲁-撒克逊的多数心理学得到了更多的理论协调。[26]

在职业系统的发展早期,研究者可以得到长期性职位而且各自都能追求个人的旨趣与研究进路。在这样的职业系统中,如果开展研究所需的资源可以广泛获得,而且交流系统也是较松散地加以组织的,那么智力方面的多样性就将是预料中的事情。不过,这并不必然意味着从业者是稳定而明确的控制着主要资源的亚单元的全体成员。相反,他们是在一些边界散漫地加以规定且易受不同解释支配的独特领域中来追寻声誉的。技能并不是与这些专业非常紧密地连接在一起,也因此科学家就能够而且也确实在不止一个智力职业生涯之间实现了流动,就像他们可以选择通过进行综合与建立理论框架来对学科目标作出更综合性的贡献。一旦分立的亚群体控制着足够的资源,从而把自己作为声誉系统来发展壮大,并尝试获得一种普遍性声誉,这种努力在主宰整个学科研究战略的意义上是极不可能成功的。通常是他们完全发展为另一个亚群体,被视为是该领域成员可以在其中开展工作和获得声誉的一个合法领域。这种情况好像就发生在北美社会学中的人种学方法论(ethnomethodologists)学派身上。因此,在碎片化动态组织中,亚群体既可围绕着所关注问题的对象——大多都用常识性概念来加以构思——而形成,也可围绕着相异的方法论路径而形成。

由于缺乏一个标准化的交流系统以及较高的技术性任务不确定性,要在碎片化动态组织中把不同亚群体创造的研究成果定序到一个对智力目标意义大小的系统性等级序列,这是困难的和不可能的。因为技能与工作规程都既不精确也没有规范到足以克服交流中的问题,从而各工作点在战略和解释方面的差异就不能通过标准化的技能与工作规程而得到协调与整合。因此,追求分立关注点的亚群体往往都与某些特定的职业组织相联系,并(或)通过私人联系、个人知识而加以协调,而没有在彼此间进行排序或是建立更强的相互联系——除了可能会通过某些一般的和散漫的方法论承诺来建立某种联系以外。一旦科学家为了得到能获得工作及其他资源的声誉,没有必要去实际证明某个论题领域对于该领域整体的普遍性意义时,那么他们就不再有协调其问题和为了比较他们各自旨趣对于整体的意义而对某些基础达成共识的动力了。事实上,个人对自主性和独立性所抱有的兴趣很可能会促使他们去反对所有诸如此类的整合与排序。因此,通过支持某个整合性的理论框架而威胁着这种自主性的那些研究学派——各个亚单元的重要性因其对于学派目标的相对贡献而不同——极有可能会受到强烈抵制。

在碎片化动态组织中,阅听人和研究战略的多种多样是与亚单元结构的变化多样性相匹配的。某些问题领域可能围绕着一些特定的技能或技术进行了高度协调,比如体质心理学领域中的实验室试验;而另外一些领域的组织则会松散得多,而且更大得多地依赖于个人协调途径,比如临床心理学。因此,我们可以把任务不确定性与相互依赖性这两个维度扩展到组织的亚领域中,并在那些通过缩小关注焦点和合法化研究实践而力图降低不确定性的领域——就像众多社会流动研究中的那样——与那些坚持强调研究技能的高度意会性、个人性及散漫性的领域之间作出区分。同样地,有这样一些亚领域,其中,从业者彼此高度依赖,比如记忆心理学和认知心理学；而另外一些领域中的相互定向程度则少得多，比如组织心理学。如果这些变化非常大，如果这些分立群体都有能力通过其亚领域的声誉——而非通过整个学科的声誉作为中介——来控制资源，那么该领域是否在真正意义上是作为智力生产与整合的基本单位而存在着，这一点就很可疑了。相反，它更有可能起着这样的作用，即作为不同声誉群体根据各自信念和准则来提出获得工作和研究设施要求的一个方便场所。从某种程度上说，管理学似乎以这种方式运行着，其亚领域的结构变化范围从金融理论家这样高度一致且严格限定的群体——从许多方面来说他们都属于微观经济学的一个亚领域，一直到冠之以"组织行为学"之名的非常松散的活动与知识。不过，他们同处于商学院或管理"科学"系，又限制着上述分裂。[27]

在科学领域既发挥着教学、训练和职业基本单元的作用又兼具支配性声誉系统作用的情况下，其亚单元的变化多样性与自主性就会降低。在这种情况下，不同亚领域就必须更多地彼此定向而非定向于外部群体，只是要规划好课程并在资源分配方面达成一致，至少是暂时性的。大部分情况下，对从业者而言，比起他们——通常是短暂的——对某一特定论题或关注对象的忠诚而言，恰恰是整个学科的身份对于他们更加重要些。因此，亚单元中的声誉往往都要通过努力争取到其他领域科学家的赞许来加以补充——特别是当资源匮乏的时候，争取的途径则是在更核心的期刊上发表成果，或者是宣称某一特殊领域的研究具有更加普遍性的意义。进而言之，亚单元通常总是在角逐更多的资源，而这往往意味着通过重新定义该学科的目标，以及可能是通过重新书写该学科的智力发展史以捧红某个特定英雄，以此来实际证明这些亚单元对于整个学科的重要性，就像社会学中发生的那样——除非是工作和资金的来源都相当广泛而且容易得到。因此，一旦学科通过声誉而在招聘、培训以及分配工作与升迁机会方面一直保持着核心单元的地位，那么对于大多数科学家而言，单凭亚群体的身份是绝对不够的。

现在我们转向智力的协调与控制方面，在碎片化动态组织中，技能、阅听人以及目标的异质性意味着竞争与冲突涉及到认知结构广泛多样的议题与维度。个人和群体之间在诸多论题和偏好方面都存在分歧，而且鲜有可以解决争端的共同标准。但是，广泛获得工作和研究资源的可能性——或者是这些资源相对较便宜，以及控制期刊和书籍获得机会的强有力独裁统治的缺乏，却确保了冲突不至于太过激烈，而且也不会太持久。一旦研究者个人能够得到足以维持他们研究者身份的声誉而不必去说服众多同行相信他们工作的重要性和准确性,那么他们就不会参与到与他人的持续性冲突当中,而是宁愿忽略冲突性看法而继续追寻他们自己的路径。因此,对现象进行描述、解释和说明的歧异多样的方法仍将受到提倡和发扬,但在它们之间不会有很大的冲突出现,也完全没有是否某个方法优于或胜过另一个的问题。事实上,假如同一思想"学派"的成员在地理与组织上是分离独立的,而且相互并不需要对方来确立自身的能力资格,那么他们之间在研究方法及成果方面就不会有太多的内部协调。

因此,研究学派的确立和维持都极其依赖控制系统。如果工作结构非常歧异多样且分化,以致于智力领导权只能维持在一小组学生中,那么在群体内就几乎没有要维持智力一致性与团结性的压力,而其成员也就可以以相对脱离领导者的方式去努力实现自己的战略。鉴于缺乏标准化的技能和一种正式的、高度结构化的交流系统,魅力型知识分子控制那些受雇于不同组织中的前学生们工作的能力就会受到限制。取而代之的情况——因为可以广泛获得替代性的阅听人和资源中心,他们很可能会受到鼓励去公开发表与这位领导者的歧见,以此作为具体证明他们自身原创性的途径。为了得到原创性方面的盛誉,这些领域中的从业者往往会采用独具个性的方法——或至少是高度意会性且无从比较的方法——围绕着独特论题和问题逐步确立起高度个人化的研究战略。对于集体事业而言,贡献的分化差异比对成果及贡献的协调具有更高的优先性。在某些情况下,这可能会变得非常极端,以致于导致研究者个人诉求对某些研究对象的所有权,并力图排除潜在竞争者得到它们的机会。因此,人类学家似乎都避免研究一个已经被其他研究者所占据了的社会或者部落,而某些科学社会学家声称是研究某些特定科学领域的专家,作为贬抑那些有可能会挑战其成果的研究者能力资格的一种方式。在这里,专业化似乎成了一种避免与同行进行交流和在某个综合性理论框架下对成果加以整合的策略。人文科学中经验研究的激增以及从业者的增加,就可以理解为上述过程的一部分,即更偏爱分化与安全而非协调与挑战。[28]

这种战略与论题的碎片化没有促进旨在对大量贡献进行整合和有序化的理论工作。事实上,它助长了围绕常识对象而形成的经验的歧异多样性与分化,而以整合及技术的标准化为代价。在人文科学中,尽管经常有一些理论创新的要求,也有一些关于理论工作重要性的纲领性宣言,但是在这些领域里,把经验研究系统地整合成一个内在一致的理论结构,这仍不常见。而且在这方面的努力往往被当做"宏大理论"或是"太过抽象"而清除掉,要么就仅限于看上去几乎不会产生进一步系统研究的批判性分析上。这种贬低对任务和战略进行理论整合的倾向,可能最显著地呈现在管理学研究中,但在盎格鲁-撒克逊社会学、政治研究及其他人文科学中也很明显,与认知对象和研究问题的明确性有关。典型地说,这些领域中的问题都不会太过一般和抽象,比如塔科特·帕森斯(Talcott Parsons)对"秩序问题"(problem of order)的关注,在盎格鲁-撒克逊社会学中就是例外而非常规。而且,许多人文科学所分析的诸多系统与模型,都非常具体地针对某些特定的常识性对象而非某一大类现象的典型代表。在这些领域中,正是现象的独特品质与属性被视为是重要的——而非它们的总体意义与范围。相对于把现象定位于某个普遍图式中或例证某个概念性问题而言,详尽的事实更易于得到高度重视。一些盎格鲁-撒克逊社会科学家对"大陆的"理论化的抵制,也就反映了对认知对象独特性的关注,以及不愿意通过某个一般性的理论结构来协调研究成果的倾向。同样地,尽管英国社会学家们确实在忙着开展一些抽象的讨论和争论,并对此撰述著作以服务于教学目的,但是,尝试确立系统地整合研究战略与工作结果的理论框架的努力却少之又少。[29]在这种情况中,本科生阅听人的重要性和该领域对外部阅听人及外部目标的开放性[30]限制着从业者之间的相互依赖性,并助长了对其他思想家的解释性工作,而不是去发展一些关于可能会形成一致性研究纲领的综合性问题的思想。[31]

总的来说,高度的技术性与战略性任务不确定性制约着声誉通过规范的非个体的研究目标方式而对个人的研究目标与规程进行集体控制,也增加了就业的地方性需要和境况的重要性。相比起声誉的集中控制已牢固确立的那些科学领域而言,这里的个人控制和组织结构对战略和评价有着更大的影响。此外,阅听人的多元性,以及组织目标和就业机会的多元性,都使得这些领域中的科学家能够追求歧异多样的目标,并降低他们相互间以及对智力领导者的依赖性。因此,他们可以采用多种多样的研究方法和规程,将其工作定向于同样广泛多样的群体和目标。在职业单元之内及之间都很少需要对他们的研究进行协调,而且总体而言,从业者有相对于声誉群体和研究指导者的高度自主性。因此,智力分化是其主导性特征。

2. 多中心寡头制

在多中心寡头制中,任务不确定性程度较高,科学家更依赖于某些特定群体来获得声誉。相对于碎片化动态组织而言,多中心寡头制指的是不同研究学派极有可能形成,理论协调变得更加重要,以及冲突程度有所增加,如表5.3所示。引起这种相互依赖程度增加的可能途径,是与某个基本定向于声誉目标和标准的职业系统中长期岗位的获得可能性相关的从业者人数的增长。19和20世纪德国大学系统中的各个科学领域都为这一发展过程提供了例证。[32] 在这里,与某一特定领域中的声誉相关的对岗位的角逐促进了声誉对研究战略的控制,也因而促使从业者比在碎片化动态组织中更加牢固地定向于集体目标和工作规程。研究工作和研究所的控制者们有能力通过声誉系统来控制研究工作的方向及协调活动,并因此可以组建性质各异的"既成权力机构"。[33]

但是多中心寡头制中的这种控制受限于成果及其解释与重要性的高度不确定性。为成果交流而形成的技能标准化与符号系统规范化的较低程度,意味着在不同研究中心中开展的研究不能仅仅通过规范的交流系统得以比较和评价,而需要私人联系与相对较散漫的交流途径来实现协调。因此,局域偶然性与地方性知识对工作结果的整合与比较一直很重要。这些因素阻止高度分化的发展,但却促进围绕着个人对工作及研究设施的控制而形成的各不相同的研究传统和研究纲领的发展。私人联系与个人知识对整合研究成果及研究项目的重要性,以及需要实际证明其整体意义的必要性,推动着亚单元围绕着实现智力目标的不同路径而形成。因为这里的阅听人和雇主目标的多元性与对等性比前一种情况中要低,所以科学家必须更多地协调彼此的成果,而高度的技术不确定性又阻止专业亚群体通过非个人性的交流系统而形成。因此,性质各异且具有难以渗透的边界的亚群体,就在培训组织和就业机构的基础上通过个人网络而形成。由于对各群体的成果不容易比较,也不容易解决他们之间的争端,这些领域就往往表现出宗派主义式的冲突,而且往往通过方法论偏好与战略偏好而进行垂直分化。并非罕见的是这些群体的成果只发表在他们自己的"家族"(house)刊物上,而不会投到范围涉及整个学科的刊物上。[34] 因此,这些学派可能会变得相互排斥,而有时如果资源匮乏,他们甚至会针锋相对,他们之间也没有共享的普遍性框架。

因为协调活动可以通过私人联系及个人控制进行,因此这些领域分化为由职业组织领导者控制的、性质各异的研究学派,这促进了他们之间在技能和问题上某种程度的专业化。但是,理解现象所需解释技能的高度意会性与散漫性制约着这一过程。进一步说,在职位与尚未高度专业化的教学岗位相关联的情况下,科学家必须要有能力涉足广泛的题材并精通综合知识。这就部分地解释了德国心理学何以具有高度的理论性,因为当时它是与哲学研究所教授哲学思想史的教席联系在一起的。³⁵在此,我们再一次看到了地方性就业状况对具有相对较高任务不确定性领域的研究主导风格的重要性。

地方领导对工作目标与工作方法的主要影响在训练计划的分化以及在各研究群体间进行技能迁移的难度上得到了反映。在对问题的主导解决路径与问题及工作规程的选择和程式化中,通过个人的直接控制而得以协调,而且训练计划也与职业单元中的研究相协调,这些在整个领域中都将一致或者是将生产出可直接应用于全范围的所有论题与关注点的技能是极不可能的。相反,各不相同的研究方式将在不同的研究中心得以传授,导致对成果与能力资格的不同评价方式。例如冯特认为,在莱比锡接受了心理学训练的研究者,将不能通过某个在维尔兹堡接受训练的研究者的测验。³⁶但是,这些领域中仍存在一些共同的组成要素,比如说坚决主张心理学是一门经验性的、以实验为基础的科学,即使这意味着在不同地方是不同的事物。

多中心寡头制中职业单元和训练单元在亚单元的形成与维继过程中的重要性致使其相对声誉紧密地跟与聘用机构的声誉联系在一起——即使不是依赖于后者的话。在某一学派与其他研究中心相比声誉较为高的情况下,该学派就较容易主宰其他学派,而那些地位相对较低的研究中心,其发展的研究路径则不易得到其他研究中心的注意。但是在这种科学领域中,这样的主宰权受到了交流问题以及职业组织多元性的制约,以致于根本没有哪个单一群体足以决定该学科中所有科学家的研究目标与规程。因此各学派被组织成某个单一群体的意义与重要性等级系列的程度就大为受限。尽管某个院系或者研究所可能比它的竞争者更有能力把更多的毕业生安置在重要岗位上,就像牛津大学和剑桥大学的某些研究中心那样,也因此它们就能够将其研究风格体制化为主导研究路径,但是只要其他群体能够通过其他职业单元控制工作和期刊或出版专著的机会,那么该研究中心的这种控制就绝不可能遍及整个领域。进而言之,一旦这些领域在分立的院系中确立起来,那么它们可能就宁愿将自己从学派领导者那里分离出来,并逐步确立不同于整个学科目标的研究路径。就像库珀(Kuper)所指出的,埃文斯-普里查德(Evans-Pritchard)在1946年就是这么做的。³⁷因此,英国人类学从两次世界大战期间被马林诺夫斯基(Malinowski)以及随后的拉德克里夫-布朗(Radcliffe-Brown)统治开始,到20世纪40年代分裂为多个分别位于牛津、伦敦、剑桥和曼彻斯特而建立起来的不同学派,围绕着一些有权势的教授——他们集体主宰着职位、研究资金和出版媒介。³⁸ 这个教授群体就像一个平等的卡特尔一样有效地运转,不再是单一的学派,像拉德克里夫-布朗在二战前(当时人类学的工作岗位要少得多)所做到的那样,完全主宰该领域。

在这些领域中,除了亚群体的声誉大致都对等以外,其内部结构也比碎片化动态组织更趋相似。因为在任何一个国家系统中,这些方面往往都相对类似,所以一国之内的知识生产与合法化的那些亚单元都会以一种类似的方式运行,而且都有相类似的权力模式。比如说,在德国和众多英国大学的院系中,教授职位主宰着大多数的研究计划,智力结构也按照每个成员在各学派的总体框架内被给予去研究的某个特定问题或实体而构成了等级系列。因此,各群体间的功能性依赖程度较高,同时共同的理论结构也在某种程度上降低了智力方面的不确定性。

在这些领域中,每个学派内部围绕着共同智力目标整合成果的必要性,以及实际证明这些成果总体意义的必要性,都意味着给理论协调赋予了比在碎片化动态组织中更大的重要性。即使在经验主义主导的领域里——就像通常在盎格鲁-撒克逊的人文科学中那样的情况³⁹——将一个人的成果融入到主流正统中的必要性也确保着理论相关性仍是一个重要的关注点,对立学派之间的争论提高了该领域整体上对理论议题的自觉意识。将多项研究综合到一起以及它们如何围绕着这些学派的主流信念而融合在一起的评论性文章,是强化和扩展理论框架的一个重要途径,以致于研究群体的领导者会定期地采用这种格式化程序来综合学派的成果。因此,通过该群体的理论框架来协调研究往往是群体领导者所专有的一种重要活动,因而提高了理论综合的地位。

鉴于这种领域中众多学派之间在理论方法和研究规程路径方面的歧异多样性,以及他们之间较高程度的战略依赖性,那么不足为奇的是智力冲突往往既广泛涉及又程度剧烈。尽管共同受教于马林诺夫斯基或拉德克里夫-布朗——或者也许正因为这样——英国人类学家们在其力图彼此区分以及要求声誉霸权的过程中,卷入了尖刻而高度个人化的争论中。同样,在北美早期的人类学争论也以开除博厄斯(F. Boas)作为美国人类学协会管理委员会成员之一,并于1919年威胁要将他驱逐出协会而告终。⁴⁰

在多中心寡头制中,理论整合以及声誉准则的相关重要性就反映在力图对认知对象进行理论化的尝试中。尽管常识性描述和常识性概念可能在描述智力关注点的基本特征过程中仍然占据支配地位,但是在这里,对现象的描述也会采用更多的技术术语,并采用某种理论框架来进行排序。因此对经验对象的详尽描述是与要求理论相关性及综合性的主张相伴的。特殊方向按照所采用的原理而得到凸显和强调,而文化、部落或者个性则被视为例示了较碎片化动态组织更为一般和抽象的现象。

3. 分割化科层制

在第4章中我提出,经验对象较低程度的技术控制与问题及解决途径的高度一致性及稳定性,这二者相结合的声誉组织是不可能确立起来并保持稳定的,除非把概念正统的核心部分与经验方面的不确定性来源分离开来,[41]但又力图保持声誉对经验领域的控制。对这些领域而言,为了保持较低程度的战略性任务不确定性并维护主导性理论路径,对声誉系统依赖的总体水平必须较高。因此,尽管有众多"应用型"亚领域在相对较日常化和常识性的研究对象——诸如"艺术"(art)、教育(education)、劳动力(labour)之类——基础上发展起来,其中基础性框架都完全朝向经验现象,但是它们并没有确立为准自主性的声誉组织,而是一直从属于更重视分析性的详尽阐释与发展而并非研究探索的、整体的声誉组织。因此,围绕着常识性研究对象而造成的分裂程度就受到了占据主导地位的理论目标的限制。

在核心地带,分析技术得到了高度标准化,符号系统也得以高度结构化,从而通过规范的交流系统,对研究战略和成就标准的集中控制能够得以维持。相对较低的战略性任务不确定性程度,则意味着科学家能够对主导性框架做分析性的精细改进,而且不会就广泛的实质性问题产生冲突。在这种核心地带角逐声誉的程度与范围被限定在对技术作精细改进方面,以及把分析方案扩展应用到能够用既存技术来处理的新问题上。鉴于此核心中的高度相互依赖性,在此,竞争的剧烈程度是非常高的,但也仅限于促进理论框架的一致性与完备性。因意义重大的工作而享有的盛誉都是建立在理论的精密复杂以及实际证明了主流方法是怎样具有内在一致性与普遍性的基础上的,因此,居于核心地带的研究对象与问题都非常综合而抽象。[42]

在这种科学领域,核心地带与周边亚单元之间的过度分离使得就该领域整体上的基本特征所作的任何简单概述都难以实现,因为对核心地带而言是确切的事实,对该领域的所有部分而言却并不一定。特别是,当经验现象的相对较高的难以驾驭性和不可预测性制约着通过规范的交流系统而实现对工作结果作出系统的比较与合法化程度的时候,协调与控制规程的非个人性和规范化的程度在各亚单元之间是各不相同的。经验描述的相对开放性及其标准化的相对匮乏——与高度的技术性任务不确定性相关联——限制着将成果整合成理论结构的活动,也因此助长了以经验为基础的亚单元脱离核心层的分裂活动。当科学家不得不推进对某些现象具体细节的更进一步理解的时候,这些因素也制约着居于周边区域的问题及研究对象的普遍性,而如果他们试图获得具有内在一致性的研究成果,这些因素也限制着他们分析的抽象程度。而另一方面,在核心地带,当主导性框架得到精致阐述和精细改进时,理论的整合和抽象程度就达到了极致。鉴于它的核心地位,这种情况就意味着该科学从整体上显示出高度抽象性的特征,并具有高度标准化和规范化的符号系统以交流思想与成果,但这并不意味着所有领域都具有同等的高度规范性。因此亚单元的异质性也较高。

对该领域整体上的控制是通过分析技能的高度标准化以及对那些合理而重要的问题进行严格限定而达成的。一旦声誉系统有能力控制较重要的声誉以对这些问题展开研究,那么标准化技能在处理周边区域中那些相关但并不相同的问题时所表现的不足,就不至于降低其合法性与重要性。因为研究技能和技术比较成功地解决了那些居于学科核心层的受到限定而理论上封闭的问题,所以发生在周边区域的那些误差就在很大程度上被那些控制着主要交流媒介及训练计划的智力精英群所忽略了。因为分析技能为从业者的明确的、为社会所重视的身份提供了基础,因此当他们实际上不能解决较少受到限定的问题时,他们并不会挑战这些技能的实用性与充分性,而是力图把这些问题转化为使得他们的技术能得以应用的概念,或是把这些问题拒斥为不相关的或是不重要的。因此,如果人们没有"理性地"(rationally)——即根据主流理论的信念——行事,那么这仅仅说明,要么是他们的行为能力不够,要么就是不相关,而绝不是理论工具方面的重要缺陷。

分割化科层制的这诸多——即使不是绝大多数的——特征都可以在1870年后的盎格鲁-撒克逊经济学中找到。有几个观察家已对下述方面进行了讨论,涉及经济学中理论分析与经验研究的断裂,经验研究中对工作结果达成共识性解释的困难,以及可靠的、清晰可见的、稳定的经验研究的缺乏。[43]此外,尽管某些研究者看到了竞争性学派之间在研究路径上的变化多样,但其他人则认为自1870年——即使不是从亚当·斯密(Adam Smith)的《国富论》(*The Wealth of Nations*)开始——以来,在其主导理论框架方面,这种歧异多样性非常小而且几乎没有看得见的变化。[44]这一框架似乎已在主要的研究生院、核心期刊和国际声誉系统中牢固确立了。它对智力优先考虑问题、真问题的选择以及对经济知识有所贡献的合适分析类型,都施以严格控制。[45]在这方面,一个特别值得注意的事情就是经济学通过少数的几本教科书,反复灌输一些明确而相当严格死板的智力实践,对本科生和研究生教育进行控制。[46]

经济学教科书的重要性、一致性与相似性,可能最接近于库恩所描述的某些自然科学教科书的角色与基本特征。[47]至少是从边际理论"革命"以来[48],经济学对现象的高度限定性使该领域能够以一种系统的封闭方式——它重视一致简洁性,以及形式主义的价值观更胜于精确应用性及经验相关性的价值观——传承给新人。正如库恩把物理学中的学习过程描述为"在一种不训练学生做评价的既定传统中的教条式传授",[49]并强调问题的具体解决方法在生产封闭性的心智定向(mental sets)方面的关键性作用,经济学教科书也把该领域呈现为学说与"规律"(law)的固定实体,而且往往给学生处理一些高度抽象一般的"问题",以此作为培养能力的途径。因此经济学中的"A 等"表明的是解决人为的分析性问题的能力,而不是一种理解经济过程中的日常事件与现象的能力。[50]

经济理论中在解决问题方面的这种严苛训练的后果是,经济学家在分析技能与分析视野方面的高度一致性,强烈的经济学边界意识与什么是或什么不是经济学问题的强烈自觉,牢固定向于理论与分析目标的一组研究实践受到规则的严格监控,以及为实现工作结果的交流与协调而形成的高度规范的符号系统。[51]但是,伴随着理论经济学中学说与实践的这种一致性的,则是在它与经济"现实"(realities)的关系问题方面极大的困惑与争论。就像在"企业理论"(theory of the firm)与宏观经济学之间发生的表面上看起来没完没了的方法论争论所证明的那样。[52]为坚持分析的一致性与限定性所付出的代价,就是应用经济学理论来解释经验现象的困难日益增长。正如詹金斯(Jenkins)所看到的,尽管在许多方面经济学与物理学都非常相似,[53]就像我们在表5.3中所能看到的,但是经济学却没有一个足可与物理学相匹敌的检验它的那些理论的传统,也不存在标准化的方法让经验研究反馈到理论实践中。事实上发生的情况是,分析框架被"应用到"广泛多样的论题与问题上——根据取自于理论经济学的概念和范畴而重新描述这些论题及问题,并采用本科生教材就已教过的那些方法来"解决"它们。这些应用的结果并未对智力理论结构产生多大影响,确切地说,这是因为它们仅仅只是应用。因此虽有众多论题领域围绕着这样一些应用问题而形成,但却并未起到类似物理学亚领域那样的作用。它们的相互依赖性较低,而且其成果也很少影响其他领域的工作。因为这些应用领域的成果并非定向于理论目标,因而对于"真正的"(real),即分析性的经济学来说并非具有重大意义,[54]这些成果也不能带来学术盛誉,对主流学说也没什么影响——后者还是继续发展壮大而没有什么实质性的修正,即使是当一些矛盾和错误已得到承认的情况下。[55]

因此,经济学主要分裂于以下二者——主宰着训练计划、交流系统、学术声誉以及岗位和荣誉的理论性和分析性的核心地带,与采用来自于核心地带的方法和概念但又无助于其修正与发展的、应用型周边问题区域之间的分裂。在分析经济学领域中,从业者间具有高度相互依赖性,工作规程、评价标准和问题的程式化方面具有高度标准化与规范性,工作也高度分化。而在应用领域,学术研究者之间往往也有类似的高度相互依赖性,但是其他阅听人和资源控制者的存在却在许多情况下都明显地削弱了这种相互依赖性。将主流学说应用和扩展到经验题材上去的困难,降低了研究实践的规范化与标准化的程度,在这里,成果的协调也因此而不是那么规范和非个人化。因为应用领域中对工作目标的控制不是那么铁板一块,比如像在产业经济学、劳动经济学及福利经济学中就存在一些背离理论的发挥余地。[56]同样地,在这里,如可以通过对经验题材创新性的应用和解释以及附带的理论改进来实际证明原创性,那么工作分化的程度和范围也就低一些。因此,与经济学核心地带的高度理论分析一致性、稳定性及统一性相伴随的,是应用型周边区域的歧异多样性——后者共享着和前者同样的一些基础训练和基本承诺,但另一方面,在应用领域内部相互之间以及与核心地带之间却很少有联系。这种结构有能力吸收人员和其他资源的巨大增长而不导致基础部分的变动,其方式则仅仅是通过扩展"应用研究"的范围,比如说扩展到教育经济学或艺术经济学方面,或者通过提高核心区的规范化程度与分化程度。协调问题的解决途径则是扩展和强化核心区的标准化学说、问题与研究活动,并将其从周边地带分立出来。

在把理论一致性与技术不确定性结合在一起方面,人文社会科学领域中再也没有其他领域接近于经济学了。因为在对经济学的研究题材确立严格限定的理解方面存在困难,也(或者)因为潜在阅听人及资源提供者的多元性——这限制着科学家为了声誉和物质奖励而相互依赖的程度,因此,经济学力图对其领域进行规范化和标准化的努力往往都归于失败。[57]总体而言,经济学大多数领域对常识性关注点及常识概念的封闭性,已经严重阻碍了后者向专业化方向发展,也使得外行评价与声誉完全无关。在大多数人文科学中，因为存在着获得有关研究题材的替代性概念的可能性以及得到对这些研究题材进行合法化的群体的可能性，所以，它们都尚未围绕着少数几个基本原理和假设而逐步建立起理论工作的分离与整合。在我看来，马丁斯(Martins)和拉莫尔斯(Lammers)注意到的许多社会科学的"多元范式"(poly-paradigmatic)特性，[58]很大程度上是因为上述阅听人的多元性，以及日常关注点在对问题进行程式化和选择过程中的重要性。一旦技术控制有限，而从业者间的相互依赖性也受到只有"有教养的公众"才是研究成果合法阅听人的限制，那么高度规范的理论结构以及标准化工作规程的发展就是不可能的。当群体努力将技术形式化并限定合适问题时，比如社会学的因果模型，它们已成功地把自身确立为可以获得期刊发表机会和工作机会的合法亚领域，但却不曾主宰和统一整个领域。[59]许多领域在其赖以组成的亚领域中都展现出规范化及标准化的或高或低的混合，而没有哪个单一亚领域占据主导地位。鉴于整体上的高度技术性任务不确定性以及由此而来的通过个人而对工作进行协调与控制的方式，那么并不奇怪，自从20世纪60年代大学中的岗位急剧增加以来，该领域的总体规模相当大，而且资源也不那么集中。

4. 专业动态组织

当技术性任务不确定性比本章迄今为止所给出的例子都低一些的时候，各工作场合的工作结果就能够通过较规范化和深奥的符号系统而得到比较与评价。这就使研究能够通过交流系统得到协调，各职业组织中的问题也可以分配成独立的工作和技能，因而提高功能依赖性的程度以及分化程度。由此声誉的获得就能够建立在更加非个人化的、整体性的和世界主义的基础上，并来自整个领域。而且，这些领域中组织的规模也会更大一些但又不至于分裂，这是因为私人联系对于成果的解释与联系并不那么至关重要。研究规程和训练计划更大程度的标准化意味着比情况"1"和"2"中更强的组织意识与组织身份，以及相应的对正确遵循集体规则的强调。在专业动态组织中研究的技术细节比前面提及的情况都更加深奥，而且远离于常识性理解与常识性概念，同时"专业"(professional)技能也在很大程度上得到了从业者的严格规定、控制与评价。

但是，它的研究问题却多种多样而且经常变动。处于专业动态组织中的科学家们，其理论环境相当不确定而且目标也歧异多样。鉴于对研究方法和流程的控制是由该领域的全体成员所施行的，所以问题的选择、程式化以及相对重要性都更多地受到个人、雇主以及政府的控制和支配。因此研究纲领和研究目标的歧异多样性就受到鼓励,而理论目标的总体整合则受到限制。这类科学领域都分化为多个问题领域,它们在相互关联、相互依赖的程度以及稳定性程度方面都各不相同。因为专业化技能被用于多种多样的问题和目标,所以亚单元的边界就相当易变且容易渗透。

因此,在专业动态组织中,对研究目标与战略的控制往往是声誉组织、雇主与资助机构相互之间分享的。尽管技能得到了标准化,工作结果也相当清晰明了,但是需要与一些特定的同行群体一起协调问题和解决路径的必要性还是受到限制,从而科学家追求着广泛多样的论题和目标。在这样的领域里,科学家可以从该领域内外的多种多样的阅听人及亚群体中得到声誉,而不必实际证明某个人的贡献对于某一特定声誉群体的整体意义。因此,多个亚领域都可以形成和授予声誉,而没有整合与协调成果以及问题领域的强烈需求。它们之间的相互依赖性较低,而且不同领域的成果之间的确切相互关系也难以确立起来。因此,根本没有哪个亚领域主宰整个的声誉组织,而且在整合歧异多样的问题领域方面已做出了努力的场合,这种尝试则既有可能是雇主或资助机构为了非智力方面的目标而做出的,也可能是由追求声誉目标的科学家们所做出的。在这种情况下,所采取的经济和管理途径,往往与理论途径一样经常出现。因此,对研究战略和优先考虑问题的地方性影响是非常大的,而且问题领域也尚未组织成一个有关智力重要性的稳定等级体系。

因为资源获得范围广泛而且战略性依赖程度较低,所以这些领域中的竞争不是太激烈。由于声誉可以从专家群体那里得到而无须使整个职业群体相信某些特定问题与成果的重大意义,所以论题和技术的分化就得到促进,而战略方面的冲突则受到限制。此外,由于科学家们无需表明特定的研究路径和问题如何切合和影响综合性议题,所以各亚领域之间工作的理论协调就不是很重要,而且理论方面的冲突也不会是一个主要现象。然而,因为研究战略的确相异而且问题在其被认识到的重要性方面也确实各不相同,所以潜在冲突的范围还是很大的,尽管并不至于像技术性任务不确定性和战略性任务不确定性都较高的那些领域那样。

专家群体内部工作结果的协调与控制是通过标准化技能与工作规程来达成的。但是它们并不单独决定所处理问题的类型,也不单独决定这些问题的相对重要性,而且意义评价标准也是多元的,往往也不稳定。因此对工作目标的控制往往是递阶结构而非等级结构。这一点为众多生物-医学领域所具体证明,其职业往往都是在非学术组织中,其目标不同于大学研究所与系部的目标。但是,尽管这些领域中实验室的许多研究,如同诺尔、拉都尔和伍尔加等人所描述的那样,都具有地方性、流变性和情境性,[60]但是技术控制与标准化的水平还是比人文科学中所发现的情况要大一些。这表现为分析技术日益增加的标准化与机械化。[61]同样,在不同大学的训练计划中还传授着共同的研究规程和方法,即使它们在院系的标签与界限方面存在差异。[62]比如说,生物化学已在不同的国民教育系统中以不同方式被体制化,但是现代生物化学家还是具有类似的一组技能与实践,而无论他或她是在美国还是英国或者荷兰接受的训练。[63]

生物-医学各领域与传统学术学科最大的区别在于它们把并不明确属于某些学科领域之内的、处理问题的不同技能与实践结合起来。因此各研究场所的研究方法都相当规范而同质,从而研究成果为了相互应用而可以进行比较与评价。但是它们在具体探索某一特定问题过程中的特定结合则较少标准化,而较更多地受到地方性偶然因素的影响,比如数学。正是这种特殊性使之声誉多元各不相同且易于变化,以致于不容易对各亚领域作出识别,而科学家似乎也具有多元且散漫的身份。而且,就像那些模型所研究过的,其目标的综合性也各不相同。比如,生物学家可能在癌症研究方面有相当综合的一些目标,但是往往会更细致地聚集于某个单一系统;而生物化学家则分析一系列物质,但有更明确而有限的目标。[64]

这些领域中的专业化在很大程度上就是一个论题或议题的问题,但也受到为了某个特定目的而将一些技能融合在一起的特定研究路径的影响,与受到学术主宰的学科相比,也因此更多地受到该领域中主要聘用组织的结构的影响。在极端情况下——比如癌症研究中,由相对少数的几个研究导师做出的决定,就能够导致一个新的、完全置身于大学之外的声誉亚群体的形成。

影响因素与研究实践的这种变动性的结果是群体和论题的高度专业化与分化,以及成员人数和边界的巨大流变性。阅听人也歧异多样,而且随着多种多样的旨趣与目标而变动着。同样地,声誉也具有流变性与不稳定性,个体对任一同行群体的依赖也较低。因为利益与目标的封闭性——至少对于公共合法性与资金筹集是这样,所以科学家追求着歧异多样的目标和战略,而不必对各专业关注点的研究成果或通常对某个人自己的各项成果进行整合。[65]协调工作的实施更多的是通过职业组织而并非通过稳定的跨组织集体,在此也会出现更多目标和问题的地方性变异,比如数学。因此,尽管分化的程度要高于技术性任务不确定性的可能性比较高的情况,但仍然限定在专业动态组织范围内。即使个人脱离于某个单一的同行专家群体的自主性相当大,但是正如拉都尔和伍尔加的研究所表明的,他们对雇主的优先考虑问题及资源的依赖性却通常会很大。[66]因此,对研究目标的控制是在个人、职业组织以及几个相当易变的声誉群体之间分享的。其协调也通常是受到雇主和资助机构的计划的影响,而不是通过某个单一群体的期刊,而且成果的总体理论综合也不经常发生。个人研究战略往往相当独具个性而且周期短,正如我们在高度不确定的智力和组织环境中所预计到的那样。

在人工智能领域我们可发现类似的阅听人和目标的歧异多样性,但却有技术专业知识与技能方面的更强核心。[67]在这里,对大型计算机和细致的编程技能的共同依赖,为通过国际会议与期刊而得以发展壮大的组织边界与身份提供了基础。然而所追求的不同目标及其经常性变化,则意味着不同亚群体围绕着不同问题和论题而形成,它们有时会变得自治和独立于主体领域,就像定理证明领域的情况那样。众多人工智能领域日益增加的商业关联性极有可能促进这种通过问题领域而进行分化的过程,但是只要行业技能保持一致性并置于声誉领导者的控制之下,那么该领域经常所宣布的那种解体就是不可能出现的。[68]换言之,在技能与工作规程都有充分一致性的场合中,被分享的工作目标控制权将导致问题的歧异多样性和声誉的流变性,但不必然产生智力分化与社会分化。

美国的数学,按照哈格斯特龙、费希尔(Fechner)以及哈金斯(Hargens)[69]的描述,似乎可以作为这样一种科学领域的例子。其中,低度的技术性任务不确定性与高度的战略性任务不确定性结合在一起,但是比前两个例子有更大程度的战略依赖性。工作规程与工作方法的高度规范化与标准化,是通过大学中共同的本科生与研究生前期训练计划以及学术界对工作市场的主宰来维持的。尽管应用数学和产业领域的就业有所增长,但是数学学科仍是训练技能和提供就业的主要单元。[70]然而,在苏联东方红卫星之后的时代,工作的总体有效性以及研究材料的廉价性,都意味着一旦获得资格认证,从业者就都可以自由地探索广泛多样的问题,而无需在这些问题对学科整体的总体意义方面有太多顾虑。只要这些问题得到合格的解决并遵循了集体规范与工作流程,涉及广泛论题的各种研究项目就都应该可以得到发表,也能得到声誉。原创性是通过把技术应用与扩展到覆盖更深奥和更专业化的问题而加以证实的,因此,该领域就被那些亚群体发展为内部高度分化的领域,这些亚群体追寻着各不相同的目标而无需对它们进行协调与整合。哈格斯特龙曾把这种状态称为"反常",因为这里缺乏数学家给予其同行工作的关注,因而他关于科学共同体的承认-交换模型就崩溃了。[71]但是,他忽略了该领域一直存在着对于整个数学领域都具有核心性的一些问题,也无视期刊在组织交流与知识方面的至关重要的作用。因此,北美数学领域的歧异多样与分化是置于相当标准化的训练系统的控制之下的,而并非看上去那样阻滞了数学家追求声誉的努力或对集体目标作出贡献。谋求自主与独立已导致该领域的高度专业化,并限制了专业化贡献的整合与综合程度。但是比起其他领域来,所有这些正表明工作结果的主导研究风格和主导性质差别更大。它并不意味着社会和认知秩序的总体性崩溃,也没有明显的理由表明这一享有盛誉的职业群体将要实施集体自杀。

5. 多中心专业

如果战略依赖性程度比专业动态组织高,但技术性和战略性任务不确定性维持相似水平,那么在其内部结构中我们就可以发现3个主要区别。正如表5.3所示,多中心专业结构更有可能逐渐形成各不相同的研究学派,更有可能强调研究与智力战略的协调,并展现出比专业动态组织更高程度的竞争性学派之间的竞争。比起多中心寡头制来,它们也显示出工作和技能方面更高程度的专业化与标准化,更易于围绕着整体目标的某些特定方面而形成国际性专业,在工作规程的协调与控制方面也显得更规范,因为它们具备较低的技术性任务不确定性。相对较高的战略依赖性意味着科学家必须表明其工作如何"切合",并且与他人的工作有不同之处。在这些领域中,探索专业化的独特问题而不太重视它们对于集体目标的总体意义是不太合适的,因为声誉更多地依赖于学术群体而较少依赖于广泛多样的阅听人。因而可以预计,对理论意义和对证明特定问题与论题的整体重要性的关注,都有更大的自觉意识。

相比前面的例子,这意味着这种声誉组织对工作目标与战略有更大的控制力。如果对学术群体的依赖性更大了,那么雇主和资助机构对研究目标的影响力就会降低。但是,这种降低仅仅是相对的,而不意味着缺乏地方性影响。这些领域中的理论多元性与多样性存在,意味着这些不同的研究路径及优先考虑问题往往是与不同的职业组织及训练计划相联系的。资助机构也能够促进某一特定战略或某一优先次序的形成,就像洛克菲勒基金与卡内基基金在生物学领域所做的那样,[72]但这种多元性还是受到作为整体上评价不同研究路径的总体成效的声誉系统的控制。分立的问题与研究风格都需要根据其对于同行的工作及目标的总体贡献而进行评判,而不是按照相对较隔离的方式来进行探索和效仿。因此,科学家如果想要得到较高声誉的话,就必须使自己定向于广大同行所正在开展的工作,并努力去影响一大批同行。

因此,这些领域里的问题区域不太可能变得像前面那些情况那样分离与分化。问题与解决路径的相互依赖程度更高,而且它们与该领域核心问题的紧密相关性,对于科学家们的总体声誉更加至关重要。技术的标准化使得专业化逐渐在各研究场点确立起来,也使得协调通过规范交流系统出现,以致于亚群体可以围绕着某些特定问题而形成。但是,它们的相互依赖性与该领域整体的重要性是非常重要的关注点,因此它们对核心地位和决定集体优先考虑问题的能力展开竞争。

需要实际证明,整体上的重大意义与紧密相关性的必要性促进了整体的理论及方法论路径与研究战略的程式化及完善之间的紧密联系。因此,问题选择与特征描述就变得与关于该领域的性质以及解决进程的合适路径的不同视角相联系。在这些领域中,群体间在优先考虑问题及特定问题的意义评价准则方面各不相同,因此理论的歧异多样是与问题的歧异多样相关联的。因此,各群体及其活动的分化更多地由概念和纲领方面的差异所决定,而不受所研究的特定对象或系统的影响。所以,当各学派坚持自己的目标和战略的重要性与正当性时,关于竞争性研究路径的恰当性与有效性的冲突与争论就会经常发生。总体而言,分子生物学的兴起就可以被视为生物学的研究目标与战略进行重新定向的一种尝试,它包括被视为重要问题的性质变化以及如何处理问题的变化。[73]理论重点和视角都与那些视为至关重要的问题类型紧密相联,也与新技术和新工作方法的发展紧密相关。因为这种变迁涉及到转换研究规程与研究实践,以及某些特定技能的相关性,所以不足为怪,它需要持续的财政支持并将花费大量时间才能实现。

只要竞争性纲领有机会得到资源,并能在标准的工作规程和合法化准则方面宣称其成效,那么一个研究纲领和学派要作为主导性纲领或学派出现将受到强烈抵制。因此,建立在各不相同问题领域基础上的亚单元组成一个稳定等级系列是不太可能的,除非科学的整个基础得以根本转换,而新的成效准则与意义评价准则得以确立——在这种情况下,该领域就实现了有效变革,就像生理学被生物化学和分子生物学所革新一样。[74]取而代之的将是竞争性纲领各自根据其意义评价准则与纲领性兴趣点,而把注意力集中于不同的问题与模型上——就像米歇尔·福斯特聚集于心跳与肌浆蛋白物质。[75] 每个研究学派都能够通过其对工作和研究设施——而且往往还有它自己的期刊——的控制而逐步确立明确的研究纲领,同时也加入到对竞争者的辩驳与争论当中。比如说福斯特就能够通过他对《生理学杂志》(Journal of Physiology)的控制以及他作为皇家学会生物学会会长的职位,同时也能够仰赖他的学生与合作者这一私人途径而建立生理学剑桥学派。[76] 要是没有这些资源,那么他的学派是否能够制造出他曾对生理学领域所产生的那种影响,或者甚至能否作为一个确定的知识生产单元而存在超过一代时间,都值得怀疑。[77]

在这样的领域里,学派之间的竞争提高了理论差异方面的自觉意识,并促进了它们之间成果及战略的理论整合。因此,如果战略依赖性程度非常高的话,那么该领域中智力冲突的剧烈程度也会非常高,同时每一学派内部的正统做法都通过某个核心智力领导人而得到了强有力的控制。因为有较标准化的技术规程和符号系统,研究可能会相当专业化,但是成果总体上的理论意义却也很重要,因而研究问题与对象的选择都会顾及到其总体上的重要性与意义。

因为技能的标准化程度有所增加,智力冲突的程度就不会像在技术性任务不确定性程度很高的那些领域那么大。比如说在20世纪早期遗传学家、胚胎学家和古生物学家之间的冲突过程中,生物学家们并没有就成果的有效性展开过争论以达到某些社会科学家之间冲突的程度,但却在问题的意义以及不同研究风格的科学地位方面意见不一。[78] 因此,盖森(Geison)意义上的研究学派就不同于某些人文科学中的冲突性学派,[79] 因为前者采用更标准化的工作规程创造更明确的知识,使得不同工作场所的成果可以加以比较和协调。因此,生物学中的学派之间并不太依赖私人联系和地方性连接来对其工作进行有效协调与控制。研究成果的意义相对较容易通过这些领域中的规范交流系统来确认和交流。因此冲突更多集中在研究战略与问题意义的层面,而且通常都比具有高度技术性及战略性任务不确定性的那些领域更明确一些。高度的功能依赖性与战略依赖性提高了集体自觉意识和对于共同关注点与规则的意识。尽管它也提高了相互竞争声誉的程度,并强调概念及理论方面的差异,但是更大的依赖性使得注意力聚集于某一特定学术群体及其影响优先考虑问题与战略的必要性上面,因此降低了分化的趋向并强化了组织边界。技能的标准化与明确性也强化了共同身份,并排除了"业余爱好者"和外部人员参与到争论与研究中。尽管领域内部冲突可能会变得剧烈,但是高度的相互依赖性则意味着高度的组织稳固性与团结。因为这些领域中的声誉控制在整个群体手中,而且对从业者而言,这些声誉有足够的重要地位以致他们无需寻求外部阅听人,所以在战略优先性和问题意义以及由此而来的贡献和声誉的意义方面展开的争论几乎不会超越组织边界。因此,这类领域不太可能在那些不集中于当前主流信念的科学中以及那些社会地位较低的科学中发展起来。

6. 技术整合的科层制

在具有更低技术不确定性的那些领域里,研究工作能够得到更系统的规划与协调。因为工作结果在相当大程度上可以预计而且可靠,所以工作和技能的分工范围可能相当广泛。问题可以被分割为独立的一些方面以备工作场点之内与之间的不同人去研究,以致于单个科学家的关注范围会相当有限。不同训练计划的技能都是标准化的,界限也很明确。此外,研究问题的选择和程式化所包含的不确定性比前面那些领域都更少,从而声誉更加稳定而且可预见。什么问题重要,应该如何解决它们,这些都相当清晰而且得到广泛认同。研究成果的理论应用与整体意义都比较明确,也不太可能成为重要冲突的焦点或者是易于突然变动。

在具有较低程度的技术不确定性与战略不确定性的这些领域里,工作和技能的标准化降低了研究实践与解释的地方性变化。因此,该领域在各职业单元之间分裂为独立但又对等的问题领域的程度就非常大,但追求相互对立的目标和优先考虑问题的不同学派却不可能出现。高度非个人性和规范性的交流系统与控制系统,使得众多不同研究场点及国家中的工作都可以在每个成为研究活动日常管理主要组织单元的专业领域得到关联与协调。因此在任务不确定性相对较有限的科学中,智力工作受到规则的强有力监管,这种性质使得研究运作的控制权以类似于其他工作组织的方式高度分散到专业群体中。[80]但是,如表 5.3 所概括的,这些领域中科学家与群体之间战略依赖性程度方面的差异是与工作组织中的变化差异相关联的。

具有较低的任务不确定性领域中的战略依赖性程度的变化,影响着从业者,使其不得不将其研究与整个领域中其他群体的研究相协调,并影响着获得盛誉的总体上要优先考虑的问题。在环境较为宽松从而一般而言资源较容易获得的情况下,从业者能够使某些独特论题专门化而无需太顾虑它们对于该领域整体的普遍相关性,即在亚领域较独立于母体"学科"控制着工作、设备和期刊的情况下,该组织就能够作为分散化的科层制而运作。因为总体理论背景相当稳定，而且适当的问题也得到清晰说明，所以问题及亚领域之间的相互关系就不难识别。在战略依赖性程度相对较低的情况下，这就意味着激烈的争论不太可能出现，因为不同问题领域里的声誉无需为了持续获得资源而彼此排列成某种优先序列。

当从业者力图通过研究各不相同的论题或采用不同的分析技术而相互区分时，具有相对较低程度的任务不确定性与战略依赖性的那些科学领域的内在结构就高度分化。因为整体理论框架稳定而且不存在实质性争论，所以每一个专业化贡献的意义都相当清晰明了，也无需持续争论。结果是科学家被鼓励去探索高度专业化的论题，处理受到界定的狭窄问题。成果的协调会通过技术工具——它们可以用来使原材料标准化并转换它们，以使那些可以加以探究的问题被这些技术工具及其前提假设所限定——而日益增加。这确保了成果的一致性与稳定性，也使它们的相互联系及彼此采用变得标准化。正如巴什拉在其"现象技术"(phenomeno-technics)的讨论中所突出强调的，[81]理论结构就体现在化学技术之中，这些技术使化学现象逼真显示出来，从而每一个采用了某一组特定技术的试验都自动地与采用了同样技术规程的其他试验关联起来，成果的理论意义也就通过所采用的分析仪器而给定了。这就意味着，成果的理论整合可以在没有广泛私人联系及争论的情况下通过规范的交流系统来达成，从而知识也就以一种规则监控的方式累积进步。问题之间的相互切合自然就无需太多的协商或理论的详细阐述。

在这些科学中，当工作场所的人数增加，研究设施也总体上易于得到时，亚单元围绕着专业化的问题领域逐步确立起来，而且日益分化。因为战略依赖性程度相当低，科学家就不必把他们的研究定向于整个领域，而是可以将自己限定在从某个很可能有能力控制工作及研究资金获得机会的小专业群体那里得到声誉。只要这种情况得以维持，那么就几乎无需根据这些亚单元对于该领域整体上的重要性来建立一个等级体系，因此也无需根据问题的理论意义来建立一个等级序列以对它们进行排序。

进而，这就意味着这些领域中对问题的理论整合与协调并不受到特别重视，也因此，理论工作就不会被那些能够主宰亚单元之间的意义评价准则与声誉序列的科学家所组成的某一独立群体所垄断。[82]同样，尽管因为技术得到了理论的组织而使得认知对象与问题比具有动态结构的科学领域要更加具有普遍性，而且通过理论进行了程式化,但是,它们并非太过抽象,也未太过脱离经验细节。事实上,如果我们把西恩(Shinn)关于当代矿物化学领域中的研究的描述作为技术整合科层制亚单元的一个例子来看的话,[83] 该领域对研究对象的独特性质的依赖性还是很高的,而且也非常强调对于基本特征的详尽观察。这些单质与化合物的特定性质对于化学家而言仍然很重要,其性质方面的变化构成了问题程式化与分化的一个主要基础。正如乔治斯库-罗根(Georgescu-Roegen)所指出的,[84] 化学不是像物理学各组成部分那样的数学演算(arithmomorphic),它力图通过普遍程序来解释变化与差异,而不把这些变化差异还原为简单的算术连续序列。[85] 因此在化学中,研究对象和研究问题的一般性是有限的。

高度的技能标准化以及低水平的技术性与战略性任务不确定性,确保该领域作为声誉组织对公共科学领域中的研究战略和研究规程施加了很大的控制。因此相应地,在该领域及其亚单元中,对于从业者追求由合格的意义重大的研究工作带来的声誉而言,地方自主性有所降低。大致来说,学术部门从事着类似的研究,并在追求声誉过程中遵循着类似的整体战略。结果,以职业单元为基础的个别学派不会按多中心专业结构中那些学派形成的同样方式而形成。同样,国家之间在研究风格和研究路径上的差异,就像多尔比(Dolby)所记述的 19 世纪晚期至 20 世纪早期关于溶解理论的争论,[86] 在当代化学领域就不那么明显。出于同样的原因,当战略依赖性程度也较低时,这些领域中的冲突在范围和程度上都较为有限,因此问题与成果的总体意义并不是争论的焦点。

较低的战略依赖性也导致智力身份与智力边界成为一个受关注程度较为有限的问题。虽然该领域的技能标准化和理论正统的确产生了确定的职业身份以及声誉对工作规程和能力资格评价的高度控制,但是亚群体的内部划界,以及与声誉相关的公共科学组织与化学研究的其他领域之间边界的内部划分,对这两方面的强调和控制,都不像战略依赖性程度更高的那些领域那样大。化学与工业很强的传统联系可能自 18 世纪以来就存在,[87] 并确定一直延续到 19 世纪,[88] 这种联系限制着工业研究与学术研究之间的分裂程度,也为它提供了额外的研究设施与资金来源。

7. 概念整合的科层制

当低水平的任务不确定性与高度的战略依赖性相结合,科学家在力图向更广泛的同行证明其工作的重要性并为其问题或论题争取更大的意义时,这一平稳运行着的科层制体系就会变得有更大的竞争性。当然,技能和技术仍然保持着高度标准化,问题也较一致和稳定,但是使整个声誉组织相信某一亚领域与综合性的集体目标的紧密相关性,这种必要性使得在这些目标如何加以解释以及如何将其应用于某些特殊情况方面产生了争议。次级目标与亚群体在整体理论框架中的相对优势成为冲突的焦点。但所争论的并非实际的框架本身,而是它被用来对该领域之间的声誉进行整合与排序的方式。因此,在对一个同行群体的依赖程度较高的情况下,比如说因为获得有限资源的机会受到限制,问题的总体意义就比前面的那些情况更加至关重要,而且集体目标如何加以解释对个人和亚群体的声誉有重要影响。如果他们的成果和问题不能轻易融入主流目标中,并对其他人的研究战略施加独特影响,那么就不可能得到足够大的声誉以继续作出合格贡献。因为在此更重要的是对该领域整体作出贡献——即不同于做出有益的,但却是仅限于对专业群体的贡献——从业者就会在他们多种专业的相对优势方面产生冲突。

在这些领域中协调亚单元的更大必要性,则意味着对各分立领域中问题与战略的整合不能完全留给标准化的技术和仪器设备去完成。因为不同领域中的科学家对学科整体相对重要性的问题意见不一,技术对成果的协调对于以一种大家都欣然接受的方式授予声誉而言就不够了。因此,尽管协调与控制过程都是非个人的、规范的,而且鉴于不确定性程度相对较低的原因,这种领域的智力冲突范围也较小,但是争论却可能会较激烈,而且可能涉及学科身份的一些一般性议题。当战略依赖性程度很高时,特定议题和问题对于该领域整体的核心地位,对声誉——以及因此对持续获得重要资源——而言有着如此重要的意义,以至于科学家们会在领域之间的相互关系以及成果的普遍性方面产生对抗。尽管他们研究的是高度专业化的问题,并形成了对声誉和资源施以一定程度控制的明确亚领域,但是比起前面的那些情况而言,在这里,其相互联系与相互影响对于从业者来说要重要得多。

这意味着亚领域和问题领域不像技术整合科层制那么独立而截然有别。对亚领域之间的关系加以有序化的统一理论的存在及其重要地位,使得科学家能够比在其他科学领域中更频繁而轻松地在不同问题及论题之间进行转换。[89]这种统一理论所提供、也是其要求的研究对象和问题的高度综合性为这种流动提供了方便。不像化学和其他大多数科学领域,这类科学领域对一些特定现象的独特性质的考察仅有限地关注物理学的最"基础"(fundamental)部分,而且不追求对单个研究对象的详尽理解。[90]相反,研究仅限于能够用一致性形式(formalisms)来表达并可应用于一大批现象的、少数几个高度概括抽象的关系。[91]因此,与那些处于更重视特定研究对象细节和独特性知识领域中的专家相比,处于某些特定体系或问题中的专家更容易转换他们的兴趣和技能。正如我们从1972年美国全国科学院的统计调查中可以看到的,物理学家在亚领域之间的"移民"确实达到了很高的程度。在1968—1970年间,有三分之一的物理学博士改变了他们的主要兴趣点。[92]因此与化学相比,物理学领域的声誉更多地建立在学科基础上,其亚领域也更少独立于整个学科的目标和理念。

总体而言,因为科学家力争要把他们的优先考虑问题和意义评价标准强加给同行,所以从业者及专业群体之间日益增加的战略依赖性会导致更加强调对成果和问题的理论整合与协调。但是,仅仅在物理学,特别是核物理学领域,上述情况才导致明确的理论工作职业身份的确立,以及由此而来劳动的相对功能分化的确立。[93]尽管在第一次世界大战之前理论物理学家就首次被授予教授教席,[94]但是在20世纪20年代以前,这一特殊的亚领域尚未真正把自己确立为控制着资源的明确声誉组织。[95]而且不足为怪,如果不经历冲突和苦难——特别是在德国——这也不可能实现。[96]而美国物理学的整体增长以及由洛克菲勒基金资助的、作为理论家的博士后研究人员的存在,则大大推动了这一进程,[97]这些有待于进一步的讨论。

追求统一与一致性,即使不算是现代物理学的主流价值观,也可说是其主要特征。[98]数个世纪以来,对自然的数学化已成为西方科学总纲领中——特别是在卡皮克(Karpik)称之为"发现的科学"(sciences of discovery)中[99]——至关重要的组成部分。而且毫不奇怪,形式一致性与数学统一性的重要地位应该会最终导致一个理论性的数学物理学的分立和超级配置。但是,也正如众多作者指出的,这种实验研究与理论研究的分立所蕴涵的功能性劳动分工也仅仅是物理学所独有,[100]而且是相当晚的事。这表明,该领域有一些特殊性质——它仅仅只是在19世纪在组织上得以确立和明确[101]——使得这种分化得以形成。

在把技术控制、问题的一致性与稳定性和高度的相互依赖性相结合方面,物理学是独一无二的。正如曾提及的,相对较低程度的任务不确定性使该领域能够通过专业化和分化而实现极大扩展,但不至分化为分离且独立的一些组织。但是由集中化的研究技术、[102]地位显赫的期刊版面及资助机构,与大批从业者的结合所导致的群体及问题领域之间的高度相互依赖性,导致它们之间的协调与整合变成了该组织整体的至关重要的活动。而且因为该领域中的声誉在科学上和社会上都有重要地位,所以该组织作为声誉系统的持续运转就成为其成员的更重要的关注点。因此,那些搞懂了来自大量研究人员的各不相同歧异多样的贡献的综合意义的人,就会非常有影响力和崇高威望,而且重要问题与现象的普适性也非常高。因为与其他科学领域相比,物理学领域的理论确定性和战略确定性程度都非常高,这种协调与整合活动就能够由脱离于实验结果的实际生产和评价的科学家来实施,这就像大生产工业中生产的协调与控制是一种脱离于生产流程的直接监管活动一样。[103]因此,技术规程与理论问题及解决路径的高度规范化和标准化,使得协调过程可以通过规范的交流系统而由某个独立的群体"远距离地"(at a distance)来实现。通过以——比如说强调实验结果和问题对理论模型和理论形式化的依赖性——方式而重新确定物理学的主导信念,理论家就设法实现了相对于其从事实验工作的同行的极大自主性,并实现了对后者的极大控制。[104]

某种程度上说,这类领域类似于伍德沃德描述的大批量生产产业,其中各不相同的大量亚单元在追求各自的局部利益的同时,还必须为了实现组织上的成功而对其工作进行协调。[105]这导致了冲突和争论与高度结构化、规范化的工作流程及交流模式相结合。在现代物理学中,日益增加的规模已导致了亚单元的高度分化,但又通过一个精致的高度规范的交流系统而被协调成为一个声誉和重要性的等级体系。亚单元的认同感非常强——这可通过轻易地识别亚学科和专业而得到证明[106]——而且众多物理学家都在寻求这些亚单元中的声誉,这非常类似于在专业职务中追求他们的职业生涯。然而专业的相互依赖也正在而且也需要"管理",这是因为资源有限而且是通过该组织整体进行集体控制的。参与最有声誉——也因此能得到盛誉——的研究活动的机会有限,增加了对获得研究设施机会的角逐,也增加了在对"理论核心"所作竞争性扩展与延伸的相对优势方面的分歧。因此,因为众多亚领域都力争确立其研究旨趣的合法性,所以他们就在主流理论框架之内就其问题和关注点对于该学科整体的重要意义展开竞争。[107]诸如仪器设备、技术人员、研究资金和受到高度评价的期刊等资源的集中化,已致使众多物理学亚领域变得高度地相互依赖,因为它们力图实际证明它们对该领域的重要性,以争取核心地位和重要的科学身份。规范交流系统确保了成果和思想得以快速有效地传播,但正如在大生产产业领域中一样,这对于存在着竞争性利益的地方性协作来说是不充分的。专业化使得科学家能够在主导框架内创造原创性成果,但是如果任一领域想要为其成员提供声誉的话,它就必须被证明对于"真正的"(real)物理学的重要性。因此,亚领域的核心性始终是一个重要议题,而且该核心如何与外围地带或"越轨"[108]领域相分立,也是物理学家的一个至关重要的关注点。事实上,他们对于智力边界的监控和对来自"应用型"论题及目标的"污染"的恐惧,就像经济学家那么明显。这特别表现在欧洲国家中,而且与化学家的那种更轻松的心态形成了鲜明对比。[109]

5.3 小　结

本章论点总结如下:

1. 把任务不确定性的两个方面与相互依赖性的两个方面相结合以区分科学领域的类型,可以产生16种可能性。

2. 但是这16种可能性中的9种是不稳定的,并不可能牢固确立。剩下的7种则具有智力组织的相当独特的内部结构和模式,可对其作如下描述:(a) 碎片化动态组织;(b) 多中心寡头制;(c) 分割化科层制;(d) 专业动态组织结构;(e) 多中心专业;(f) 技术整合的科层制;(g) 概念整合的科层制。

3. 这7种类型之间的主要差异可归结为以下两个标题——工作与问题领域的结构;协调与控制过程。前者包括工作和技能的专业化与标准化程度,问题领域的细分程度,不同研究学派的形成水平,亚单元围绕着一组单一的意义评价标准而形成等级组织的程度。后者包括成果协调和控制规程的非个人化与规范化,理论协调与战略的重要性,科学家之间冲突的范围与烈度。

4. 碎片化动态组织,即(a),是工作组织与控制界限流动易变的系统,且几乎没有稳定的内部分化,并依赖高度的个人协调过程。这些领域中的研究相当歧异多样且独具个性,并且在相互联系方面较有限。尽管冲突的可能范围较大,但其激烈程度则通过较低程度的相互依赖性以及使工作结果及研究战略相互关联的较低必要性而得到缓解。

5. 多中心寡头制,即(b),围绕着控制关键性资源的声誉领导者主宰下的不同学派组织研究。协调保持着高度个人性,但更大的相互依赖性则使得每个学派内部对研究有更多的理论协调,并更加强调各学派实际证明其研究对集体目标的总体意义,因此冲突相当激烈。

6. 分割化科层制，即(c)，把分析性工作从主流理论框架的经验应用工作中独立出来，并赋予前者更高的声誉。分析技能通过精致的形式化交流系统得到了高度标准化，研究工作也受到控制，但经验应用研究则在其意义和重要性方面显得模糊不清。亚单元围绕着这种应用工作逐步形成，但从属于理论核心，后者牢牢控制着智力边界及声誉。

7. 专业动态组织结构，即(d)，在工作和技能方面有广泛的专业化与标准化，但问题和目标却多种多样，而且没有有序化为一个单一的意义等级系列。成果通过规范交流系统得以协调，但战略的总体整合程度有限。分化围绕着特定的某些问题和目标而形成，但组织边界却不太稳固而且尚未得到严格监管。资源的相对丰富性——通常来自于追求着各种各样目标的各种各样的来源——确保着在优先考虑问题和意义评价准则方面的竞争不是太过激烈。

8. 多中心专业，即(e)，将问题领域的分化及专业间的功能依赖性与独立研究学派的形成结合在一起。高度的战略依赖性意味着在意义评价准则和说服他人相信某些特定问题和解决路径的重要性方面存在着竞争。在这里，成果和战略的理论协调对于声誉更加至关重要。

9. 技术整合的科层制，即(f)，围绕着分立但又通过标准化规范与仪器设备得以协调的那些问题来组织研究。稳定的亚领域发挥着准自治的声誉组织的作用，它们共享着背景假设、意义评价准则与技术。较低程度的战略依赖性意味着这些亚领域之间的相互关系及其相对重要性都不是至关重要的议题，因而高度专业化和细分能够存在而不至于引发协调问题。

10. 概念整合的科层制，即(g)，是受到规范的高度控制而且壁垒森严的组织，它们藉由一个非常规范化标准化的报道系统以及一个等级制的声誉组织对研究进行控制与指导。相对稳定的亚单元围绕着某些特定问题和目标而形成，但高度的战略依赖性则制约着其独立性，也增加了它们之间角逐在该领域的核心地位的激烈程度。这种为获得盛誉而对该领域整体的依赖，增加了对来自不同亚单元的贡献进行整合与有序化的必要性，也因此增加了对战略进行理论整合的重要性。

注释与参考文献

1. 比如说参见 W. Leontief, "Theoretical Assumptions and Nonobserved Facts", *American*

Economic Review, 61(1971), 1—17; S. Pollard, *The Wasting of the British Economy*, London: Croom Helm, 1982, ch. 7; R. Nelson and S. G. Winter, *An Evolutionary Theory of Economic Change*, Harved University Press, 1982, pp. 6—48.

2. P. Deane, "The Scope and Method of Economic Science", *Economic Journal*, 93(1983), 1—12 at p. 6.

3. 参见 Deane,在上述引文中.

4. 就像在对范式的意见一致程度上的差异所反映的那样.比如参见 J. B. Lodahl and G. Gordon, "The Structure of Scientific Fields and the Functioning of University Graduate Departments", *American Sociological Review*, 37(1972), 57—72.

5. 尽管我的用法与 Mintzberg 的不尽相同,参见 H. Mintzberg, *The Structuring of Organisation*, Englewood Cliffs, New Jersey: Prentice-Hall, 1979, pp. 432—442.

6. 就像 1933 年前的德国心理学和二战后的英国社会人类学.比如可参见 M. Ash, "Wilhelm Wundt and Oswald Külpe on the Institutional Status of Psychology", in W. G. Bringmann and R. D. Tweney(eds.), *Wundt Studies*, Toronto: Hogrefe, 1980, 396—421 and "Academic Politics in the History of Science: Experimental Psychology in Germany, 1879—1941", *Central European History*, 14(1981), 255—286; A. Kuper, *Anthropologists and Anthropology, The British School 1922—1972*, Harmondsworth: Penguin, 1975, ch. 5.

7. 关于人工智能的讨论,参见 J. Fleck, "Development and Establishment in Artificial Intelligence", in N. Elias *et al.* (eds.), *Scientific Establishments and Hierarchies*, Sociology of the Sciences Yearbook 6, Dordrecht: Reidel, 1982.

8. 参见 K. Knorr-Cetina, The Manufacture of Knowledge, Oxford: Pergamon, 1981, pp. 81—83.

9. 就像 Geison 所概略叙述的,参见 G. Geison, "Scientific Change, Emerging Specialties and Research Schools", *History of Science*, XIX(1981), 20—40.

10. 20 世纪早期生物学中的"自然论者"与"实验论者"的许多争论所涉及的就是关于"科学"的竞争性信念.参见 G. Allen, "Naturalists and Experimentalists: the Genotype and the Phenotype" *Studies in the History of Biology*, 3(1979), 179—209; "The Rise and Spread of the Classical School of Heredity, 1910—1930; development and influence of the Mendelian chromosome theory" in N. Reingold(ed.), *Science in the American Context; new perspectives*, Washington D.C.: Smithsonian, 1979a; "Transformation of a Science: T. H. Morgan and the Emergence of a New American Biology", in A. Oleson and J. Voss(eds.), *The Organization of Knowledge in Modern America, 1860—1920*, John Hopkins University Press, 1979b. 关于果

蝇研究纲领中的还原论的本质的讨论,参见 N. Roll-Hansen "Drosophila Genetics: A Reductionist Research Programme", *Journal of the History of Biology*, 11(1978), 159—210.

11. R. Collins, Conflict Sociology, New York: Academic Press, 1975, p. 513.

12. 正如美国国家科学院的报告所表述的,"化学领域需要能得出测量值的各种测量方法……所有化学领域都与结构相关……化学中的定性认识几乎总是与结构性单元相关联。"参见 National Academy of Science, Committee for the Survey of Chemistry, *Chemistry: Opportunities and Needs*, Washington D. C.: National Academy of Sciences, 1965, p. 42. 也参见该报告,vii. T. Shinn 曾对矿物化学家对给定的一组元素物质的最一目了然且直接明了的可测量性质的关注进行过评论,参见 T. Shinn, "Scientific Disciplines and Organizational Specificity: the Social and Cognitive Configuration of Laboratory Activities" in N. Elias et al. (eds.), *Scientific Establishments and Hierarchies*, Sociology of the Sciences Yearbook 6, Dordrecht, Reidel, 1982, p. 254.

13. 就像19世纪末20世纪初的物理学。比如可参见 W. O. Hagstrom, *The Scientific Community*, New York: Basic Books, 1965, pp. 247—252; National Academy of Sciences, Physics Survey Committee, *Physics: Survey and Outlook*, Washington D. C.: National Academy of Sciences, 1966, p. 75.

14. 可比较 S. Bonder, "Changing the Future of Operations Research", *Operations Research*, 27(1979), 209—224.

15. 正如 Mullins 所描述的,参见 N. Mullins, "The Distribution of Social and Cultural Properties in Informal Communication Networks among Biological Scientists", *American Sociological Review*, 33(1968), 786—797.

16. 比如,可参见 D. E. Chubin, "The Conceptualisation of Scientific Specialties", *The Sociological Quarterly*, 17(1976), 448—476; K. Studer and D. Chubin, *The Cancer Mission*, London: Sage, 1980, ch. 2; R. Whitley, "Types of Science, organizational strategies and patterns of work in research laboratories in different scientific fields", *Social Science Information*, 17 (1976), 427—447.

17. T. S. Kuhn, "Second Thoughts on Paradigms", in F. Suppe(ed.), *The Structure of Scientific Theories*, University of Illinois 1974; D. Crane, *Invisible Colleges*, Chicago University Press, 1972; N. Storer, *The Social System of Science*, New York: Holt, Rinehart Winston, 1966.

18. 可参见注释8和16的参考文献,以及 B. Latour 与 S. Woolgar 著的《实验室生活》。

19. 参见 N. Mullins, *Theories and Theory Groups in Contemporary American Sociology*, New York, Harper & Row, 1973; "Theories and Theory Groups Revisited", in R. Collins

(ed.), *Sociological Theory*, London: Jossey-Bass 1983. 但也可比较 E. A. Tiryakian, "The Significance of Schools in the Development of Sociology" and N. Wiley, "The Rise and Fall of Dominating Theories in American Sociology" both in W. Snizek *et al.* (eds.), *Contemporary Issues in Theory and Research*, *A Metasociological Perspective*, London: Aldwych Press, 1979.

20. 关于射电天文学的讨论,参见 D. Edge and M. Mulkay, *Astronomy Transformed*, New York: Wiley, 1976; 而 Martin 则提供了一种关于20世纪50年代早期射电天文学领域中争论的作用和程度的对照性观点。参见 B. Martin, "Radio Astronomy revisited: a reassessment of the role of competition and conflict in the development of radio astronomy", *Sociological Review*, 26 (1978), 27—55. 关于19世纪末生理学的讨论,参见 G. Allen, *Life Science in the Twentieth Century*, Cambridge, University Press, 1978, ch. 4; G. L. Geison, *Michael Foster and the Cambridge School of Physiology*, Princeton University Press, 1978, pp. 331—351.

21. 参见 H. M. Collins 的描述, H. M. Collins, "The Seven Sexes: A Study in the Sociology of a Phenomenon", *Sociology*, 9(1975.), 205—224, "Son of Seven Sexes: the Social Destruction of a Physical Phenomenon", *Social Studies of Science*, 11(1981), 33—62.

22. 参见 D. A. Mackenzie, *Statistics in Britain*, 1865—1930, Edinburgh University Press, 1981, ch. 6.

23. 比如参见注释19所引 Mullins, op. cit., 1973, note 19, pp. 184—202; N. Mullins, "The Development of Specialties in Social Science: the Case of Ethnomethodology", *Science Studies*, 3(1973), 245—273.

24. 正如 J. Galtung 所讨论的, 参见 J. Galtung, "Structure, Culture and Intellectual Style: an essay comparing saxonic, teutonic, gallic and nipponic approaches", *Social Science Information*, 20(1981), 817—856. 比较 H. G. Johnson 的 "National Styles in Economic Research", *Daedalus*, 102(1973), 65—74.

25. 关于美国大学中不同领域间的权力模式的简要比较, 参见 J. M. Beyer and T. M. Lodahl, "A Comparative Study of Patterns of Influence in United States and English Universities", *Administrative Science Quarterly*, 21(1976), 104—129.

26. 参见注释6所引 M. Ash 的论文。

27. 在美国至少从20世纪50年代以来就是如此,参见 R. D. Whitley, "The Development of Management Studies as a Fragmented Adhocracy", *Social Science Information*, 23, 1984.

28. 这种情况在人文科学中并非独一无二。根据 R. P. McIntosh,二战以来生物医学科学家的繁荣昌盛已经导致了类似的现象发生,而且,伴随着在20世纪50年代以来美国生态学学会成员人数的指数式增长,7个"无形学院"的组成部分与异质性都有了巨大增长。参见 R. P. Mc-

Intosh, The Relationship between Succession and the Recovery Process in Ecosystems', in J. Cairns jnr(ed.), *The Recovery Process in Damaged Ecosystems*, Ann Arbor, Michigan: Ann Arbor Science Publishers, 1980.

29. 因此,在近来的英国社会学中,理论的探讨往往与经验研究几乎没有关联,而且其运作看上去似乎在很大程度上脱离于经验.比如可参见 P. Abrams, "The Collapse of British Sociology?" in P. Abrams, *et al.*(eds.), *Practice and Progress: British Sociology, 1950—1980*, London: Allen & Unwin, 1981; R. A. Kent, *A History of British Empirical Sociology*, Aldershot: Gower, 1982, chs. 5 and 6. 而在美国社会学中,"理论"就干脆成了另一个专业.比如可参见 S. Levantman, "The Rationalisation of American Sociology" and R. L. Simpson, "Expanding and Declining Fields in American Sociology", both in E. A. Tiryakian(ed.), *The Phenomenon of Sociology*, New York: Appleton-Century-Crofts, 1971.

30. 正如 Abrams 所记述的,参见 P. Abrams, *The Origins of British Sociology: 1834—1914*, University of Chicago Press, 1968; R. A. Kent, op. cit., chs. 1 and 6.

31. 英国大学中本科教育的重要性,以及人文科学中研究生的相对缺乏,在某些经历了岗位大扩展的领域的智力多样性的发展以及凝聚力的缺乏,都是重要但又被低估了的因素.

32. 关于心理学的讨论,参见注释 6 所引 M. Ash 的论文(1981),在此他对 J. Ben-David 和 R. Collins 的著名论述提出了批评.后者可参见 J. Ben-David and R. Collins, "Social Factors in the Origins of a New Science: the case of Psychology", *American Sociological Review*, 31 (1966), 451—465. 关于 19 世纪末医学和自然科学中资历较浅的员工相对于全职教授的快速增长的讨论,参见 C. W. McClelland, *State, Society and University in Germany, 1700—1914*, Cambridge University Press, 1981, pp. 258—280; P. Lundgreen, "The Organization of Science and Technology in France: a German perspective", in R. Fox and G. Weisz(eds.), *The Organisation of Science and Technology in France, 1808—1914*, Cambridge University Press, 1980, pp. 316—320; F. Ringer, "The German Academic Community", in A. Oleson and J. Voss (eds.), *The Organization of Knowledge in Modern America, 1860—1920*, Johns Hopkins University Press, 1979, pp. 419—420.

33. 正如 N. Elias 所概要描述的,参见 N. Elias, "Scientific Establishments" in N. Elias *et al.*(eds.), *Scientific Establishments and Hierarchies*, Sociology of the Sciences Yearbook 6, Dordrecht, Reidel, 1982.

34. 就像 Liebig 在有机化学领域(《化学与医药年鉴》),以及 Foster 在心理学领域(《生理学期刊》)曾做过的那样.

35. 参见注释 6 所引 M. Ash 的论文(1981),也参见 U. Geuter, "The Uses of History for

the Shaping of a Field: Some Observations on German Psychology" in L. Graham *et al.* (eds.), *Functions and Uses of Disciplinary Histories*, Sociology of the Sciences Yearbook 7, Dordrecht: Reidel, 1983. Psychology was also subordinated to philosophy at Harvard fot some time,见 B. Kuklick, *The Rise of American Philosophy*, Yale University Press, 1977, pp. 459—463.

36. 正如 M. Ash 所描述的,参见注释 6 所引 M. Ash 著作(1980),也见 G. Böhme, "Cognitive Norms, Knowledge-Interests and the Constitution of the Scientific Object: a Case Study in the Functioning of Rules for Experimentations", in E. Mendelsohn *et al.* (eds.), *The Social Production of Scientific Knowledge*, Sociology of the Sciences Yearbook 1, Dordrecht: Reidel, 1977.

37. 参见注释 6 所引 A. Kuper 著作(1975).

38. 同上,ch. 5.

39. 可参见 20 世纪 60 年代以来大批批判社会科学中的"实证主义"及类似弊病的论著. 也参见 D. Willer and J. Willer, *Systematic Empiricism*, Englewood Cliffs, New Jersey: Prentice-Hall 1973;以及注释 29 所引 Kent 的著作(1982),chs. 5—6, Levantman 的论文(1971).

40. 参见 G. W. Stocking, "The Scientific Reaction Against Cultural Anthropology, 1917—1920", in his *Race, Culture and Evolution*, New York: Free Press, 1968.

41. 正如 Thompson 所指出的,所有组织都力图隔离和缓冲其核心技术以确保其"技术理性"是最好的. 参见 J. D. Thompson, *Organisations in Action*, New York: McGraw-Hill, 1967, pp. 18—27.

42. 就像在经济学领域那样,参见注释 2 所引 Deane(1983). 也见 T. W. Hutchison, *Knowledge and Ignorance in Economics*, Oxford: Blackwell, 1977, ch. 4.

43. 比如参见 T. W. Hutchison, op. cit., 1977, ch. 2; J. Hicks, *Causality in Economics*, Oxford: Blackwell, 1979, Preface and ch. 1; Leontief, op. cit., 1971, note 1; H. Katouzian, *Ideology and Method in Economics*, London: Macmillan, 1980, ch. 3; V. J. Taraschio and B. Caldwell, "Theory Choice in Economics: Philosophy and Practice", *Journal of Economic Issues*, XIII(1979), 983—1006;J. A. Swaney and R. Premus, "Modern Empiricism and Quantum Leap Theorizing in Economics," *Journal of Economic Issues*, XVI(1982), 713—730.

44. 比如参见 T. W. Hutchison, *On Revolutions and Progress in Economic Knowledge*, Cambridge University Press, 1978, ch. 11; H. Katouzian, op. cit., 1980, ch. 4; G. Routh, *The Origin of Economic Ideas*, London: Macmillan, 1975, ch. 1; G. Stigler, *The Economist as Preacher*, Oxford, Blackwell, 1982, ch. 17.

45. 比如参见 M. O. Furner, *Advocacy and Objectivity*, *a crisis in the professionalisation*

of American Social Science, *1865—1905*, University of Kentucky Press, 1975, pp. 258—260; H. Katouzian, op. cit., 1980, note 39, ch. 5; R. Nelson and S. Winter, op. cit., 1982, note 1, 6—27.

46. 盎格鲁-撒克逊经济学中本科教学由少数几本教材——他们让其作者发财致富了——主宰,但其他人文科学似乎并未达到这种程度。按照 Rosen 的说法:"实际上,在过去 20 年间,每一个选修了经济学课程的大学毕业生,都受到了 Samuelson 的《经济学》及其追随者的影响。"他还着重指出,20 多年来这本书仅在美国就销售了 200 万册。参见 S. M. Rosen, "Keynes without Gadflies", in E. K. Hunt and J. G. Schwartz, *A Critique of Economic Theory*, Harmondsworth, Penguin, 1972, p. 401. On the use of rhetoric in Samuelson's textbook see D. N. McCloskey, "The Rhetoric of Economics", *Journal of Economic Literature*, XXI(1983), 481—517.

47. T. S. Kuhn, *The Essential Tension*, Chicago University Press, 1977, pp. 179—192, 228—239.

48. 关于正统经济学的"数学形态"性质,参见 N. Georgescu-Roegen, *The Entropy Law and the Economic Process*, Harvard University Press, 1971, ch. 11; P. Jenkin, *Microeconomics and British Government in the 1970s*, Manchester University, unpublished PhD thesis, 1979, ch. 2. 关于边际理论"革命"的讨论,参见 M. Blaug, "Was there a Marginal Revolution?" and A. W. Coats, "The Economic and Social Context of the Marginal Revolution of the 1870s". 在 R. D. Collison Black 主编的《经济学中的边际革命》(*The Marginal Revolution in Economics*)(1973)的"边际效用理论的采纳"一章中,George Stigler 曾把边际理论的兴起与美国经济学的职业化活动联系起来;在《拥护与客观性》一书中,Mary Furner 也指出,在 19 世纪 80—90 年代间经济学走向非争议性问题以及随之而来的职业地位的过程中,边际理论也对论题的制约起到了辅助作用,参见 *Advocacy and Objectivity*, University of Kentucky Press, 1975.

49. 参见注释 47 所引 Kuhn 的著作, p. 229.

50. 比较 M. Shubik, "A Curmudgeon's Guide to Microeconomics", *Journal of Economic Literature*, 8(1970), 405—434.

51. 关于经济学中数学增长的讨论,参见 H. Katouzian, op. cit., 1980, note 43, ch. 7; 也参见 T. W. Hutchison, op. cit., 1977, note 42, ch. 4; Johnson, op. cit., 1973, note 24.

52. 比如参见 L. A. Boland, *The Foundations of Economic Method*, London: Allen & Unwin, 1982, ch. 5; B. Caldwell, *Beyond Positivism*, London: Allen & Unwin, 1982, chs. 7 and 8; S. Latsis, "A Research Programme in Economics" in S. Latsis(ed.), *Method and Appraisal in Economics*, Cambridge University Press, 1976; T. W. Hutchison, op. cit., 1977, note 42, ch. 2; F. Machlup, "Theories of the Firm: Marginal Behavioural and Managerial", *American E-*

conomic Review, 57(1967), 1—33. 关于对企业行为的新经济学研究路径的讨论, 参见 N. Kay, *The Evolving Firm*, London: Macmillan, 1982 and Scott Moss, *An Economic Theory of Business Strategy*, Oxford: Martin Robertson, 1981.

53. 参见注释 47 所引 P. Jenkin 著作, p. 47. 比较 T. W. Hutchison, *The Politics and Philosophy of Economics*, Oxford: Blackwell, 1981, ch. 9; Kay, op. cit., 1982, ch. 1; B. J. Loasby, *Choice, complexity and ignorance*, Cambridge University Press, 1976, chs. 2, 3, 4., McCloskey, op. cit., 1983, note 46.

54. 参见注释 1 所引 Leontief(1971).

55. 就像 Leontief 关于 Heckscher-Ohlin 理论的"悖论". 比如参见注释 39 所引 H. Katouzian(1980). 关于力图证实采用 Lakatos 的解释框架而忽视 Leontief 的成果的理论经济学家的"进步性"的有趣尝试, 参见 S. Latsis(ed.), *Method and Appraisal in Economics*, Cambridge University Press, 1976. 把波普尔学派(Popperian)的理论应用于经济学但不是那么被人赞同的一个尝试, 可参见 T. W. Hutchison, op. cit., 1977, note 42, ch. 3.

56. 参见注释 44 所引 Hutchison(1978), p. 319, 他指出, 当代经济学到目前已太过厚重……庞大、蔓延丛生而且分散, 以至于不能作为一个整体进行转换; 而且, 向各个方向蔓延的繁忙的新郊区的智力在很大程度上独立于"通用理论"这一破败的中心城区地走着各自的道路. 但这一看法忘记了学术经济学中分析技能的高度标准化和理论信念的支配权. 尽管比起 20 世纪 50 和 60 年代的期刊来, 在如今的期刊中, 对于正统理论的困境的讨论的确更多了, 但是工作和资金的增长在美国社会学中比在美国经济学中分裂性影响要大得多. 比较注释 2 所引 Deane(1983); 注释 1 所引 Nelson 与 Winter(1982).

57. 在 Pantin 的意义上关于"受限"与"不受限"科学之间的区别, 参见 C. F. A. Pantin, *The Relations between the Sciences*, Cambridge University Press, 1968, ch. 1.

58. H. Martins, "The Kuhnian 'Revolution' and Its Implications for Sociology", in T. J. Nossiter et al, (eds.), *Imagination and Precision in the Social Sciences*, London: Faber & Faber, 1972; C. Lammers, "Mono-and Polyparadigmatic Developments in Natural and Social Sciences", in R. Whitley(ed.), *Social Processes of Scientific Development*, London: Routledge & Kegan Paul, 1974.

59. 比较注释 19 所引 Mullins(1973) pp. 216—241, 以及 Mullins(1983).

60. 参见注释 8 Knorr-Cetina(1981) pp. 81—83; B. Latour 和 S. Woolgar(1979).

61. 这些技术力图用类似于 19 世纪化学的途径, 把生物学研究中的原材料还原为标准实体; 同上, 参见 A. Rip, "The Development of Restrictedness in the Sciences", in N. Elias et al. (eds.), *Scientific Establishments and Hierarchies*, Sociology of the Sciences Yearbook 6, Dor-

drecht：Reidel，1982. 这种努力导致了对与医学问题有实质性不同的问题的科学归类以及优先考虑问题排序.

62. 自生物医学研究方面的资助经费大量涌入以来，生物学中多种多样的组织单位名称与头衔的繁盛，已变得非常明显. 参见注释 15 所引 N. C. Mullins(1968)；以及 National Academy of Sciences, Committee on Research in the Life Science, *The Life Sciences*, Washington D. C.：National Academy of Sciences, 1970, pp. 230—239, 282.

63. 关于国家之间在生物化学发展方面的差异，参见 R. Kohler, "The History of Biochemistry: a survey", *Journal of the History of Biology*, 8(1975), 275—318.

64. 这种区别取材于荷兰，但并未在英国反映出来. 在这一点上我要感谢 T. Baal 博士.

65. 这与一些曾在 20 世纪 70 年代早期活动着的癌症研究实验室中工作的研究人员的面谈中变得非常明显. 比较 R. Whitley, "Types of Science, Organizational Strategies and Patterns of Work in Research Laboratories in different Scientific Fields", *Social Science Information*, 17 (1978), 427—447.

66. 参见注释 18 所引 Latour 和 Woolgar(1979), chs. 2, 4.

67. 就像 James Fleck 所描述的，参见 James Fleck, *The Structure and Development of Artificial Intelligence*, Manchester University, unpublished MSc dissertation, 1978; "Development and Establishment in Artificial Intelligence", in N. Elias *et al.* (eds.), *Scientific Establishments and Hierarchies*, Sociology of the Sciences Yearbook 6, Dordrecht：Reidel, 1982.

68. 就像 Lighthill 的报告所预示的，参见 Sir James Lighthill, "Artificial Intelligence: a General Survey", in Science Research Council, *Artificial Intelligence: a Paper Symposium*, London：SRC 1973.

69. 至少在近 30 年是这样的. 参见 C. S. Fisher, "Some Social Characteristics of Mathematicians and Their Work", *American Journal of Sociology*, 78(1973), 1094—1118；W. O. Hagstrom, op. cit., 1965, note 11, pp. 226—235；L. L. Hargens, *Patterns of Scientific Research*, Washington D. C.：American Sociological Association, ASA Rose Monograph Series, 1975.

70. 参见前引 Fisher 一书，1973.

71. 参见注释 13 所引 Hagstrom 一书(1965), pp. 227—235.

72. 比如参见前引书 G. Allen, 1979b；以及 E. Yoxen, "Giving Life a New Meaning: The Rise of the Molecular Biology Establishment", in N. Elias *et al.* (eds.), *Scientific Establishments and Hierarchies*, Sociology of the Sciences Yearbook 6, Dordrecht：Reidel, 1982.

73. 无论如何，就像 Yoxen 等人所分析的，参见 E. A. Yoxen, "Life as a Productive Force: Capitalising the Science and Technology of Molecular Biology", R. M. Young and L. Levidow

(eds.), *Studies in the Labour Process*, London: CSE Books, 1981; op. cit., 1982. 也参见 R. E. Kohler, "Warren Weaver and the Rockefeller Foundation Program in Molecular Biology", in N. Reingold (ed.), *The Sciences in the American Context*, Washington D. C.: Smithsonian Institution Press, 1979.

74. 在此情况下,一个与新技术和新的能力资格标准相关联的、关于这一至关重要现象的新概念即"生命"(life),占据了支配地位. 没有物理学家及其实验仪器的崇高声誉,以及某些精英生理学家的扶持——至少在英国如此——这种变化似乎不可能这么轻易实现. 比较前引的 Yoxen 一书(1981).

75. 在盖森的书中得到了讨论,参见 G. Geison, *Michael Foster and the Cambridge School Physiology*, Princeton University Press, 1978, pp. 331—333.

76. 同上, pp. 176, 331—333.

77. 同上.

78. 正如注释 10 所引 G. Allen(1979a;1979b)所讨论的. 因此,在 20 世纪 30 年代,实验遗传学家和古生物学家的竞争性学派之间也能够围绕群体遗传学家们的工作联合起来. 参见 W. B. Provine, "The Role of Mathematical Population Geneticists in the Evolutionary Synthesis of the 1930s and 1940s", *Studies in History of Biology*, 2(1978), 167—192.

79. 参见注释 9 所引 Geison(1981).

80. 比如就像 Mintzberg 在注释 5 所引著作中所讨论的.

81. G. Bachelard, *La Formation de l'Esprit Scientifique*, Paris: J. Vrin, 8th ed., 1972, p. 61.

82. 比较注释 13 所引 W. O. Hagstrom 的著作, p. 246.

83. 参见注释 12 所引 Shinn(1982).

84. 参见注释 48 所引 Georgescu Roegen, pp. 114—123.

85. 比较 D. A. Bantz, "The Structure of Discovery: Evolution of Structural Accounts of Chemical Bonding", in T. Nickles (ed.), *Scientific Discovery, Case Studies*, Dordrecht: Reidel, 1980.

86. R. G. A. Dolby, "Debates over the Theory of Solution", *Historical Studies in the Physical Sciences*, 7 (1976), 297—404.

87. 参见 M. Crosland, "Chemistry and the Chemical Revolution", in G. S. Rousseau and Roy Porter (eds.), *The Ferment of Knowledge*, Cambridge University Press, 1980. 无论如何,化学传统上都是与医药相联的. 参见 K. Hufbauer, "Social Support for Chemistry in Germany during the 18th Century: How and Why did it Change?" *Historical Studies in the Physical Sciences*, 3 (1971), 205—231.

88. 这得到了 B. Gustin 等人的讨论。参见 B. Gustin, *The Emergence of the German Chemical Profession, 1790—1867*, University of Chicago, unpublished PhD thesis, 1975, chs. 5, 6, and 7; D. Kevles, "The Physics, Mathematics and Chemistry Communities: A Comparative Analysis", in A. Oleson and J. Voss (eds.), *The Organization of Knowledge in Modern America, 1860—1920*, John Hopkins University Press, 1979; H. W. Paul, "Apollo courts the Vulcans: the applied science institutes in nineteenth-century French science faculties", in R. Fox and G. Weisz (eds.), *The Organization of Science and Technology in France, 1808—1914*, Cambridge University Press, 1980.

89. 比较注释 13 所引 W. O. Haagstrom(1965)p. 160.

90. 比较美国国家科学院物理学评委会(the NAS Physics Survey Committee)所说的"精研"(intensive)物理学与"泛研"(extensive)物理学之间的区别,参见 *Physics in Perspective*, Washington D. C.: National Academy of Sciences, 1972, pp. 581—585.

91. 比较注释 48 所引 N. Georgescu-Roegen(1971), chs. 4,5,以及注释 57 所引 C. F. A. Pantin(1968),ch. 1.

92. 前引书美国国家科学院物理学评委会,p. 364.

93. 参见 J. Gaston, *Originality and Competition in Science*, Chicago University Press, 1973, pp. 58—59; Hagstrom, op. cit., 1965, note 13, ch. 5

94. P. Forman, J. Heilbron, and S. Weart, *Personnel, Funding and Productivity in Physics circa 1900*, Historical Studies in the Physical Sciences, 5 (1975), pp. 31—39.

95. 比如,参见 S. Weart, "The Physics Business in America, 1919—1940", in N. Reingold (ed.), *The Sciences in the American Context*, Washington D. C.: Smithsonian Institution Press, 1979, p. 300.

96. 在德国,这一过程与反犹主义相关联,参见 Forman *et al*, op. cit., 1975, note 94, pp. 31—32. See also P. Forman, "Alfred Landé and the Anomalous Zeeman Effect, 1919—1921" *Historical Studies in the Physical Sciences*, 2 (1970), 153—261; E. Crawford, "Definitions of scientific discovery as reflected in Nobel prize dicisions, 1901—1915", paper presented to the 1981 annual meeting of the Société française de Sociologie, Paris.

97. 就像注释 95 所引 Weart(1979)中记述的。

98. 比较 J. Heilbron 的"19 世纪末的物理学",提交给 1981 年召开的专题讨论阿尔弗雷德·诺贝尔时期斯德哥尔摩的科学技术与社会的诺贝专题讨论会的论文。也参见 P. Galison, "Re-Reading the Past from the End of Physics", in L. Graham *et al.* (eds.), *Functions and Uses of Disciplinary Histories*, Sociology of the Sciences Yearbook VII, Dordrecht: Reidel, 1983;

NAS Physics Survey Committee, op. cit., 1972, note 90, pp. 57—75.

99. L. Karpik, "Organization, Institutions and History" in L. Karpik (ed.), *Organization and Environment*, London: Sage, 1979, pp. 18—23.

100. 参见注释 13 所引 Hagstrom(1965), pp. 247—252.

101. 比如参见 R. Silliman, "Fresnel and the Emergence of Physics as a Discipline", *Historical Studies in the Physical Sciences*, 5 (1974), 137—162; S. F. Cannon, *Science in Culture*, New York: Science History publications, 1978, ch. 4.

102. 特别是在核物理与基本粒子物理学领域,但也包括那些需要精密仪器来对电磁力以及放射线进行研究的领域.在 19 世纪 90 年代与 1905—1914 年间,物理研究所的平均建造费用上涨了 80%(参见前引书注释 94 所引 Forman 等人的文献, p. 102).尽管卢瑟福(Rutherford)为使用基本的廉价的设备建造实验仪器而感到骄傲,但是在世纪之交之际,物理学家们已日益更多地采用商业化生产的仪器(同上,85—86).

103. 比较 J. Woodward, *Industrial Organization*, Oxford University Press, 1980, pp. 136—145; A. L. Stinchcombe, "Bureaucratic and Craft Administration of Production", *Administrative Science Quarterly*, 4(1959), 168—187.

104. 就像 Gaston 关于英国高能物理学家的研究所反映的,参见注释 93 所引 Gaston (1973), pp. 30—31.

105. 参见前引 Wood Ward(1980), ch. 8, 11.

106. 参见前引注释 90 的美国国家科学院报告, ch. 4.

107. 参见注释 13 所引 Hagstrom(1965), pp. 168—170.

108. 就像 B. Harvey 对量子力学中隐变量研究的描述.参见 B. Harvey, "The Effects of Social Context on the Process of Scientific Investigation: Experimental Tests of Quantum Mechanics", in K. Knorr *et al.* (eds.), *The Social Process of Scientific Investigation*. Sociology of the Sciences Yearbook 4, Dordrecht: Reidel, 1980.

109. 比如,对比由两个美国国家科学院学术评委会采用不同的对研究成果进行证实的实用主义路径.也参见 E. Crawford 对照化学家们接受轮流坐庄的原则而对物理学领域内部就诺贝尔奖的分配展开冲突的评论,参见注释 96 所引 E. Crawford(1981).20 世纪 20 年代学术物理学与工业物理学的发展,导致了纯物理学与应用物理学之间分裂的扩大,这反映在《物理学评论》的发表策略和"应用型"期刊的牢固确立上.最权威的期刊日益被"纯"核物理方面的文章所主宰,其他领域则被驱逐到独立期刊上.同时,当核物理领域扩展时,排名前 20 位的研究生院已扩大了他们对美国物理学的主导权.参见注释 95 所引 S. Weart(1979).而相反,化学领域则好像未曾有这么严格的区分,也没有把自身组织成为一个"基础性"(fundamentality)的等级系列.

第 6 章
科学领域的情境

6.1 导　言

正如不同的相互依赖性程度与任务不确定性程度之间的那些特定组合,与各科学领域的不同内在结构相关联一样,这些组合也是应各不相同的情境而产生的。类似地,我们预期这些情境的变化与科学研究的组织与控制方式的变化有关,也与特定科学领域中最具代表性的给定议题范围相关联。例如,在过去的40多年里,生物科学中为研究所提供的经费数额的增长,以及经费提供机构的多样化,提高了研究成果阅听人的多样性,以及许多领域中研究者所追求目标的多样性。因此在有些传统学科里,科学家之间的战略依赖性已经大大降低,甚至到了这样一个程度,比如在许多生物-医学领域中,它们已经不再发挥主导性声誉组织的功能了。[1] 而与之形成对照的是,在另外一些领域中,围绕着非常昂贵而复杂的组织与设备而发展起来的"大科学",却促进了更加规范的协作与协调机构的建立,并限制了理论的多元化程度,而这些本都可以以另外的面貌发展。[2]

在第3章中,我指出存在着3组主要的影响科学家之间相互依赖性的情境因素。在第4章中,我则指出,这些方面都同任务不确定性程度联系在一起。在本章中,我将首先进一步详细探讨这些情境因素、它们之间的相互关系以及导致它们变化多样的根源,随后则分析它们与第5章确认的7种主要科学领域类型之间的关联。

6.2　影响科学领域结构的情境因素

第3章和第4章所提的3组情境因素是:(a) 在制订标准方面相对于竞争性的

智力组织及范围更为大的社会结构的声誉自主性程度;(b) 对获得知识生产与验证所需资源进行控制的集中化程度;(c) 有声望的阅听人的结构。这些方面依次亚分为如下各不相同的组成部分。声誉自主性包括了3个相互分离的控制领域,即成就标准,重要性标准,以及描述术语和概念。基于就业单位的内外部关系,关键资源控制的集中程度包括水平集中与垂直集中2个亚维度。阅听人的结构也包括2个组成部分:在某个领域中寻求积极声誉的研究者可争取到的各种阅听人,以及这些阅听人按照威望和重要性(其声誉的等价物)划分出等级的程度。下面我们将探讨这7个维度,以及它们之间的相互作用关系和它们呈现出差别的原因。

1. 声誉自主性

第一个维度,即对科学研究的能力与成就标准进行声誉控制的程度。这对于一个科学领域能否控制工作过程和劳动力市场,以及由此控制这个领域内合格的知识贡献,是至关重要的。因此,任何声誉组织想要被确立为一个独立的科学领域,就必须在制订这些标准方面达到某个最低限度的自主性。不过,各门科学在其领袖人物不用参照雇主的标准或者其他群体的标准就能够决定某个研究工作好坏的程度方面,显然是各不相同的。并且,这些差异同科学领域中工作成果的协调和对比程度是相关的。

我们可以辨别出在制订成就标准方面的三种不同水平的声誉自主性。第一,如果某个领域并不存在明确清晰、独一无二的工作方法,而且其他科学领域训练出来的研究者不需要实质性改变他们的研究规程也可作出能获得承认的贡献,那么,这时这个领域的声誉控制水平就较低。英国的社会学和管理学研究就是这种情况的例子。如果训练纲要和交流渠道中确立了一套独特的"技艺"(craft)性程序,将合格的研究者同"业余者"的贡献区分开,从而令人满意的表现将根据正确使用该学科的方法处理恰当问题来评价,那么这个领域就有着中等程度的声誉自主控制水平。20世纪五六十年代英国的社会人类学使用特殊的参与观察法就是体现这种控制水平的一个例子。如果声誉精英独立于其他群体制订能力水平标准,使得如果不在既有研究机构获得研究技能就不能够对知识目标作出贡献,这时对成就标准的控制程度则最高。在这种情况下,什么构成一项合格的研究,这极大地受到该专业群体的控制,它能够忽视乃至拒绝使用其他方法和程序得到的研究结果。盎格鲁-撒克逊国家的经济学就表现出对分析技能的这种程度的声誉控制。

第二个维度,即对重要性标准的控制,这是专门处理研究问题和研究战略评估的,而不是研究技术与能力问题。正是由于这些标准控制了总的研究问题的基础性和重要性,所以能够按照贡献对集体目标的重要性来对研究成果排序。就研究人员在组织中的身份和生存来说,对这些标准的声誉控制不及对成就标准的声誉控制来得更具决定性。但是如果它们都被外部群体完全控制,那就意味着没有能力围绕具体的研究项目对研究战略与研究问题的优先性排序,从而知识连贯性以及对知识发展的系统控制就不再可能了。在这些标准上完全屈从于外部影响,意味着这些领域将没有中心的研究议题或者研究问题,并因此不具备清晰的智力身份。

一旦其他领域的群体,包括外行,能够实质性地影响关于什么是重要的研究问题、以及研究这些问题的成果在何种程度上成功地处理了这些问题的集体观念,那这个领域中对重要性标准的声誉控制的自主性就会降低。正如大多数生物-医学研究领域中的情况那样,在这些领域中,研究目标的定向经常屈从于雇主、资助机构及其他学科精英的目的和价值,以致于如果这些群体改变了其优先问题,科学家们就得重新定位其研究战略和评价标准。

而在领导者能采取一些办法来坚持他们自己的知识目标,并能根据成果对这些特定目标的贡献而对之进行排序的科学领域,对重要性标准的控制程度就会较高。在一个具有中等程度声誉自主性的科学领域里,研究问题和研究议题的重要性大多是由同行专家进行评估的,而他们的评估标准常常显著地受到其他领域的潮流以及普遍的社会优先考虑问题的影响。这种情形的一个例子便是早期心理学发展中哲学家的角色。[3]而当科学领域的领导者能够将其他群体的影响仅限于提供经费和实验设备,而排除他们对科学成果的评价时,对重要性标准的控制就有着高度的自主性。研究领域的价值和目标将决定什么被看做是一项重要研究,对资源怎样分配也有着重要的影响,这样,在确定智力目标上外来的控制程度就较低。大多数现代物理学在重要性标准的控制方面表现出了这种声誉控制水平。

这些标准都与自主性的第三个方面联系在一起,即对科学领域的典型研究范围、研究问题、以及描述性语言的控制。一个组织决定自身边界的能力,以及决定什么是或者什么不是其成员的恰当研究问题的能力,这对于该组织的身份是至关重要的。当科学领域主要以"剩余的方式"(residual manner)——即为其他研究领域所忽略不做的——来组建起自身的研究领地时,比如19世纪末美国的社会学,[4]就会极大地受制于既有的学科边界,并因而容易受到其他群体的界定和意图支配。

同样地,当一个领域所研究的核心现象为强有力的非科学群体所界定,如管理研究中的那样,那么其自主性就非常有限,并且容易受到"适用性"(relevance)名义下的干预和影响。[5]有一种相对不那么极端的情形,即其他研究领域的研究人员通过对核心研究对象的新描述而发展新的研究纲领,重新界定研究现象和研究边界,就像"生命"在生物科学中的情况。[6]这里值得注意的是,这个领域的环境方面不仅仅涉及边界及关键问题,也包括描述现象与任务产出的概念与术语。尤其是当一个组织极度依赖于国际交流系统以发挥正常功能时,这就极为关键。在描述性术语同常识非常接近并面临着多种解释的压力的那些领域,如在人文科学中那样,将模糊性降低到足够低的程度,达到能够完全依赖正式的交流体系通过声誉对研究进行控制,并且将研究成果围绕着公共理论目标而整合起来,这就相当困难。

当用日常语言描述现象,并且概念的技术性定义相对于日常用法未形成优势地位,如在大多数人文科学那样,这些领域中声誉对于领域描述、问题形成以及描述性术语就只有一种低水平的控制。同样,对于什么构成学科问题或者研究议题容易受到其他群体压力的影响,就使得这个领域的科学家对特殊议题和概念上的垄断能力受到明确的限制。更恰当地说,哪些议题"在"或者"超出"研究领域便很难辨别,那些广泛而经常性协商的研究对象是属于领域之内还是之外,同样也不易辨识。当技术性术语与概念在学术训练纲领中已经确立,并被认为比日常性语汇优越,但与常识性用法之间也还存在着相当的重叠交叉,以至于可能对认知对象以及研究成果的意义造成混淆,此时的自主性程度就处于中等水平。同样,尽管此时研究领域的边界更为清晰并受到维护,也还是会容易受到合法性标准和外行的压力的影响。虽然,哪些是或者不是经济学的问题主要是由新古典经济学的分析框架来决定的,但是外在的影响确实还是影响到了研究议题的范围,并且政策需求也的确会引导分析框架延伸到以前认为是不适当的新领域。[7]而当技术性术语主导了交流系统,并且外行的概念被排除出去的时候,声誉控制的程度就很高。这时,某一领域的研究范围就从外行研究问题中解放出来,但会受到更加强势的科学家群体的战略和划界的影响,也容易受到财务压力的影响。尽管如此,关键之处在于,什么构成一个学科问题或者研究议题是由声誉领袖控制着,而不是由外行控制的,例如,在"纯"数学中,应用就被赋予了很低的地位。[8]

当成就标准从属于其他群体的标准时,重要性标准和描述语言不太可能不受这些标准的影响。所以,声誉自主性的这三方面是相互联系的。在由雇员主导的科学中,对寻求自主与独立的声誉群体来说,对技术和成果评估的控制正是控制研究问题的重要性以及描述性概念的关键。[9]一旦能够就领域内的知识应当怎样定义和评估、恰当的知识生产及验证的技能应该如何描述和训导施加一定的影响力,他们就可以控制劳动力市场并发展出确定的智力活动框架。在为培训项目和研究设施寻求资助来源时,新学科必须能够实际表明,他们有能力再生产出对这个新出现的领域生产特定种类的知识极为关键的那些特殊技能。[10]如果没有这样的特殊技能,这个领域在控制研究程序及评价标准方面就会变得相当困难。如果是这样,该领域就极易被其他群体所占领——包括科学的以及科学之外的群体,并被分割成更小的独立单位,由更多具有牢固地位的群体所控制。现代英国的社会学就呈现出这种状况。[11]

当缺乏对成就标准的控制,限制了声誉群体对重要性标准以及领域边界的控制时,这个领域内某种程度的声誉控制自主性就不会理所当然地意味着声誉对研究各个方面的强有力控制。如同其他专业群体一样,技能控制同工作目标控制之间的联系程度,在不同科学领域会呈现出极大的差别。随着对知识生产的科学专业技能有需求的雇主数量和种类的扩张,这一点已变得特别引人注意了。在公共科学中,许多领域同各种群体和机构共享对工作目标的控制,所以将训练项目、技能认证以及对工作职位和研究设备使用的垄断紧密组合在一起的传统的学术学科的观念,仅仅在现代科学中的一个部分中才是适用的。因此,甚至当其在相当程度上能够控制技能的定义与生产时,不同科学领域摆脱外界对重要性标准、描述性概念以及边界的影响的自主性,也是各不相同的。

后一类控制差别之间也是相互联系的。这是因为如果没有对领域边界及描述性术语的相当程度的控制,对重要性标准的高度声誉控制也是不可能的。例如,当认知对象及其描述同日常话语紧密联系,以致于不容易将技术性用法与常识性用法区分开,声誉群体将会发现构建其自己的关于成果重要性的评价准则是很困难的,这是因为可以得到其他方式的描述,而且这可能与其他替代性的优先考虑问题联系在一起,就像在大多数人文科学中表现出的那样。再者,如果用相对含混而又宽泛的术语进行表述,研究成果如何对整体目标作出贡献便会模糊不清。这样,对重要性标准较低程度的外在影响,意味着技术性术语与日常用法的隔离,也意味着对学术争论作出的合适贡献以及对其边界的某种程度的控制能力。

盎格鲁-撒克逊经济学便是这样一个有趣的例子。在这里,判断什么是和什么不是经济学问题,以及确定什么是解决这些问题的合理方法都有着清晰的界限。技术高度标准化并且为声誉精英所控制,因而成就标准具有高度自主性。然而,经济学试图解决的论题都是日常生活的重要议题,并且,即使这些术语的技术性定义相当独特,经济分析的术语同日常语言依然关系密切。例如,利润在微观经济学中有着技术性内涵,这同传统的财务记账用法不一样——这些传统用法彼此各异。然而,尽管在其内部讨论以及对研究成果的学术重要性进行排序的时候,经济学家们使用他们的技术性的概念以及自身的评价标准,但是同时,他们也做出政策评论并寻求介入日常讨论和争议,而此时术语并没有被技术性地加以界定,而且他们也并未控制日常惯用法。[12] 事实上,如果人们不是认为经济学家的研究主题和问题同日常生活现象紧密联系在一起,他们不太可能获得如此之多的财力支持。这样,在专业群体内,成就和重要性标准以及技术性术语牢牢地为声誉精英所把持,但是这与常识性语言和关注点也有着相当的重合,这种重合影响到公众支持的合法化,有时候也会影响到标准。[13] 至于在经济学中,如何证明对现象的技术控制是否有效,这个困难将通过把分析经济学同应用领域分开并赋予前者以优势地位,使其同外在影响高度隔离开来而在一定程度上得到解决。这样,经济学就成为了一种混合科学,其中各种不同的特性被结合在一起,以至于对于外围的子领域来说,其核心展现出不同的品格。

这三个方面的自主性之间的相互关联,相当程度上减少了其不同水平的自主性的经验组合方式。事实上,对于标准的声誉控制程度更像一种限制,而不像一种决定性因素在发生作用。成就标准的高度声誉控制是高战略依赖性与低任务确定性科学领域建立的前提条件,但这并不能推断出,在这样的环境中后面的这些特征总会出现。例如,在数学中,研究技能和重要性标准极大地受到学院数学家们的控制,并且他们的描述性语言要比日常用语深奥得多,并从日常话语中分隔开,但这个领域工作组织和控制的主要模式同现代物理学和化学却还是极不相同。而且,来自于各种经费提供机构和其他专家群体的强有力影响,也会阻碍声誉对重要性标准的控制以及理论的整合,但是这些方面的缺乏并不意味着子领域围绕着重要性以及理论一致性有着强的序列特征。同样,相同水平的三个方面的外界声誉控制也会与不同的内在结构联系在一起,例如现代物理学和化学。在这三个方面,这两者都有着高度的自主性,但是在战略依赖性和理论协调性的重要性上则是不同的。这更多的是由于知识生产与分配方式控制上的集中程度不同,以及阅听人结构的不同。

2. 集中控制知识生产和分配手段的获得机会

对于知识生产与分配手段的获得机会,区分其控制集中程度有两个维度——水平的与垂直的。这与明兹伯格(Mintzberg)关于组织怎样从垂直管理转向专家组(水平的),和(或)从高层管理转向监工和操作工(垂直的)进行分散决策的分析相对应。[14]不过,这里关注的是在何种程度上工作职位、设备、经费以及期刊版面由少数研究机构和研究基地的小群体所主宰(水平集中),以及在何种程度上这些资源被这些机构中不同的雇员不平均地使用(垂直集中)。

第一个方面,是指每一个工作场所的科学家通过各不相同的研究战略来寻求各自对组织目标的解释,以及通过资源的地方性控制来追求各自研究纲领的程度。在水平集中程度很高的领域,对资源的控制是通过少数核心机构为岗位分配赞助和基金、为训练新手提供设备和资源来实施的。这样,一个小的精英群体就能够设定研究目标,并且按照对集体目标的贡献设定成果声誉等级。这种领域的一个明显的例子是高能物理学。在这个领域中,科学家必须让其小群体同行相信他们工作的重要性和价值,以获得那些必需设备。与此相对照,在许多人文和生物科学中,研究工作可以在更为有限的资源下进行,而这些资源大多数的雇佣机构都能够提供,这样,它们就呈现出更低的水平集中程度。一般说来,主要资源越是集中于一个单一的来源,比如说某一个研究委员会(research council),或者工作职位与研究设备集中于少数的顶尖大学,或者最著名期刊的版面空间远比其他期刊更重要,这个领域的水平集中程度就越高。当一些比较重要的资源被集中控制,而且又被不同地分配到了研究机构中,但每一个雇佣机构对于研究目标和战略又都能够施加一些影响,那么这时候就会产生中等程度的水平集中。因为经费往往只能够从一个机构获得,并且往往倾向于分配给与主要科学研究培训中心有着紧密联系的精英群体,不过期刊又并非控制在一个核心精英群体手中,而且每一个研究群体都寻求不同的研究策略和优势,所以,英国现代自然科学领域中的许多研究都反映出这种中等程度的水平控制。[15]

第二个维度类似于人们比较熟悉的权威集中,指的是决策和奖励由权威等级中的顶层小群体控制,一线操作人员的影响很少甚至毫无影响。在科学中指的是研究主任或者教授控制谁、什么时候以及怎样进行研究的程度。在这一点上,不仅仅不同国家的研究雇佣机构不一样,例如19世纪普鲁士的教授(ordinarius)独裁以及许多北美大学院系更加民主的结构之间的不同,[16] 而且在不同的研究领域也不一样。例如,西恩曾经描述过矿物化学、固体物理学以及计算机导航分析这些领域之间技术人员、初级和高级科学家在参与研究计划和解释研究结果上表现的重要差别。[17] 某些领域,例如部分化学学科,研究机构中允许更为集中与官僚化的研究组织方式,而其他领域,例如应用数学的分支,似乎要求群体成员的更高参与度,并且不能够通过高度正式化的程序由单一权威进行控制。

一般而言,当雇佣机构的领袖控制了职位与晋升机会、分配地方性研究设施与资助,并且控制经费申请和报告的提审以及论文的发表时,垂直集中水平就高。中等程度的垂直集中水平则意味着本地管理者控制了这些资源的一部分——往往是职位——但并不是全部资源,所以科学家能够寻求与研究领导者不同的研究战略而不会受到直接的制裁。牛津、剑桥的院士在某些由教授控制着经费申请以及论文发表的领域里,就似乎处于这样的情形中。[18] 低水平的垂直集中程度则意味着本地研究管理者控制着极少的研究战略、设备和研究程序。这时,可能是因为研究者们寻求永久性职位相对容易,并且也不需要更大量的研究设备,他们能够自己形成研究方向,而不必更多理会其院系的领导者。显然,某些由本地控制的绩效评估依然存在,但这并没有根本性地限制所进行研究的种类或者如何开展研究。

这两个方面的集中程度可以在不同水平上组合起来,这样,比如,强有力的教授控制研究可以同低程度的水平集中程度同时发生。例如,20世纪中叶英国的人类学研究主要由6所大学的院系进行,这些研究由教授们牢牢控制,但是主要的研究资源在他们中间的分布却非常平均,所以每一个机构都可以发展自身学科的独特研究方法。[19] 德国大学体制也有类似的特点,尽管与英国政府相比,德国各种各样的教育部门在职位和预算上施加了更为直接的影响,并且柏林大学在许多领域经常是最具主导地位的雇主。[20] 总的说来,似乎自然科学的垂直集中程度较高,这可能源于对研究现象和分工更大的技术控制,[21] 但也可以同中等程度的水平集中联系在一起,例如生物科学;或者高水平集中的资源控制,比如在天文学和核物理学中。当资源可以追求不同目标的不同机构广泛获取时,例如美国的生物-医学科学,组织领袖似乎就不太可能高度控制研究战略以及研究方式,这样,垂直集中程度就比较有限。

两种类型的集中都明显与不同国家高等教育组织和职业结构的差别相关。例如,英国的科学体制就比美国更加集中化,不论是水平的还是垂直的。[22] 而且,在技术和符号结构尚未标准化并且技术任务的不确定性比较高的领域中,这些差别尤其重要。这是因为不同研究场点和民族文化中的工作成果无法通过规范的交流系统而加以系统比较和协调,从而研究人员之间的私人联系对于研究结果达成共识至关重要。在这些领域中,组织职业生涯及资源分配机制的国家结构对声誉系统的组织产生重要的影响,并且也影响到智力产出的类型。例如,加尔通(Galtung)对社会科学不同智力活动类型的区分,[23] 与不同国家对工作职位、设备以及其他资源的组织方式有着非常明显的关联。他认为,日耳曼式和高卢式的话语风格比撒克逊式话语风格更加专断,更少包容差异。他的这种看法,能够部分通过法国与德国科学研究中存在着更高的垂直集中程度而得到解释。[24] 与此相关的另外一个制度特征,是不同国家系统中可获得的工作职位的性质。在德国的大学系统中,全职教授必须贯通整个学科广阔范围的研究议题,在许多专业领域里具有宽泛的能力,并且专业研究的一般性理论整合受到高度的重视。这对于获得教席非常关键;而且,其收入的主要部分来自于讲课费,从而鼓励他讲授一般性和基础性课程。[25] 与此相对照,在盎格鲁-撒克逊系中,终身教职可以在职业生涯的较早阶段拿到,因而教研人员并不像德国那样依赖于教授[26]——尽管这并不意味着他们可以完全独立于教授。而且,全职教授越来越多,人们并不期望他们能够贯通整个学科。由此,专业化得到更多的促进,从而降低了竞争的剧烈程度。

另一方面,在具有较低的技术性任务不确定性及更加标准化的技术与符号体系的学科中,这种国家间的差别对研究控制及知识类型风格上的影响就很少。在确立研究战略方面,地方性的特点和需要并不太重要,评估任务产出更少模糊性,并且在背景知识和训练上有着更大程度的共同背景。这样,将一个领域作为一个整体来把握其特点就更加可行,而无需区分不同的国家和不同的风格。在这些领域中,国际声誉组织的结构在引导研究方向和协调研究结果方面,就比国家工作结构扮演着更为重要的角色。[27]

然而,这些更加"国际化"的科学也正反映了该科学领域中最重要的国家体系的主导特点。正如跨国公司在所在国倾向于集中控制并传播其管理文化那样,不同国家的科学系统之间也存在等级关系。在科学中,特别是较为集中化的学科,某种风格经常占统治地位。尽管在 19 世纪和 20 世纪早期,德国科学系统在许多领域内是最为重要的,而今占据主导地位的却是美国。科学的美国风格不断渗透到怎样做研究工作,以及在一个国际性的出版系统和标准化的技能系统中如何评估研究成果。这种主导地位极大得益于留学制度,大量人员到科学中心国家接受留学训练,从而使得这种标准化的技能传播到外围国家。众所周知,19 世纪的德国就是北美以及其他外国人进行科学训练的中心,特别是在化学领域。[28]而 20 世纪 40 年代以来,北美的研究生院则已经很明显地占据了主导地位。在许多领域里,研究技能与研究战略已日益受到美国教育与职业模式的决定,欧洲人和其他国家的人则涌入美国接受训练并获得研究者资质。正如出版商更加依赖于美国的销售市场和出版决策,在许多科学中,一个人在美国学术体系中的地位决定了其科学地位,乃至其国际声誉。只要这个体系倾向于通过相对低水平的垂直与水平集中方式寻求高度专业化的、在经验方面更加明确的研究,那么它就会成为科学工作的主导方式。

正如我们可以在一个国家内依据水平集中程度区分科学领域,我们也可以区分其国际的水平集中程度。当一个国家在研究优先权以及设备上有优势地位,以致于该国的科学家能够为整个国际研究体系设定重要性及成就标准的时候,其水平集中程度显然就很高。在这些领域中,科学家基本上定位于一个国家的声誉体系,并且受到其优先性与重要性标准的指导。他们努力在这个国家而不是自己国家的期刊上发表成果,也会在这个国家的组织中竞争职位,即便是临时的。与此相反,当国际的水平集中程度低时,智力优先权以及工作方式的国家差别就显得更加重要并清楚可见,而且科学家也将更多地定位于本国同行的声誉系统,而不是国际同行的。在这些领域,地方精英与组织领袖对于个人的声誉和资源的获取就变得更加重要,所以个人在本国赞助人中的地位是研究战略的主要关注点。这时,如果国家系统在水平和垂直上都是高度集中,科学家将会高度依赖于系统中的同行,但明显地有脱离于国际性意见的高度自主性。这种自主性在法国的知识分子生涯中最为显著,[29]特别是在人文科学中,但在某些本地政治与文化声誉而不是国际学术声誉受到高度重视的英国和丹麦群体中,也可以看到。

在由雇员主导的科学中,声誉组织的集中控制程度差异有一个相关来源,就是工作职位总体上的可获得性及其分配条件。他们与声誉标准联系得越紧密,国际、国内精英对其影响就越大。但同样地,工作职位越容易获得,精英的影响就越小,理论上的离经叛道者能够找到职位。当研究者不需要为其工作从一个单一的来源获取外部经费,并且期刊版面供应也不短缺时,情况就尤其如此。这里,一个领域中实际进行竞争的科学家和研究基地的数量似乎非常关键,研究中心为一个领袖所牢固控制的程度也同样如此。如果研究贡献者很少,比如20世纪60年代人文科学扩张以前,并且每一个工作场所受到教授在知识和管理上强有力的控制,就会产生一种强有力的教授体制去制订标准和协调研究,如同德国的情况那样。尽管研究中心千差万别,每个研究中心都试图将其学科范式确立成首要的,没有单一的雇主能够主导这个领域,但是,研究工作仍然会强烈地彼此定向,科学家也更加关注同行而不是外行阅听人。另一方面,如果职位和研究设施并未直接为教授所控制,像19世纪的剑桥和牛津大学系统(至今某种程度上仍然是这样),科学家们围绕着各自的议题专业化并且形成相互区别的声誉单位,而这些单位缺乏相对少数的教授精英进行高度协调,那么,这种相互定位就会降低。在这里,集中化水平和(因而)相互依赖程度都是比较低的。

3. 阅听人的结构

这里要考察的第三个情境方面的特征,关系到为研究成果带来声誉的阅听人。该因素的第一个组成部分主要是指个别阅听人群体(科学家为获得声望而向其报告自己的研究成果)之间的差异程度,以及这些阅听人群体的目标和评价标准的多样性。例如,在生物-医学科学中,很多研究项目生产出的成果能够在广泛多样的杂志上发表,这些杂志面向着各种各样的科学家群体、管理者群体以及医生群体。而在物理学中,一项研究成果适合在哪种杂志上发表,通常是相当清楚的。在后一个领域中,阅听人受到研究主题和研究问题的专业限制要大得多。[30]

当科学家既能够从外行群体获取声誉,又能够从拥有相似技能的同行群体中获取声誉时,阅听人的多样性程度就高,如英国的文学研究。但在某一个领域中,当寻求不同知识目标的不同群体的科学家都可以作为潜在的合法声誉资源时,情况也是如此,例如最近的社会心理学。这样,在存在着大量彼此不同并且多样的阅听人的那些科学领域,其边界就会很弱,并与其他群体一起共享工作目标——或许也包括工作规程——的控制,因而理论整合程度不太可能高。另一方面,如果科学家在追求声誉时只有少数专家群体可供通报其成果,而且这些专家群体都共享共同的智力目标,就像现代化学中的大多数领域那样,研究高度专业化并同特定的专家同行群体紧密结合,那么,阅听人的多样性程度就较低。

第二个组成部分,即阅听人的等效性,指的是不同阅听人所控制的声誉是否大致相等。科学家或许可以将特定项目的成果向各种不同的阅听人群体发表,但某些群体可能比其他群体更有影响力和更重要得多。此时,阅听人的声誉等效性就较低,就像在经济学中那样。如此说来,出版媒介可以依照研究成果传达并影响的阅听人的数量规模和重要性程度来评定等级——这就是为什么综合性刊物往往比专业刊物更有声誉的原因——因此,争取接近最具普通性的媒介(general medium,即非专业性媒介——译者注)的竞争是十分激烈的。在阅听人更加等效的领域中,并不存在清晰的、普遍被接受的阅听人或者期刊的重要性等级,所以吸引某一特定群体或者某一媒介空间的竞争就相对较少。这种情形意味着较低水平的相互依赖性,以及很少需要研究者协调研究战略和成果。

原则上,不同科学领域可以有不同程度的、与阅听人等效性相关联的阅听人多样性。数量少的阅听人,比如由具有不断专业化的兴趣、稳定的理论和技术环境加以界定的群体,能够依照其重要性及其控制声誉的权力而被明确地划分出等级。或者,数量多且差异大的阅听人,也可以按其重要性进行排序。比如在经济学中,外行群体也可能对预测模型的结论感兴趣,但科学地位却明确地受到同行专家的控制。[31]另外,高度专业化且范围有限的阅听人并非总是可以按照他们对于学科目标的重要性而进行排序,这样,就声誉而言,他们的重要性或许是大致相当的。20世纪化学领域的专家群体似乎就反映了这种情形。最后,多样和多元的阅听人很可能没有声誉上的排序,如同在大多数人文科学中的那样,"有教养的公众"是声誉的合法来源之一,并且高级职位往往授予那些在其他领域有着声誉的研究者,[32]或者授予其著作在圈外比在圈内学术同行中更有影响力的学者。在这些领域,阅听人的多样性与高等效性相联系,降低了对研究战略与研究程序的声誉控制,从而导致相互依赖低而任务不确定性高。

比碎片化动态组织更多地控制着成就标准及某些技术标准的科学领域,很容易以不具备成果判断资格为由而排除掉非专业阅听人。在这种科学领域,阅听人的多样性较低。但是,如果不同的研究场点遵循不同的研究战略,并且水平集中程度有限,那么,潜在阅听人的数量依然会相当可观。另外,还可能有一些在整个科学体系中声望较高的阅听人,他们来自其他领域,而且有可能对重要性标准的排序产生重要影响。哲学标准和哲学观念在德国心理学发展过程中的重要性,就是这样一个例子。[33]许多人文科学中哲学争议和哲学观点的持续影响力也表明了这一点。

当我们转向阅听人的多样性和等效性,或者其变化的来源时,可以看到一个显而易见的因素,即职业机会以及获得研究设备和经费途径的多样性和差异性。当研究者能够从各种各样的机构和组织获得研究资源时，他们不太可能被限制在一个单一的声誉群体，或者在设定重要性标准方面认可高度等级化的阅听人及其目标。另一个因素是科学领域在整个科学序列中的声誉地位。如果所处地位相对较低，那么科学家就会倾向于从地位较高领域的阅听人中来寻求声誉，并且将他们的标准强加给同事。这时，阅听人的多样性增加。而如果能够获得实质性的额外资源，并且这些资源又为这些群体所垄断，那么，阅听人也可能会变得更为等级化。[34]另一方面，如果在一个领域有着高的声誉，学科精英可排斥异己群体及异己影响力量，并且能够通过提供更有价值的声誉资源以维持自己的优先地位和标准，那么，阅听人就不太可能是多元的和多样的。进行智力生产所需资源的获取越是集中，就越可能在优势领域内形成专家群体的等级分化，并且由此，阅听人的等效性就低。

智力阅听人的多样性也依赖于科学领域的领袖人物在多大程度上能够控制对研究现象及研究能力资格标准的界定。当常识和日常语汇被用于构建研究问题并用来描述工作成果的特征时，非科学群体显然就能够影响对成果的解释，并提供替代性的评价。这样，原则上，这些非科学群体就能够起到研究者潜在阅听人的作用。尽管如此，如果声誉组织能够通过其控制系统控制工作职位及其他必需资源，那么阅听人的地位就不是平等的，外行的影响力就会减少。例如，在许多人文科学领域，工作成果用日常语言写成，但专家群体往往能坚持住他们自己的重要性标准和能力资格标准，这样，行外评价在聘任和职务升迁方面相对来说就无足轻重。此时阅听人多元且各异，但他们的评价影响力并不等效。如果雇主的数目少，个人联系能够用于确保大学对任聘的控制；并且（或者），当技能已经足够标准化且深奥难懂，以致于能够坚持将专业训练作为参与专业争论的必要条件，而这种训练又由科学领域的声誉精英所控制，那么，贬低外行的观点和目标就相对容易。当然，这种标准化本身就会促进更为深奥的交流系统的发展，从而有效降低外行评价知识产品的能力，例如20世纪五六十年代经济学中所发生的"数学革命"。[35]

当一个领域主要的议题和关注点对于强势非科学群体的利益无关紧要，或者，如果与他们利益相关，但科学家能够直接证明其能力有利于他们的利益，像原子能与核武器中的那样，那么，排斥和贬低外行的观点和标准就较容易。例如，美国经济学在19世纪最后10年的专业化就同一些作者能够避免争议性议题有关。[36]这也需要对资源进行实质性的声誉控制，使得雇主和资助机构必须通过声誉体系而不是直接地影响研究目的和标准。这意味着工作和训练项目不由寻求非知识目标的

238　行外群体所控制。然而,正如盎格鲁-撒克逊社会学的情况所表明的,仅仅是摆脱非科学群体对目标评价和成就评价的直接控制,这种自主性本身并不能确保技术的标准化或者对外行价值的排斥。此外,降低阅听人的多样性与等效性似乎还要求提高(比如说因从业者人数增加而带来的)声誉竞争水平和(或)控制重要资源(比如说高声望组织中的工作职位)的不平等程度,以及增加大学控制的集中程度。如果要使技术标准化程度增加的话,还包括对训练项目以及技能资质认证的更高声誉控制。当共同技艺对生产出合乎集体性知识目标的贡献不再重要时,阅听人的多样性就会保持高水平。例如,心理学的实验技术和实践促进了一种独特技能的制度化,这就排斥了外行的贡献。而当在美国社会学中一度占统治地位的社会调查技术不再能够行使同样的功能时,社会学家应该深入学习哪种高等教育,才能使其获得处理特殊问题的独特技能,就变得模糊不清了。

6.3　7种主要科学领域的情境结构

　　科学领域情境的上述7个组成部分结合在一起,解释了前面章节中指出的7种主要科学领域之间的主要差别。如表6.1中所概括的,每一种科学领域是在不同情境中发展和建立起来的。下面将简要讨论每一个领域的特点及其可能的变化。同前面一样,所提到的例子仅仅是示例性的,并不是对某一特定领域工作的详细分析。

239　**表 6.1　7 种主要科学领域类型的情境**

科学领域的类型	情境因素						
	相对于情境的声誉自主性			对关键资源获取的控制集中程度		阅听人结构	
	(a) 成就标准	(b) 重要性标准	(c) 问题阐释与描述性语汇	(a) 水平的	(b) 垂直的	(a) 阅听人的多样性	(b) 阅听人的等效性
1. 碎片化动态组织	低	低	低	低	低	高	高
2. 多中心寡头制	中	中	低	中	高	高	中
3. 分割化科层制	高	核心高边缘低	核心高边缘低	核心高边缘中	中	中	低
4. 专业动态组织	高	低	中	低	高	高	中
5. 多中心专业	高	中	高	中	高	高	中
6. 技术整合的科层制	高	高	高	低	高	低	中
7. 概念整合的科层制	高	高	高	高	高	低	低

1. 碎片化动态组织

当对标准和概念的声誉控制有限,并且同其他科学和外行群体分享控制时,这类科学领域就发展成为一种独特组织。在这些领域中,生产合格知识贡献所需要的研究技能的性质容易受到多种多样的影响,工作程序并非一个单一领域所特有,也不为特定的声誉领袖所控制。例如,在许多人文科学中,独特技能由关于"好学问"(good scholarship)的一般性规范所主导或补充,而这些规范可以广泛而又模糊地应用于很多领域。什么被看做是好学问,这允许多种解释,其模糊性促使了大量地方性变种的产生,同时也允许精英群体按照很难受到挑战的特殊方式来应用标准。在这些领域中,智力资质和成就的评价相对来说较容易受到外行及来自其他更有声望的学科标准的影响。比如,著名的外行在一般文学杂志上发表书评,数学复杂性被看做是研究资质的主要特征。这种对成就标准的多重影响限制了标准化研究程序和技能的发展,也限制了整个领域中系统协调和比较工作成果的需求和能力。

在碎片化动态组织中,对成就标准的声誉控制水平低,意味着专家控制重要性标准的水平同样也低。在这些领域中,研究问题的阐释和重要性排序容易受到来自于雇主、经费提供机构、一般性的文化潮流和偏好以及其他科学领域广泛多样的标准和目标的影响。当其他活动领域的精英群体对重要性标准产生了影响时,科学家就被鼓励去追求范围广泛的研究兴趣和知识目标,而不必去协调研究战略或者向某一特定声誉群体证明自身的正当性。他们用各种不同的方式处理各种各样的问题,为其贡献于广泛构想的目标的零散研究成果寻求声誉,而无需表明他们与专业同行的研究战略的特定联系。由于对于什么才算是重要的问题以及问题应该怎样形成的集体控制有限,当科学家以独具特色的方式寻求独特的兴趣和研究议题时,研究就变得极不连贯并且极为分散。当潮流发生变化以及声誉产生波动时,碎片化的不定型结构对于各种影响和目的的开放性也会导致研究目标与观念的流动与不稳定性。盎格鲁-撒克逊社会学和文学研究进路的兴衰,以及大多数管理学研究的折衷经验主义(eclectic empiricism)就展示了这些过程。[37]

这些领域使用日常话语进行研究和报告,方便和回应了对一般文化精英和目标的开放性。由于认知客体、工具与工作结果的基本特征都通过日常语言来描述,所以对于受过教育的外行来说,这些研究目标和结论都能够阅读并做出他们自己的判断。标准化的、深奥的术语,其发展受到其他智力工作领域的精英群体合法化替代性用法的威胁。例如,将社会学家的语言描述为"被行话控制的"(jargon ridden),就是否定对社会现象进行深奥分析的合法性,并主张社会学工作对于一般文化规范和标准的重要性的一种方式。碎片化动态组织中的这种通俗术语体系,促成了宽泛松散的研究成果,这些成果允许多种多样的解释,难以进行跨越不同研究群体和跨越不同历史时期的系统比较和对照。这样,围绕公共目标和共同问题而对工作成果所作的协调就受到限制。这里并不是说仅仅建立起技术性术语本身就能够增强知识的系统性——如果那是我们想要的话,而只是要指出,对日常语言的依赖限制了声誉组织维护边界、协调研究程序和成果的程度。只要公众可影响研究目标和成果,并且宽泛的一般性文化标准是评价成果的合法性标准,碎片化动态组织中所开展的研究就不可能得以高度协调或者系统地联系在一起的。

这些领域中任何一个声誉群体对标准和术语的有限控制,既反映了声誉领袖对关键资源使用的低水平集中控制,也是这种低水平控制的结果。典型情况是,研究材料要么很便宜并且个人易于拥有,例如在个人实验室;要么集体性设施由超越了院系的更大组织所控制,例如大学实验室,结果,特定的声誉精英就不能够控制对他们的使用。19世纪实验室研究的发展使得研究所负责人能够垄断基础性设施的使用,预示着集中控制水平以及由此导致的科学家之间的相互依赖程度发生了重要变化。再者,在碎片化动态组织中,工作职位和主要交流媒介并未被某一个精英所垄断,而是那些运用各种方式寻求各种研究目标的专家群体均可使用的。这些群体通常都能够影响永久性职位的分配,而不必同其他群体协调他们的目标和主导观点,并且某一个专业领域的声誉并不会比其他领域高太多。

垂直集中程度在碎片化动态组织中也相对较低。研究工作主要是一种个人的事务,工作单位极少对其方向或者评价进行集中,行政管理领导倾向于将职务和晋升的控制权委托给这些领域的专业声誉群体,如社会学A或者社会学B。因此,研究议题和问题沿着不同维度的分化和专业化受到鼓励,很少需要太多的内部协调和整合。典型的情况是,长期性职业地位或者终身教职在科学家职业生涯早期就能够获得。并且,在碎片化动态组织中,这种有限的垂直集中也得到了如下事实的回应——在生产具有竞争力的成果方面对国家资助机构的有限依赖,以及对被单一声誉群体所控制的高声望刊物的有限依赖。再者,这些领域中多数成果以书籍的形式出版,由于出版者的目标对出版决定也有一些影响,这就更加降低了集中控制的程度。

这些领域的研究成果和研究战略的协调程度较低,这是由科学家借以获得声誉的阅听人的多样性及其相对均衡所导致的。由于碎片化动态组织的边界极具流动性并且外部目标和标准对其具有渗透力,对于定位于各种各样目的的研究,科学家都能够寻求积极的名声,并且不会依赖于单一的声誉精英或者重要性标准序列。所以,在管理研究中,阅听人常常是一个由大学雇员、咨询公司或者大型官僚机构的"管理智囊"(management intellectuals)构成的混合体,其声誉地位时有起伏。[38] 同样,英国社会学研究者有时通过面向一些有教养的公众和(或)学生的著作,而不是通过定位于一小群专业同事的专业论文,而获得高声誉。[39] 当然,依赖于传统的、基础广泛的文化精英而获得声誉,是英国文学研究领域中不同研究进路长期争论的主要基点,这些争论包括成就标准、重要性标准以及术语描述。吸引外行阅听人的合法性降低了与专家同行进行工作成果连接的必要性,并且也鼓励了知识的多样化。

2. 多中心寡头制

正如我们可从表 6-1 中可以看出的,当声誉领袖能够对标准施加更大的控制并限制获得合法声誉的阅听人的范围时,这种多中心寡头制科学领域就会得以确立。在多中心寡头制中,高度的战略依赖性,意味着相对于外行群体的声誉自主性程度要比碎片化动态组织要高,并且专业声誉比在文化精英中获得的范围宽泛的声誉更有价值。不过,研究规程和原始资料同使用日常描述和普通语言联系在一起,缺乏标准化,限制了不同学派和研究战略之间协调一致的程度。

我认为,这种科学领域中之所以存在高度战略依赖,其主要原因是在高度集中化的工作机构中,学者对知识生产及学术资质的控制已接近垄断。当大学或类似研究机构中的一个相对较小的群体控制了知识生产和研究技能资质以及对知识生产者的雇佣时,多中心寡头制就形成了。在一个智力领导人的控制下,其等级结构也得以构建出来。因为少数几个精英院系控制了基本技能的教授以及交流媒介的使用,如 20 世纪 50 年代美国的社会学,[40] 所以控制的水平集中程度比前面谈到过的情形要高。并且,由于机构领导人近乎独裁的权力,垂直集中程度也高,如 19 世纪传统的德国研究所。这些领域的声誉依赖于少数几个人,他们以个人或者地方的方式控制了大多数为集体知识目标作出贡献所需的重要资源。尽管他们仍会争夺声誉组织的控制权,寻求不同的战略目标、目的和方法,但是他们共同构建了控制研究指导与评价的智力组织与行政管理机构。如果没有这些主要院系的其中之一所给予的能力资格认证或者某个领袖人物的庇护,要想作出重要贡献或者通过声誉报酬获得研究资源,就相当困难。例如,20世纪五六十年代,英国主要人类学系的领导人控制了对研究者田野工作的资金分配,而这些资金对于获取专业技能是必要的,对于获得原始资源从而作出有竞争力的贡献也是必需的。[41]

为增强相互依赖而集中控制研究生教育和出版媒体的重要性,可以从北美社会学和人类学的历史中清楚地看到。[42]尽管1935年创刊的新的《美国社会学评论》(American Sociological Review)使得芝加哥大学失去了对刊物的早期垄断,[43]但到20世纪60年代为止,芝加哥、哥伦比亚和哈佛一直控制着美国社会学博士学位的授予,也主导着社会学学科的发展。与之相似,穆林斯(Mullins)认为,在20世纪50年代,布鲁姆(Broom)和塞尔兹尼克(Selznick)的教科书对于沿着结构功能主义路线重塑并标准化社会学研究生教育至关重要。[44]帕森斯学派的社会学及其在哥伦比亚的默顿式变种,为学者们提供研究问题并由此获得声誉的能力,被许多观察家评价为是美国社会学最终建立主导地位的一个关键因素。同样,在人类学中,哥伦比亚的博厄斯主导了研究生训练,并掌控了20世纪20年代新的人类学系的建立。在第一次世界大战期间以及刚刚结束后,控制杂志版面也是人类学学术和政治斗争的一个关键因素。[45]在这两个领域中,学术研究倾向于被少数人所把握,这些人在20世纪60年代工作职位扩张以前就职于为数甚少的学术中心。由于学术系统足够小,因而通过基于师生关系的个人联系与网络就足以控制。

因为在多中心寡头式领域里对研究的高度协调和控制是高度个人化的,并且依赖于对关键资源的行政控制,所以,其程度易受到这些资源数量和分布变化的影响。特别是,如果可以广泛获得资源和职位,并且个人和雇佣机构的分配更加平均,那么小群体的领袖控制知识生产和确证的能力就会急剧降低。因此,20世纪六七十年代以来许多工业化国家大学教职不断扩张,削弱了雇佣机构的垂直权威结构和精英训练学校的主导地位,乃至于对重要资源的集中控制程度。

例如,在过去的20年里,美国研究生教育以及社会科学家职位的增长促进了技能生产与资质培训的新机构的设立,[46]也使得离经叛道的理论群体(如社会学家中的人种学方法学家)得到并控制了一些工作职位。[47]这也创造了一个更大的学术出版市场,促进了不被现有声誉领袖控制的新媒体的建立。期刊的数量和种类都增加了,从而对主要交流媒介的获得机会的集中控制减弱了。由于寻求自身目标和优势的专家群体能够建立起新的声誉组织,这些组织能够对资源分配标准产生一些影响,所以,为了竞争或者得到重要工作而跟随已经奠定地位的学科领袖,以获得声誉的必要性就随之降低了。再者,标准化工作方法的缺失,也意味着已经扩张的知识生产体系不能够通过精英在全国范围内协调和控制,因为个人联系和影响已不再是有效的协调机制了。其结果是导致了科学家间战略依赖的程度降低,而且组织的主导模式日益接近碎片化的不定型结构。

目前在许多西方国家,获得重要资源——例如工作职位与研究经费——的宽松局面在消减,或许会因之增强集中控制的程度,并由此增加相互依赖的程度。但是,这并不意味着我们能够确信,高等教育的压缩会导致碎片化的不定型结构领域中更高的集中程度,也不能确定声誉组织总体上就会变得更加协调与整合。鉴于许多人文科学中多元主义程度依然很高,并且他们能够通往各种各样的阅听人,因此,出现研究者通过一个单一的群体寻求声誉以作为对总的可获得资源减小的回应,这种情况似乎还是不太可能。毋宁说,工作职位竞争的加剧看来可能会鼓励专业化和研究议题的分化,而并不必然导致跨雇佣机构之间研究成果更加高水平的理论协调与整合。

3. 分割化科层制

当声誉群体对成就标准有着高度的自主性,但在重要性标准上却需要和外围领域的外部群体分享权力时,分割化科层制领域就会逐步确立起来。同样的,在研究的核心区域,问题阐释和描述性术语非常深奥并且得以标准化,但在"应用"领域则与日常的观念和用法有所重叠。这样,在居于中心的亚领域(sub-field),工作目标和程序的声誉控制水平是高的,但当需要考虑更加经验的和具体的议题时,声誉控制水平就降下来。因此,声誉控制在不同的亚领域之间是不同的。

当阅听人结构变化时,这种声誉控制的差别也会出现。按照主导框架"应用"领域的范围,在分割化科层制领域中,有大量独特的研究成果阅听人存在于研究核心之外。但相比控制理论工作及其标准的专家群体而言,这些阅听人拥有少得多的智力声誉。所以,当外围问题的阅听人数目庞大,并且差不多均势时,作为一个整体的声誉系统就呈现僵硬的等级化,并且阅听人严格地按照单一的智力声望维度排序。

当对重要资源使用的集中控制程度不同时,也会出现相似的差别。在外围领域,可以从各种各样的机构中获取经费和其他资源,而这些机构并不总是受控于主要组织。所以,许多经济学家可以从国家的统计部门获得原始材料——这些机构发布大多数所需的数据,而不必高度依赖某一个专家同行群体——尽管同这些统计机构的高级雇员保持个人联系往往是非常有利的。同样,只要他们坚持主导的研究方式,许多经济学研究者不费太大的周折就能在"应用"刊物上发表他们的工作成果。这样,在许多外围领域中,水平集中程度就不会太高。

然而,对于核心区而言,情况就不是这样了。因为这里的声誉最高并且往往会带来"最好"的工作和声誉,所以竞争很激烈。由于分析技术是高度标准化的,所以在核心刊物上发表成果会受到相应的高度评价,并大多由中心组织通过正式交流系统控制。在分门别类的科层制领域中,正式规则决定了核心亚领域中的竞争力和重要性,离经叛道的或者受到争议的研究工作很少能够得以发表。在核心亚领域中,高度标准化和规范化的研究方法和标准,使得在有声望的期刊上发表成果集中控制于相对少数的精英群体手中,这些人多在少数顶尖院系就职。[48]

技能培训与资质许可组织相似的集中趋势,既反映也促进了这种高度的水平集中控制。例如在 20 世纪 50 年代,美国的 6 所大学——伯克利、芝加哥、哥伦比亚、哈佛、麻省理工和威斯康星——的经济学系授予了近半数的经济学博士,而且其中的三分之二获得了学术职位,并发表了论文。这些论文多数处于中心亚领域,当今大多数美国经济学的声誉领袖都来自于这些学校。[49] 所以,在声誉系统中,不太著名学校的研究生能够作出的对知识目标有贡献的成果,通常在数量上和质量上均比不过那些主导地位大学院系的研究生。这样,在主要的研究生院受到过训练,或者就职于这些研究生院的科学家,在地位最高的亚领域作出受到高度评价贡献的可能性就要大得多。而且在经济学中,这些研究生院也往往倾向于招收他们自己的学生。[50]

与此相对照的是,在分割化科层制领域中,垂直集中程度并不是特别高。在这些领域中,分析技术和问题的高度标准化,意味着智力优先次序和研究进路的地方性变异受到主导性声誉组织的限制。并且,地方性等级体系通过控制关键资源的使用以引导研究战略的能力,也受到更重要的国家和国际声誉的限制。地方性"巨头(barons)"尽管不可被忽视,但也受到了高度正式化的、规则制约的声誉系统的限制,因为正是这些声誉系统决定了能够获得承认的研究问题及研究战略。如果地方领袖能够主导研究战略和优先次序,从而使得不同工作机构的科学家们遵循不同的研究路径与方向,那科学家就不能够在核心期刊上发表文章,不太可能获得高的声誉,也就不会影响到整个领域。与之相反,如果他们是在占统治地位的正统之下作研究,他们的下属就可能获取高的声誉并另谋高就,这样就有效地削弱了地方的重要性,以及对重要资源垂直集中控制的重要性。因此,总的来说,高度标准化的分析研究技术、得到认可的研究问题和研究这些问题的方法以及中心亚领域相对高的声誉优势,意味着在高度垂直集中控制并且伴随着低程度的水平集中控制的领域里,分割化科层制是不太可能得以确立的。

4. 专业动态组织

在其余 4 种类型的科学领域中,成就标准和能力资格标准主要由某一特定科学领域中的声誉领袖决定,他们控制了知识生产技能的教育和认证。但是,如表 6.1 所示,这 4 种科学领域之间的其他背景性因素差异很大。在专业动态组织中,科学家仅仅对研究工作目标、重要性标准拥有有限的控制,并且向来于其他声誉群体以及外行机构的各种影响开放。另一个方面,多中心专业组织领域则在设定智力优先次序时拥有较多的自主性,并且更能够排斥外行的术语和观念。其阅听人结构也更少多样性,并且在重要性以及声誉上更加层次分明。通过技术和概念而得以整合的科层制组织,则在设定标准和控制话语上有着高度的自主性;但对重要资源的获取以及阅听人等效性的控制上,则各有差异。这些区别同基本资源的相对匮乏及其在亚领域中的分配相关。

在专业动态组织领域中,成就标准和技能主要由科学家控制,外行的术语和声誉标准对研究过程和研究成果的影响就比碎片化动态组织要小。所以,认知对象和研究结果在生物-医学研究中,就比在社会学研究中要更加深奥和专业。但是,在这些领域中,对某一特定问题的重要性以及研究目标的评价要受到外部标准的影响,所以,诸如资助模式和机构目标的差别就会影响到研究战略和优先次序。[51]最近关于科学实验室的社会学研究就突出了非科学事务人员,如专利权律师,在许多生物学领域内确立研究优先次序中的地位。[52]这表明了在专业的不定型结构领域中,研究战略具有可塑性。更进一步说,这些领域阅听人的多样性非常高,科学家们能够在范围广泛的期刊上发表文章。尽管人们认为在神经内分泌学领域,医学杂志和阅听人的声誉不及更加"科学"的领域来得重要,但其在公共关系和经费筹措的目的上却很重要。所以,为这些杂志写文章既是合法的,也是一种非常有用的行为。[53]这样看来,这些领域的阅听人就比其他阅听人更加重要,而这些领域的科学家也能够从目标取向不同的各种群体中获取声誉,并因而追寻不同的智力策略。再者,在更加"科学"的期刊和阅听人中,也有一些潜在群体可能成为某项研究的阅听人及声誉来源,并且他们并不按照单一的重要性标准排列成清晰稳定的声誉序列。[54]

在专业动态组织中,阅听人及其对重要性标准影响力的多样性,同对资源使用机会的相对较低的集中控制水平相关联。与多中心专业组织相比,那些拥有更加适合的资质技能的研究者在获得期刊版面、研究经费、工作职位以及研究设备上并不存在多大的困难。同样地,尽管科学家们容易受到工作机构内部分配实验设备、技术人员及其他类似资源的管理等级机构的影响,但是科学家们直接接近资助机构以及吸引更广泛的声誉组织以获取承认与资源的能力,削弱了地方性领导的影响,并形成了选择和系统阐述研究战略的相对较为分散的过程。在专业动态组织领域,多样且大量的资助机构、雇佣机构以及阅听人意味着研究者相对于任何单一的声誉精英以及地方领袖有相当大的自主性,所以不论是水平的还是垂直的控制集中程度都较低。

通过生物-医学研究在美国的近期扩张,及其通过各种资助机构——特别是全国卫生研究院——而获得的不断增长的支配地位,就能够看到这种情形。在某一特定的领域,任何以学术为基础的单一精英群体控制和引导研究战略的能力,由于仅受传统学术精英间接影响的研究经费、工作职位、研究设备的巨量增长,而大大削弱了。资助机构介入智力活动及研究方式的这种模式已在20世纪30年代由洛克菲勒基金会确立起来了,自此以后,这种模式日益增多,各种资助机构已导致一些全新研究领域的发展。[55]在许多生物学领域中,声誉的控制权如今已由学者、资助机构官员、医学精英以及实验室领导人这些人共享,形成了多样且变化的联盟,支配着诺尔-塞蒂纳所谓的"超认识的研究场域"(trans-epistemic arenas of research),而不是科学共同体。[56]在这些生物学领域中,研究成果的重要性是由目标各异的各种机构成员之间协商决定的,并且经常迅速地变化。在一套共享的能力资格标准和通用研究风格范围内,科学家在选择研究战略上拥有相对于任何一个专家同行群体的自主。这样,他们就不需要证明其研究工作对于某一特定生物学学科的一般性集体目标的意义和重要性。因而,在美国的许多"生命科学"领域中,围绕着各不相同的智力领域的中心目标而对研究战略进行协调是比较有限的。由于国家传统和结构不同,欧洲的医学研究并非如此,后者对研究资源的控制要更加集中一些。[57]

5. 多中心专业

除了对能力资格标准和成就标准拥有更高程度的声誉控制之外,多中心专业领域同专业动态组织一样形成于相似的环境。多种新专业组织对技能和研究规程的更高控制水平,是与它们相对于外行的术语和兴趣焦点的自主性相联系的。这也促成了围绕一般理论目标而对研究成果与研究战略进行更高程度的协调。尽管这种组织形式在重要性标准的控制水平上并没有更加科层化的科学领域那样高,但其控制程度却高于那些研究成果和研究目标采用日常语言来表述、且概念与外行惯用法有着相当大重叠的学科领域。所以对于这类领域的建立来说,一定程度的相对于外行目标和标准的自主性是必要的。

在多中心专业领域中,高水平的相互依赖源于对重要资源获取机会的高度集中控制。只有那些拥有必备的标准化技能的人,对于获取工作职位、使用研究设备才是合格的。并且,只有对某一个研究学派的集体性知识目标作出贡献的人,才能够获得高的声誉并继续使用稀缺资源。基本上,在这些领域中,与寻求积极声誉的合格研究者的数量相联系,为科学目标作出合格的并能获得高度评价的贡献所需的必要设备和机会都是稀缺的。并且,获得这些资源的机会也主要控制在相对少数的研究领袖手中,他们追求着各不相同的优先问题,并发展出各自独立的研究进路。所以,科学家们如果想继续在其领域内从事知识生产的话,他们就必须说服其同行——特别是其领导者——相信他们的研究问题和研究成果的合格性、重要性和中心地位。这样,该领域中的水平集中控制程度是非常高的,但又不足以高到允许某一个学派完全控制整个领域的程度。因为战略多元主义和不确定性依然是根本的,因此每一种理论进路都必须能够通过自身的声誉亚系统来控制一些资源。由于每一个研究学派都在围绕自己的研究纲领协调和控制研究目的和战略,因而垂直集中程度就较高,科学家被限制在某一个学派之内进行研究,而不能够像在专业的不定型结构领域中那样能够独立地寻求各种研究战略。

数学学科在不同国家传统之间的某些差别,可以通过分析他们的集中程度的变异加以解释。这也导致他们一方面接近于专业动态组织,另一方面又近似于多中心专业领域。用非常一般的术语来说,相对于20世纪的其他科学领域,数学家从事研究工作所需要的研究资源极少——基本上就是时间、工作职位以及对交流媒介的使用等等。从这个角度来看,这个领域同许多人文科学领域相似。但是,该领域的技能高度标准化且重要性标准几乎完全由声誉精英控制,从而既限定了阅听人,又部分地通过控制教育大纲而维护了这个领域的高社会声誉和智力声誉。这样,在特定的专业中,数学家之间的声誉自主性及功能依赖性都很高。[58] 不过,在战略依赖的程度,以及各专业领域理论协调和整合的程度和重要性上,北美和欧洲大陆的数学是有差别的。[59]

在美国,特别是20世纪50年代后期以来,工作职位并不难得到。工作单位具有相对民主化的结构,拥有合格技能的研究人员为获得重要资源而依赖于少数几个资源控制者的程度并不高。只要他们在一个受到认可的领域中使用标准化的程序从事研究,数学家就能够获得积极的声誉,而不需要证明其研究问题对整个领域的重要性和中心地位,也不必将其研究工作与其他专业领域的同行协调一致。与此相对照,大陆的雇佣结构在工作职位、研究时间的分配上更为垂直集中,相对少数的教授和其他重要庇护人(grands patrons)倾向于控制国家的工作机会和交流网络。[60] 由于对关键资源的垂直和水平集中控制程度都比美国要高,所以如果数学家要获得职位、晋升机会以及能够发表论文,他们就必须说服研究领袖确信其贡献对于总的知识目标有好处,也需表明这些贡献如何能够嵌入到主流学派的研究路径中。因此,欧洲数学家的战略依赖程度自然看起来就较高,更像多中心专业领域而不是专业动态组织领域。这种更高水平的集中程度可能也与北美和欧洲的应用数学和统计学的声誉和地位差别相关联,因为当资源控制在一个小的管理与声誉领袖手中时,维护边界与"纯洁性"就更容易一些。

最后,只有当各种外部阅听人受到限制,并且特别是求助于外行群体并不能带来积极的科学声誉时,多中心专业领域才能够建立起来。如果存在目标取向不同的大量阅听人,研究者可以藉此获得积极的声誉,科学家对某一单个群体的依赖显然就不会太高,就不太需要将其研究工作同专业同行保持协调一致。但是,这些领域中不同学派的存在,意味着不同群体和阅听人之间在智力目标和研究优先次序上还是有一些差异的,所以选择总是存在的。同样,在多中心专业领域,当某些专业和研究进路的声誉大致比其他专业要高,以致于阅听人的等效性并不彻底时,也就不存在一个单一群体或者研究进路能够主宰重要性标准,以致于能够单方面地决定整个领域中贡献的价值。与此相反,每一个专业领域以及研究进路都在为控制声誉系统而竞争,而没有那一个领域能够垄断它。

6. 技术整合的科层制,以及

7. 概念整合的科层制

从表 6.1 中可以看出,这两种类型的科学领域在许多背景特征上都相同,所以我将其放到一起讨论。在成就标准、重要性标准以及问题阐释和描述性术语方面,二者都拥有高度的声誉自主性,二者均通过非常深奥、规范的符号系统控制着认知客体的定义和研究成果的交流。研究受到非常细致而普遍有效的规则的引导,这些规则在不同的研究场点是统一的。所以,对特定的局域性知识生产条件了解甚少的科学家们,能够通过正式的交流系统,将不同国家和文化开展的研究工作协调一致并整合在一起。研究成果的阅听人受到艰涩的报告体系的限制,对其他领域科学家的排斥也是声誉的一个合法性来源。既然理论体系相对稳定并高度精致化,研究问题和研究战略以一种相当标准化的方式加以系统阐述,那么,它们在不同雇主和研究群体中的差异就很小,实现智力目标的多样性研究进路就不太可能确立起来。因而,科学家可以用以寻求积极声誉的目标和进路的种类就少。

两种类型领域的背景之间的主要差别,源于对重要资源获得机会的集中控制方面的差异,也源于某些阅听人和专业被认为优越于其他阅听人和专业的程度。在概念整合的科层制领域(后者),相对于有资格寻求积极声誉的科学家的人数而言,资源是稀缺的,并且受到那些采用集体方式决定意义标准和某一特定问题领域对于整个领域的重要的少数精英研究者群体的控制。要获得使用关键资源的机会以及高的声誉,科学家们不仅必须表明其技术胜任能力以及对专业领域目标的用处,还必须说明其研究工作对于整个学科以及由精英们所解释的知识目标的重要性。这样,专业群体就为他们的研究问题及其优先次序的重要性、中心性而展开竞争。因为在这些领域内,获得资源的机会是受到限制的,每个亚领域的相对重要性成了一个必须考虑的问题。更准确地说,需要决定将其研究成果围绕一个范围更广的一般性问题加以整合是多么重要。环境的压力由此增加了内在的协调问题和竞争。必须注意到,由于战略性任务不确定性较低,因此这种竞争并不是在基本的智力路径或程式化方面展开的,而更多地聚焦于每一个亚领域对于组织整体目标的相对贡献,以及其间相对声誉的大小。在概念整合的科层制领域中,由于获得关键资源机会的高度集中控制,导致了科学家之间以及问题领域之间高度的战略依赖,并由此使得科学家们高度关注来自于各别专业领域的研究成果之间的协调与整合。

而另一方面,在技术整合的科层制领域(前者)中,资源较为丰富,且在各个研究场点和工作机构中也得到更加平均的分配。为生产制度认可的知识所需要的那些工作职位、设备、技术人员及其他重要设施的获得机会并不集中控制在特殊精英手中,而是可以更加普遍性地为每一个专业领域拥有资质技能的人员所使用。尽管多数研究工作具有相对常规化的性质,以及层级控制和协调不同研究任务和技能的优点,[61]因而每一个雇佣机构内部的垂直集中控制程度比较高,但是,水平集中的程度却相对较低,并且不同领域的科学家不必就他们各自研究问题和关注点的相对价值而进行激烈的竞争。研究结果和任务产出的协调是通过一般背景性假设、理论和实验设备来实现的,这在不同研究机构和训练项目中已经被标准化了,并且不需要一个特定的智力管理者群体来精确界定每一个亚领域的意义。每一个专业群体内的积极声誉都足以保证资源的获取,科学家没有必要使整个领域确信其研究问题和成果的中心地位,所以他们无需将他们的研究工作与其他亚专业领域同行的工作进行系统的协调和整合。

技术整合的科层制和概念整合的科层制之间的许多这类差别,都能够从现代化学和物理学的发展中观察到。德国工业对化学研究的早期参与,不论是在企业还是在教育机构,都为这个领域的学术职业在19世纪末的扩大奠定了基础,并提供了比物理学更为丰富的资源。[62]正如福尔曼所说:"工业化学家和学院化学家之间非同寻常的紧密联系,长期以来为其他科学家所嫉妒。"[63]同样,德国在19世纪后25年里,相对于全职教席而言,自然科学中的私人讲师(privat-dozenten)数量的扩张虽然加剧了竞争和控制的集中,但对化学的影响似乎没有对其他学科的影响大。[64] 20世纪20年代,工业和大学中的物理学和化学都快速扩张,但化学的成长速度更快,并且从工业成功地吸引了更多的经费资助。[65]再者,物理学领域逐步受到原子物理学家和理论物理学家的主宰,他们对博士后基金和研究经费施加了有力的控制,[66]而化学领域却扩展了其专业领域和所包含的研究议题,且在任何单一的亚领域中都没有出现对重要资源的显著集中控制。[67]这样,物理学的水平集中程度就远比化学要高。

二次世界大战以后,原子物理学和基本粒子物理学发展成为主导性的亚领域。为了获得更有竞争力的贡献,这些领域对复杂昂贵的实验设备的依赖不断增长。因而,物理学对重要资源的高水平集中控制甚至变得更高了。[68]通过在国际范围内集中研究设备,并迫使研究人员为获得对这些基础工具设施的使用而向某个精英群体论证其关注点和战略的合法性,"大科学"(big science)的成长加剧了这种集中控制。

这里必须强调指出,这种集中控制并不仅仅是实验设备的问题,而且也包括了获得研究经费、奖学金、访学赞助、以及有声誉的期刊版面的机会。大多数物理学和天文学研究(特别是在最有声望的场域)都需要巨额花费,因而不得不依赖于少数机构,在欧洲国家通常就只有一个,在美国则有原子能委员会这样的一些机构。而这些机构往往依赖少数的精英顾问来分配资源。如果没有政府的实验经费以及(或者)获得政府控制的实验设施的使用机会,科学家简直就不能够作出有价值的贡献并由此获得积极的声誉。这就导致如今这些少数群体控制了物理学中大多数实验研究工作的方向。[69]更进一步,正是在最为"集中"以及昂贵的物理学亚领域中,其研究工作控制着最有声誉的期刊并带来最高声誉。所以,整个领域对精英群体的依赖事实上很高,并且相应地,对稀有资源使用的竞争就很激烈。当很多科学领域将他们更加一般的,往往也是更具有声誉的期刊版面分配给很多专业领域时,物理学却倾向于将版面和其他资源更加集中于一个作为智力竞争和控制的中心的主导领域。[70]所以20世纪20年代为"最优秀"的自然科学家设立的国家博士后研究奖学金的发展以及美国名牌大学研究职位的提供,促成了量子力学家成为美国物理学的主导群体,而原子物理学则成为了中心亚领域,就如同德国过去的情况。[71]

这种高水平的集中程度促进了物理学的极大扩张,但并没有太多削弱科学家之间的相互依赖,正如许多生物科学领域在过去40多年所发生的情形。通过运用牢固整合并且统一的理论系统——这些理论体系对研究问题的一般重要性排序并且排除或者贬低其他的不合常规的方式[72]——来控制和限制研究问题的选择和形成,物理学的主导群体能够将来自于追求着不同目标的资助群体的研究问题和优先研究课题,重新定义为受到尊重的"真正的"物理学问题;或者相反,将其贬低为相对不太有价值的肤浅的问题。[73]因为在处理军事和工业问题上过去曾经有过的成功,物理学对问题的种类、如何形成与理解、哪些问题值得去探讨解决等诸如此类的问题,能够比生物科学施加更多的控制。所以,与医学领域中的非科学目标会使得研究纲领碎片化,并由此导致高度歧异多样的研究问题和战略不同,在物理学中,这些非科学的目标都通过核心理论结构以及精致的、等级化的交流系统而相互协调并连接在一起。物理学的总体科学地位和社会声誉如此之高,以致于这种中心控制不太可能会受到外在赞助者的帮助而发展出新的问题描述以及优先问题的其他科学家——如同在生物学中一样——严重地削弱。再者,在这个特殊的理论家职业群体中协调角色的制度化和高声誉,意味着统一性和普遍性的主导价值如今已经建构到现代物理学的控制系统中,其水平已经达到如此的程度,以致于中心化和多样化的研究目标和战略不太可能发展出任何价值。毋宁说,亚领域和问题的繁荣已经促进了理论协调和整合的需求,所以当更多的群体竞争中心地位和声誉时,中心控制事实上增强了,而不是被削弱了。

6.4 小 结

本章的观点可以作如下总结:

1. 不同类型的科学领域产生并建立于不同的情境。情境变化影响研究战略和研究问题的协调与组织。

2. 科学领域的情境可以按照3个维度进行分析:(a) 在制定与控制成就标准,重要性标准,以及语言结构上的声誉自主性程度;(b) 对关键资源使用机会的集中化控制程度;(c) 声誉的阅听人结构。

3. 这些因素的特殊组合制约着不同类型的科学——声誉自主性越低,控制资源获取的集中化程度越小,并且赋予积极声誉的阅听人愈多样且等效,则科学领域就更可能会碎片化、易变而灵活;相反,如果它们的自主性越高,对资源的控制越集中,并且阅听人越是有限并按照重要性排出等级,则科学领域就越会高度协调和整合、具有等级化的结构,并受高度标准化和形式化规则的调节。

4. 在研究问题和战略既不标准化也不统一的那些领域中,工作职位供应量、研究经费、设备的增多以及合法阅听人的多样化将促进知识分化及多元化。

5. 在阅听人并不存在很多差异、彼此也不等效的领域里,重要资源获取机会的集中控制程度的提高会鼓励科学家协调他们的研究战略,并且会增加竞争。

6. 多样化程度的增加以及合法阅听人等效程度的增加会减少研究战略协调的需要,并鼓励研究议题的区分程度。

7. 低水平的声誉自主性阻碍高水平的协调以及高度标准化的研究战略和程序的发展。

注释与参考文献

1. 例如,关于"生命科学"中经典的学科标签是怎样失去其意义的讨论,参见 Committee on Research in the Life Sciences of the Committee on Science and Public Policy of the National Acad-

emy of Sciences, The Life Sciences, National Academy of Sciences, Washington D. C., 1970, pp. 230—239.

2. 正如 Randall Collins 近期关于天文学研究的个案,参见 Conflict Sociology, New York: Academic Press, 1975, p. 512.

3. 正 Mitchell Ash 的报告,"Wilhelm Wundt and Osward Kulp on the Institutional Status of Psychology", in W. G. Bringmann and R. D. Tweney (eds.), *Wundt Studies* Toronto: Hogrefe, 1980. 也请见 B. Kuklick, *The Rise of American Philosophy*, Yale University Press, 1977, pp. 459—463.

4. 对照 M. Furner, *Advocacy and Objectivity. A Crisis in the Professionalisation of American Social Science*, University of Kentucky Press, 1975, pp. 278—304; D. Ross, "The Development of the Social Sciences", in A. Oleson and J. Voss(eds.), *The Organizaiton of Knowledge in Modern American, 1860—1920*, Johns Hopkins University Press, 1979.

5. 就像对操作研究进行的长年地讨论那样. 例如,见 R. L. Ackoff, "The Future of Operational Research is Past", *Journal of Operational Research Society*, 30(1979), 93—104; S. Elion, "The Role of Management Science", *Jnl. of Operational Research Society*, 31(1980), 17—28; L. G. Sprague and C. R. Sprague, "Management Science?" *Interfaces*, 7(1976), 57—62.

6. 如 E. Yoxen 的讨论, "Life as a Productive Force: Capitalising the Science and Technology of Molecular Biology", in R. M. Young and L. Levidow (eds.), *Studies in the Labour Process*, London: CSE Books, 1981.

7. 对照 Hutchison 关于战后商业和政府就预测和控制战略对经济学家提出要求的评论, T. M. Hutchison, Knowledge and Ignorance in Economics, Oxford: Blackwell, 1977, chs. 2 and 4.

8. 根据 S. Mauskopf 以及 M. R. McVaugh, "The Controversy over Statistics in Parapsychology 1934—1938", in S. Mauskopf(ed.), *The Reception of Unconventional Science*, Colorado, Westview, 1979. 20 世纪 30 年代统计学的低声誉使得一些统计学家们反对心理学家的攻击以保卫 Rhine.

9. 当然,在某种意义上,因为研究应该如何进行在一定程度上决定了什么可以做以及如何进行描述,所以对技能的控制意味着某种程度的对概念的控制.

10. 这就是说,他们通过控制生产知识控制知识的生产技能;见 M. S. Larson, *The Rise of Professionalism*, University of California Press, 1977, ch. 2.

11. P. Abrams *et al.* (eds.), Practice and Progress: British Sociology 1950—1980, Lon-

don: Allen & Unwin, 1981 中的很多论文反映出这一点;还有 R. A. Kent, A History of British Empirical Sociology, Aldershot: Gower, 1982, chs. 5 and 6.

12. 见 Hutchison 的讨论,前引 1977 文献, ch. 4, 注释 7 以及附录.

13. 如最近 SSRC 终止了对剑桥经济政策小组的经费支持. 见 S. Weir, "The Model that Crashed", *New Society*, 12(August, 1982), pp. 251—253 and M. Artis, "Why do Forecasts Differ?" Bank of England paper presented to the panel of Academic Consultants, no. 17, 1982.

14. H. Mintzberg, *The Structuring of Organizations*, Englewood Cliffs, New Jersey: Prentice-Hall, 1979, pp. 1985—2211.

15. 在英国,关于精英群体在咨询委员会的主导地位以及在资源分配上选择性地倾向于少数院系,见 S. S. Blume, *Towards a Political Sociology of Science*, New York: Wiley, 1974, pp. 193—212; S. S. Blume and R. Sinclair, "Chemists in British Universities: A Study of the Reward System in Science", *American Sociology Review*, 38(1973), 126—138; C. Farin and M. Gibbons, "The Impact of the Science Research Council's Policy of Selectivity and Concentration on the Average Levels of Research Surport", *Research Policy*, 10(1981), 202—220.

16. 如 J. Ben-David 的讨论, The Sicentists Role In Society, Englewood Cliffs, N. J. Prentice-Hall, 1971, chs. 7 and 8; D. Kelves, "The Physics, Mathematics and Chemistry Communities: A Comparative Analysis", in A. Oleson and J. Voss(eds.), *The Organizaiton of Knowledge in Modern American*, 1860—1920, Johns Hopkins University Press, 1979; P. Lundgreen, "The Organization of Science and Technology in France, a German Perspective", in R. Fox and G. Weisz(eds.), *The Organization of Science and Technology in France*, 1808—1914, Cambridge University Press, 1980.

17. T. Shinn, "Scientific Disciplines and Cognitive Configuration of Laboratory Activities", in N. Elias *et al.*(eds.), *Scientific Establishments and Hierarchies*, Sociology of Science Yearbook 6, Dordrecht: Reidel, 1982.

18. 尽管 Sviedrys 认为, 到 19 世纪末, 物理学中教授们对于研究战略和研究方式施加了强有力的控制; 见 Sviedrys, "The Rise of Physical Science at Victorian Cambdige", *Hist Stud. Phys. Sciences*, 2(1970), 127—151 at p. 144.

19. 根据 A. Kuper, *Anthropologists and Anthropology*, the British School, 1922—1972, Harmondsworth: Penguin, 1975, pp. 154—160.

20. 例如,见 Lundgreen 前引文献(1980),注释 14. C. E. McClelland, *State, Society and University in Germany*, 1700—1914, Cambridge University Press, 1981, chs. 5 and 6.

21. 如 J. M. Beyer 与 T. M. Lodhal 所报告的, "A Comparative Study of Patterns of Influ-

ence in United States and English Universities", *Administrative Science Quarterly*, 21(1976), 104—129.

22. 例如,J. Gaston 的讨论,*The Reward System in British and American Science*, New-York:Wiley, 1978, pp. 47—54.

23. J. Galtung, "Structure, Culture and Intellectual Style: an Essay Comparing saxonic, teutonic, gallic and nipponic approaches", *Social Science Information*, 20(1981), 817—856.

24. 法国和德国知识分子境况的一个重要差别是前者对于外行影响更多开放,尤其是人文科学领域中一般性的巴黎公共知识分子,这样就降低了对纯粹专业同行的依赖。例如,见 J. L. Fabiani, *La Crise du Champ Philosophique*(1880—1914), unpublished thesis, EHESS, 1980, ch. 4; W. R. Keylor, *Academy and Community*, Harvard University Press, 1975; C. Lermert, *French Sociology*, Columbia University Press, 1981, Introduction.

25. P. Forman, J. Heilbron, and S. Weart, Personel, Funding and Productivity in Physics circa 1900, *Historical Studies in the Physical Sciences*, 5(1975), pp 41—44.

26. Idem, p. 55.

27. 关于科学中国家间差别作用的有益讨论,见 A. Jamison, National Components of Scientific Knowledge, Lund: Research Policy Institute, 1982, ch. 5. 关于20世纪20年代英国和德国物理学的重要差别,参见 P. Forman, "The Receptions of a Causal Quantum Mechanics in Germany and Britain", in S. Mauskopf(ed.), *The Reception of Unconventional Science*, Colorado: Westview, 1979.

28. 例如,见 D. Kelves 前引文献(1979),注释14, p. 161; R. H. Kargon, *Science in Victorian Manchester*, Manchester University Press, 1971, pp. 95—108; G. K. Roberts, "The Establishment of the Royal College of Chemistry", *Historical Studies in the Physical Sciences*, 7 (1976), 437—485.

29. 例如,见 V. Descombes, *Modern French Philosophy*, Cambridge University Press, 1981, pp. 5—7; C. Lemert, op. cit., 1981, 注释24; A. van den Barembussche, "The Annales Paradigm: a case study in the grouth of historical knowledge", in W. Callebaut *et al.* (eds.), *Theory of Knowledge and Social Policy*, Ghent: Communication and Cognition, 1979.

30. 例如 J. Gaston 所讨论的.*Originality and Competition in Science*, Chicago University Press, 1973, ch. 7.

31. 对照 S. Weir 前引文献(1982)注释13中关于预报群组中经费分配的评论.

32. 例如英国人类学家对社会学席位的填充,见 A. Kupper 前引文献(1975),注释19, p. 152.

33. 如在 M. Ash 前引文献(1980)注释 3 中所讨论的. 也见 Ulfied Geuter, "The Use of History for the Shaping of a Field: Observations on German Psychology", in L. Grahm et al., (eds.), *Functions and Use of Disciplinary Histories*, Sociology of Science Yearbook 7, Dordrecht: Reidel, 1983.

34. 例如生物学和社会科学中的私人基金.

35. T. W. Hutchison 前引文献(1977), ch. 4, H. Katouzain, Ideology and Method in Economics, London: Macmillan, 1981, ch. 7.

36. M. Funer 前引文献(1975), 注释 4; D. Ross 前引文献(1979)注释 4. 对照 P. Deane, "The Scope and Method of Economic Science", *The Economic Journal*, 93(1983), 1—12.

37. 关于一些管理学研究工作的简要回顾, 见 R. Whitley, "Management Research: the study and improvement of forms of cooperation in changing socio-economic structures", in N. Roberts(ed.), *Use of Science Literature*, London: Butterworths, 1977.

38. 在 R. D. Whitley 如下文献中, 这些观点都得到深入的讨论. R. D. Whitley, "The Development of Management Studies as a Fragment Adhocracies", *Social Science Information*, 23, 1984.

39. 关于英国社会学阅听人的一些近期讨论, 参见 J. A. Barns, A. Heath and R. Edmonson 以及 P. Abrams 的论文, 载于 P. Abrams et al. (ed.), *Practice and Progress: British Sociology 1950—1980*, London, Allen & Unwin, 1981.

40. 如芝加哥、哥伦比亚以及哈佛的社会学, 见 N. Mullins, *Theories and Theory Groups in Contemporary American Sociology*, New York: Harper & Row, 1973, pp. 139—140.

41. 见 Kuper 前引文献(1975)注释 19, ch. 5.

42. 尽管如此, 我们必须记住, 在北美的许多大学中, 对关键资源控制的垂直集中程度以及由此对研究战略的协调程度比欧洲的要低. 所以 20 世纪 50 年代美国社会学中的战略依赖没有, 比如说, 德国的心理学高, 但是要比 60 年代后期美国的社会学高.

43. Mullins 前引文献(1973)注释 40, pp. 139—140; E. A. Tiryakian, "The Significance of Schools in the Development of Sociology" and N. Wiley "The Rise and Fall of Dominating Theories in American Sociology", 均载于 W. Snizek et al. (eds.), *Contemporary Issues in Theory and Research*, *A Metasociological Perspective*, London: Aldwych Press, 1979.

44. Mullins 同上, p. 64.

45. 如 G. W. Stocking 所报告的, "The Scientific Reaction to Cultural Anthropology, 1917—1920", 载于他所著的 *Race, Culture and Evolution*, New York: Free Press, 1968. 对照 R. Darnell, "The Professionalisation of American Anthropology", *Social Science Information*,

10(1971),83—103.

46. 例如伯克利,密西根州立,明尼苏达,以及威斯康星的社会学,参见 Mullins 前引文献(1973)注释 40, p. 139.

47. 同上,pp. 194—214.

48. 这些系统通过对知识上的离经叛道拒绝给予永久性职位控制荣誉系统,正如哈佛大学 20 世纪 70 年代所发生的那样.事实上,必须注意到"激进的政治经济学家"还是能够找到学术职位,即便是不太显耀的职位.

49. 如 G. Stigler 和 C. Friedland 所报告的,载于 G. Stigler, *The Economics as Preacher*, University of Chicago Press, 1982, pp. 193—199,以及 *Doctorate Production in the United States, 1920—1962*, publication no. 1142, National Academy of Science National Research Council, Washington, D. C., 1963, p. 11.

50. G. Stigler and C. Friedland,同上,p. 197.

51. 如不同的人工智能领域中的发展一样,见 J. Fleck, "Development and Establishment in Artificial Intelligence", in N. Elias et al. (eds.), *Scientific Establishments and Hierarchies*, Sociology of Science Yearbook 6, Dordrecht: Reidel, 1982;以及同一作者 M. Sc 论文, *The Structure and Development of Artificial Intelligence*, University of Manchester, 1978, ch. 3.

52. K. Knorr-Cetina, "Scientific Communities or Transepistemic Areas of Research?" *Social Studies of Science*, 12(1982), 101—130.

53. Latour and Woolgar 前引文献(1979),p. 72.

54. 同上.

55. 关于 20 世纪 30 年代洛克菲勒基金会对生物学研究的影响,见 P. Abir-Am, "The Discourse of Power and Biological Knowdlge in the 1930s", *Social Studies of Science*, 12(1982), 341—382; R. Kohler, "Warren Weaver and Rockefeller Foundation Programs in Molecular Biology", in N. Reingold(ed.), *The Sciences in the American Context*, Washington D. C.: Smithsonian Institution Press, 1979; Yoxen, op. cit., 1981, note 6. 美国医药研究基金政策,见 S. Stricland, *Politics, Science and Dread Disease*, Harvard University Press, 1972.

56. K. Knorr-Cetina, "Scientific Communities or Transepistemic arenas of Research?" *Social Studies of Science*, 12(1982), 101—130.

57. 关于英国的讨论,参见 inter alia, Gaston 前引文献(1978),注释 22;Yoxen 前引文献(1981),注释 6.

58. 但并不是高度专业化的彼此分割的数学家之间,我想当 Hagstrom 以及 Hargens 提出美国的数学家是疏离的(anomic)时主要所指就是这点.见 W. O. Hagstrom, *The Scientific*

Community, New York: Basic Books, 1965, pp. 227—235; L. L. Hargens, *Patterns of Scientific Research*, Washington D. C.: American Sociological Association, 1975, pp. 10—16. 我也不认可 Hagstrom 对他所提出的问题用他的"功能整合"的相关的术语进行的解释.

59. 对照 R. Collins 前引文献(1975), 注释 2(pp. 510—512)非常简短的描述. 关于 19 世纪早期法国和德国纯粹数学的发展, 见 Grabiner, Scharlan, Grattan-Guinness, and Dauben 的论文, 载于 H. N. Jahnke and M. Otte(eds.), *Epistemological and Social Problems of the Sciences in the Early 19th Century*, Dordrecht: Reidel, 1981.

60. 关于法国科学中大赞助人的角色, 见 R. Fox, "Scientific Enterprise and the Patronage of Research in France, 1800—1870", *Minerva*, 11(1973), 442—473.

61. 如 Shinn 前引文献(1982)注释 17, 对矿物化学的描述.

62. 例如, 见 B. Gustin, *The Emergence of the German Chemical Profession, 1790—1867*, University of Chicago unpublished thesis, 1975, chs. 6, 7; Lundgreen 前引文献(1980), 注释 16. 关于美国工业中化学研究的发展, 见 K. Birr, "Industrial Research Laboratories", in N. Reingold (ed.), *The Science in the American Context*, Washington D. C.: Smithsonian Institution, 1979.

63. P. Forman, The Environment and Practice of Atomic Physics in Weimar Germany, 未发表的博士论文, University of California, Berkley, 1967, p. 272.

64. Lundgreen 前引文献(1980), 注释 16.

65. 正如 H. Skolnick and K. M. Reese(eds.)所报道的, *A Century of Chemistry, the Role of Chemists and the American Chemical Society*, Washington D. C.: American Chemical Society, 1976, pp. 11—64; Weart, "The Physics Business in American, 1919—1940", in N. Reingold (ed.), *The Science in the American Context*, Washington D. C.: Smithsonian Institution, 1979.

66. Forman 前引文献(1967), 注释 63(p. 316); D. J. Kelves, *The Physics*, New York: Knopf, 1978, chs. 13, 14.

67. 见 H. Skolnick and K. M. Reese 前引文献(1976), 注释 68.

68. 但自认为是"小科学"的化学中不这样. 见 NAS, Committee for the Survey of Chemistry, *Chemistry: Opportunities and Needs*, Washington D. C.: National Academy of Sciences, 1965. 对照 S. S. Blume and R. Sinclair, *Research Environment and Performance in British University Chemistry*, London: HMSO, 1973, pp. 18—19.

69. 如 David 的太阳系中微子(solar-neutrino)实验所表明的. 见 T. J. Pinch, "Theoreticans and the Production of Experiment Anomaly: the case of solar-neutrino", in K. Knorr *et al.*

(eds.), *The Process of Scientific Investigation*, Sociolgy of the Sciences Yearbook 4, Dordecht：Reidel，1980.

70. 关于 *Physical Review* 在 20 世纪 20 年代构成内容的变化，见 Weart 前引文献(1979)，注释 65 以及 Kelves 前引文献(1978).关于更近期的物理学见 Gaston 前引文献(1973)，注释 30.

71. 如 Forman 前引文献(1967)，注释 63 以及 Kelves 前引文献(1978)，注释 66.

72. 例如量子物理学中的隐藏变量理论(hidden variable theories).如，见 B. Harvey, "The Effects of Social Context on the Process of Scientific Investigation：Experiment Test of Quantum Mechanics", in K. Knorr *et al.*(eds.), *The Process of Scientific Investigation*, Sociolgy of the Sciences Yearbook 4, Dordecht：Reidel，1980；T. Pinch, "What does a proof do if it does not prove?" in Mendelsohn *et al.* (eds.), *The Social Production of Scientific Knowledge*, Dordrecht：Redel，1977.

73. 正如 10 年前对英国享有盛誉的物理学系的一些成员做访谈时，一些知情人所暗示的.这些暗示同这项研究工作的工业潜力并非没有联系.

第7章
科学领域之间的关系与科学组织的变革

7.1 导　言

到目前为止,我主要集中讨论了被视为处于特定环境中的特殊组织实体的科学领域的结构。在这个总结性的章节,我将探讨各科学领域之间的依赖关系以及这些关系如何形成独特的组织层次,讨论作为生产、调节广泛主题的智力创新的特殊系统的一般科学。正如在上一章指出的,任何科学领域环境的主要成分是与之直接关联的领域的集合体,这些领域之间的相互联系是其情境的重要组成部分。与之相似,一旦科学作为主要的——如果不能说是占支配地位的话——知识生产与确证系统建立起来,那么,一个科学领域在这个系统中所处的具体位置就成为决定其自主性、一致性与发展方向的主要因素。在工业化社会中,作为一种生产确证无误知识的独特体制的科学,其结构与运作过程中的变化会影响到科学领域的内部组织及其间的相互依赖关系。因而,当科学研究的整体情境在不断地变化和发展时,科学之间的整合和分化模式也随之改变。在过去的150多年间,科学的角色与组织所发生的重大变化已经根本性地改变了其中各科学领域地发展、变化及发生转变的情境。正是这一系列的改变及其对科学领域之间关系的影响,构成了本章关注的焦点。

首先,我将探讨从科学家之间向科学领域之间的扩展的相互依赖的概念,并将简要探讨如何将科学作为特殊的声誉体系进行分析。在这一体系中,不同领域的领军人物努力说服彼此以及有影响力的非科学团体,使其确信自己在该系统中居于中心地位而且至关重要,他们的知识在所有的领域中具有重大而深远的意义。其次,我将通过与第3章发展处的相似路径,来研究导致领域之间不同程度相互依赖的环境因素。再次,讨论第一次世界大战期间和其后,这些环境因素出现的一些变化及其对科学组织的影响。最后,我将分析这些变化在 1945 年之后的加剧和在范围上的扩展,以及国家科学政策的发展及其对科学领域组织的影响。

7.2 科学领域之间的相互依赖关系

只有当科学领域能够提供给研究者足够的声望,并说服他们持续不断地从事研究、发表时,科学领域才能作为一种独特的声誉组织而运行。这意味着科学作为一种知识形式享有相对较高的社会地位,并且每个特定领域被认为具有充分的科学性,能够要求控制生产特定知识资源的权利。要建立独特的科学领域,某些一般的科学知识观必须被制度化,并且被赋予相当的权威。科学领域的重要性和影响力有赖于真实、有用或正确的知识这样一些总体观念,这些科学领域被认为是对这些观念作出了贡献,也根据这些观念来分配智力产品的声誉和资源。因而,不仅依赖于关于科学知识的一般文化观念,而且在过去的一个多世纪里,或许更为依赖于那些掌握着学术及其他类似资源的人所持有的科学知识观,这些人通常是一两个被认为代表着最高知识理想的主导性科学领域的成员。一旦科学被确认为是关于现实世界的确切(至少在比较的意义上)知识的来源,那么,由某些特定领域的精英所控制的声誉只有在如下情况下才有意义,即这些声誉与关于科学知识性质的现行观点及其在主要研究领域中的具体体现是一致的。这样,为确立自身的地位,并以这些地位为中介获得资源,各科学领域在不同程度上彼此依赖。

不同科学领域之间的相互依赖程度从两个方面反映了其自主性与独立性程度——首先,为对本领域的研究目的作出有价值的贡献,各科学领域对其他领域工作的依赖程度是不同的。依照第 3 章中的讨论,我们称之为功能依赖。这方面最常见的形式,或许就是对其他领域技术规程和仪器设备的利用。其次,不同领域采纳其他领域关于研究的意义和重要性的评价标准,程度上也有所不同。某些领域的声誉可能受控于更具声誉的科学领域的规范,而不是主要受本领域目标和标准的左右。这可以称之为战略依赖。

不同科学领域间功能依赖低,意味着在生产其特有知识过程中对彼此工作成果的依赖就很少。在极端情况下,这种状态很像库恩的独裁范式(autarchic paradigms)——彼此极端孤立地发展,并且只会发生内生性变迁。[1] 功能依赖越大,科学领域就越依赖彼此的结论和成果,更加频繁地使用彼此的思想和技术规程。如果依赖性非常高,一个领域就只有极少的独特性,以至于其边界和身份都会受到威胁。例如,由于使用物理学和化学的工作规程和仪器设备,生物科学的传统学科显然已失去许多自身的独立地位。[2] 化学本身在 20 世纪也变得更加依赖于物理学的理论与技术,但其依然保持着相当程度的智力独立以及制度的凝聚力,这可能是因为化学是首批建立起来的大学学科,并且依然保持着较"硬"科学的声誉。[3] 但一般而言,领域之间更高程度的功能依赖,可望降低智力活动和组织的边界强度(strength),促进跨学科技术和程序的产生。

领域之间的战略依赖意味着更多的目标整合和战略整合,因而这些领域在研究方法和研究问题上具有协调一致性。而当这种依赖性相对受限时,不同科学领域就可以追求各自独特的理想和目标,而不用过多考虑其声誉和科学地位被其他学科所左右。此时,科学家就不会努力证明他们研究问题和关注点对整个科学的至关重要性,也不会想方设法影响其他领域的同行。更大程度的战略依赖意味着科学领域在整个科学中的相对地位对科学家更为重要,因此他们就会卷入关于他们所在领域在科学理想中的核心地位的较激烈的竞争中。在这种情形中,跨领域的研究问题和战略更加协调一致,一个领域的产出能够输入并影响到其他人的工作。这意味着各个领域目标的重要性有一种等级排序,使得对某些目标的贡献被认为比对其他目标的贡献更有价值,更具重要性。正如基本粒子物理学的主要研究被认为比固体物理学更有价值,同样,作为一个整体,物理学的研究工作被认为比化学和生物学的重要性层次要高一些——认为物理学的目标比其他科学的目标更有意义,在当今科学观念中居于更核心的位置上。在各门科学中,这种科学目标和研究问题的等级秩序越被人们所接受,科学家就越将其研究战略和研究规划定位于更高等级的目标,并力图为之作出贡献,以获得更多的声誉。这样,科学领域就会更多地围绕某些中心目标和科学知识观念而加以协调,从而各领域间的战略也就有更多的相互联系。

科学领域的战略依赖与功能依赖之间已相互联系到这样的程度,即如果没有相当程度的战略依赖,高水平的功能依赖也就不可能产生。反之亦然。例如,一个领域的技术和工具传播到另一个领域,这意味着这些技术和工具所体现的进路和目标对第二个领域与其对第一个领域一样重要。生物科学使用物理学家和化学家的仪器设备,意味着某种比此前所用的仪器设备更为优越的科学知识观念和工作方法。[4]因此，人们认为，生物学在整个科学中的重要性就不如物理学和化学。既然技术和研究结果在理论上决非中立的，那么功能依赖就会意味着某种程度的战略依赖。

同理，科学领域之间高度的战略依赖也表明了其间一定程度的功能依赖。如果不同领域的科学家既需要向目前研究领域的同事，也需要向其他领域的同事证明其工作的总体性价值，那就将会激励他们采用最具有声誉的核心研究领域的方法和程序，以使得大多数以及重要的阅听人相信其研究的科学性，争取得到广泛的阅听人而不仅仅是和研究者最接近的专家同事的支持。这种必要性使得认知边界更具渗透性，并且更容易受到更具意义的研究领域中创新的影响。实验科学逐渐被认做是真理的保证和生产地，建立在实验科学基础上的关于科学知识与科学方法的独特观念的不断增长，既增强了科学性在智力领域获得合法性认可与获取物质资源中的重要性，也增强了不同领域使用的通用方法和程序的可能性。因而，特别是1945年以来，许多人文科学都已通过采用被认为是具有实验科学特点的方法而努力建立了自身的科学资质。对于很多社会科学家而言，物理学和化学的优势地位已降低了其他可供选择的学术和认识模式及与之相联系的研究程序的吸引力。

但是，这个进程并非不可避免，也并非总是毫无冲突与争议地就发生了。在过去的一个世纪中，"科学的"(being scientific)重要性已然增长，但是其中的意涵也在改变，面临替代性的解释。使用"硬"科学装置研究生物学问题，既没有带来对采用物理学家的研究进路处理这些问题的一致认可，也没有带来对其智力优先次序的一致认可。[5]自然科学中较高的功能依赖并不必然意味着所有生物学家都承认物理学家和化学家的优势地位，或者物理学家和化学家对解决生物学问题有更好的技能。同样地，尽管化学家有赖于物理学家的技术和理论进路，他们也并不必然就会在将化学领域的重要性评价标准合法化过程中，接受物理学家的优先性或正统性。[6]

一般而言，正如许多生物-医药领域表现出来的特征，尽管有着通用的技术与工具，但当各种各样的阅听人和资助机构促进了目标的多样化及不同的重要性评价标准时，有可能出现的情况是，不同科学领域间有着相当程度的功能依赖，但并不出现相应较高程度的战略依赖。[7]但是，当不同科学领域在科学知识的定义以及采用最好的方法生产并确证知识方面展开竞争时，不同声誉组织之间的高度战略依赖就很可能会导致对方法、思路和研究成果的相互依赖。在为了获得合法性和资源并在当下流行的科学观念中竞争到中心地位,其研究的问题和方法必须被认为是在具有科学性的那些领域里,相对于其他领域的完全自主性是不可能的。为了从所有的科学中获得普遍的合法性认可,或者获得至少是更加优势的地位,科学家会比只是为了追求他们自身的目标而不需要进行跨领域的协调或者没有必要证明他们的问题和方法的总的重要性时,更倾向于从竞争者那里采用更多的研究成果。因此,虽然高度的功能依赖缺少同等程度的战略依赖也会存在,但是反之则可能性很小。

7.3 科学领域间依赖程度的增强及其组织变迁

对于科学领域之间相互依赖程度的增加所带来的后果,我们可以按照与分析两个个体研究者一样的方式加以分析。作为一种生产和确证特定知识的特殊社会组织,科学越具重要性并具有相对较高的社会地位,则个别研究领域相对于主导科学观的自主性就越少,将研究目标和方法定向于内部的主导群体并从他们那里合法获得就越重要。此外,学科的社会和智力边界越弱,研究领域越可能被定位到一个重要性和中心性的等级系列之中。例如,19世纪晚期实验科学的声望日益增长,促进了科学的层级排序,从而贬低了传统植物学和动物学学科的方法和解释模型的地位。[8]

科学领域之间不断增加的功能依赖,意味着其研究主题和研究方法的专业化程度更高了,不同场点的科学家更加依赖于彼此的工作去解决科学共同关注的问题;也意味着需要一个相对标准化的符号体系,以交流不同问题和进路的研究成果,并将其加以组合和整合。这样,如果要增加领域之间的功能依赖,必须使工作规程和报告规范标准化并正式确立下来。为使高度专业化的研究结论能够连接在一起并被整合起来,科学家必须使用跨越学科边界的一般方法和意义表达。反过来,这就是说,在高功能依赖的情况下,这种学科边界就相对比较脆弱并具有渗透性。对于使用其他领域研究成果和思想的科学家,他们必须能够懂得这些成果和思想——这样才能够'转译'(translate)它们——并且参照这些新的成果将他们的问题与研究任务进行相应调整。当然,他们也必须有能力采用学科外部的工作规程和概念,而不至于因为使用不正确的或者不恰当的思想而受到学科精英的惩罚。所以,当科学领域间的功能依赖增强时,科学精英们的自主性和权威就会降低,正如研究程序和方法从化学和物理学中移植过来时,许多生物科学领域就发生了这样的情况。

由于研究程序和方法相互连接并组织起来以解决特别的问题已出现于一系列领域中,因此高度的功能依赖也就意味着学科内研究问题的较低程度的专业性。标准化的技术与符号系统意味着不同研究问题和研究议题间的技术可转移性会增加,从而使得技术和问题的整合性降低了。这样,科学家就不会再受制于他们的技能而只研究该学科所特有的议题。在超越传统技能边界的一系列广泛研究议题上,技能已经被通用化了。正如拉都尔和伍尔加关于促甲状腺激素释放因子(TRF)合成过程的考察所表明的,主要的问题是需要将大量不同研究背景中适用于不同研究问题的特殊技能组合起来并协调一致。[9]当科学领域间的功能依赖增长时,学科对技能和问题的整合,以及学科对问题应该怎样表达和处理的控制,也将会减弱。

这种学科自主性和一致性的弱化,伴随着解决特殊问题的研究亚群体的形成,以及围绕特殊研究问题组织起来的技能组合。这些亚群体的建立可能出于多种原因和多种因素的影响,包括经费提供机构,并且常常是跨学科的。因为这些亚群体没有把对技能生产与资质许可的控制同对工作职位和声誉的控制结合起来,他们往往就比学科更具有流动性。因此,功能依赖的不断增强促进了专家群体的发展,其边界和身份比较弱化,并且更容易受到外群体成员学术领域的影响。因而,科学分化为固定的、边界僵化的组织实体的程度就降低了。在这里,专业化程度虽高,却并不至于形成强大而稳定的声誉组织。[10]

再者,科学领域之间的战略依赖的增强将会鼓励领域间的竞争,并促使其更加致力于证明彼此的重要性和意义。研究战略更加定位于其他领域的工作和优先问题时,科学家更加努力尝试从各个主要领域间——而不只是在他们当前的领域——争取声誉。为了争取到中心位置和优先权,研究问题、技能以及学科在整个科学中的相对排列顺序对科学家就极为重要。一种科学知识形式越有声望,就越被当做是判断其他技能和竞争力的工具(如同专门职业的情况一样),它对被认定是科学的那些智力学科来说就变得越发至关重要。而且,这些学科就会更努力地用有利于其自身地位的方式来解释"科学的"这一词汇的含义。同样地,科学领域会努力使自身远离那些外行标准和外行阅听人,支持科学的标准和阅听人,以便提高其声望,并使其知识主张和获得资源的要求具备合法性,正如20世纪50年代以来管理学研究领域中所发生的情形。[11]这样,战略依赖的增强就意味着更为强调科学的知识、问题与方法与非科学的划界,以及更加定位于内在的目标与优先问题。

不同领域之间战略依赖程度的提高,意味着科学领域内部更为重视科学性以及那些采用其他领域更科学的进路和方法的竞争学派。对其他领域有重要意义的研究问题,以及为其他科学家带来好处的研究进路,会受到高度的认可。因此,领域内部的争议和冲突就会受到外部压力和优先问题的影响。由于在整个科学中的声誉比在任何单个领域内的"局域性"声誉更加重要,科学家将发展一种智力战略,诉诸于其他更具声望领域中的有影响的群体,这样,就有可能实现各个领域之间在目标和战略上的更高程度的协调与整合。进而,科学领域更加关注对科学知识的共同理解,越来越依赖标准化的知识生产和评价方法,反过来可能会减少理论上的多元主义。如果重要性标准和优先性问题是在整个科学范围形成的,而不是主要由分立的学科或者专业决定,并且声誉也按照这些跨越个别领域的标准进行排序,那么,重大的理论背离就可能被看做是非科学的,而科学家多半会遵循主流的知识生产与评价模式。最核心领域的声誉竞争将会变得剧烈,而外围领域则几乎不受关注,离经叛道的认识进路也不会受到关注。这样,科学领域之间的高度战略依赖,将可能促成一种铁板一块式的知识生产系统。其中,多样性,尤其是关于概念和认识论争议的多样性,将会受到约束和限制。

科学领域之间的高度战略依赖,也意味着更加关注对不同领域的研究工作的协调和整合,正如它意味着各领域内对研究结论的理论协调给予极大关注一样。在这种情况下,工作成果的跨领域衔接和综合的能力就会比战略依赖较低的情形得到更多奖励。极端情况下,一批"科学整合者"(science integrators)将可能出现,他们将履行类似于物理学中的理论家的角色。尽管只要这些学科不是单一的高等级化组织,并且依赖于单一的资源和合法化支持来源,这种情形似乎不太可能出现。不过,由于资源和目标集中控制的压力不断增长,已有人在尝试把不同学科系统化为某种共同图式,而且毫无疑问,这种努力还会持续下去。一旦重要性标准成为跨学科性的,而且关键性的声誉体系被视做是科学整体的而不是个别领域的组织,那么,科学家就会力图对整个科学范围的目标和优先议题作出贡献,并力图从在最有声誉的那些领域中占支配地位的群体中获得声誉。当然,这种趋势将会极大地削弱单个学科目标的自主性,也削弱了单个问题领域确定自身的、独特的评价标准和智力优先问题的能力。

科学领域之间高度功能依赖和高度战略依赖的并存，尚未导致现实的后果。这是因为在工业化国家，科学尚未完全主宰"目标定向的手段"（means of orientation）[12]，也并未成为一个有着单一身份的完全整合的统一组织。促进产生如此牢固垄断地位的环境因素尚未发展到如此高的程度，并且在过去的一个多世纪中，并非所有在科学结构和控制中所发生的变化都导向这个方向。但是，总体上说来有理由认为，在此期间，特别是过去的 30 年左右，各科学之间的总体依赖水平已增高了。

7.4 情境变迁与科学领域间相互依赖的增长

影响科学领域间相互依赖程度的主要情境因素，与影响科学声誉竞争相互依赖的那些因素相似。可以总结为如下 3 个标题：科学知识相对于竞争性知识生产与确证系统的声望和独立程度；获得生产有价值知识所需的职位、设备及经费的集中化和受限制程度；此类知识在更加宽泛的社会系统中的阅听人及赞助者的多样性与差别。某种知识观念越是具有优势地位和强有力的影响，例如以实验为基础的物理学或者化学知识为典型，并且知识生产越是集中在相对少数的机构，如大学的系或者国立研究机构，那么科学领域间的相互依赖就会越强，而且学术工作被认为是"科学的"就会变得越加重要。再者，如果科学知识的资源控制者和使用者局限于所追求的目标相似的少数机构，那么这种相互依赖就会进一步得到强化。这样，如果有更多的知识生产者由中央政府机构资助，并且他们自身以对这些机构而不是对范围更加广泛的"客户""有用"而获得正当性，他们就会更加局限于生产某一特殊种类的知识，并且会更加依靠当前关于科学的主流观念。

用更概括的话说——似乎有理由认为，在 19 世纪和 20 世纪早期的大多数国家中，这三大因素所发生的变化加强了科学领域之间的相互依赖。19 世纪期间，自然哲学和自然史从"业余爱好者"、外行的研究者中分离出来，并最终被吸收进欧洲的大学系统。随即，相对于其他的知识生产方式，以实验为基础的学科建立起了独立的并且更为优越的身份，其角色在两次世界大战中受到高度重视，并且带来了有利可图的技术变革。科学最终成为受到高度评价的，并且被主要限定为某一种类的知识以及构建这些知识的一组操作规程。国家科学政策发展起来，用来引导并控制这个知识生产系统，而在过去的 30 多年里，这个系统极大地扩张并且突破了大学系统。

影响科学领域间相互依赖的最重要情境因素是科学整体作为一个特殊的知识生产系统的自主性及其影响。科学变得越强大,并且在这个知识生产系统中获得的声誉越高,那么科学领域对其在科学系统中的相对地位的依赖性就越强,并且他们也就越发力图表明其对特殊的知识规范和程序的忠诚,而不是寻求外部的合法性并直接获取资源。这样,作为知识生产统治系统的增长,自然科学不仅增进了我们对世界的认识,为真理性主张提供了一种确证手段,而且增强了智力领域之间通过其科学地位寻求合法性的相互依赖程度。

与之不同,如果知识分子同外行阅听人有着密切的联系,并且寻求从他们那里获得认可,其相互依赖程度就会明显地较低,并且这些特殊领域的科学性就相对很少受到关注。传统的人文学科就是这样的领域——主要面对特定的外行公众,而不是寻求学术名望以及"科学"地位,过去是这样,并且在一定程度上至今依然如此。尽管随着参与声誉竞争和"专业主义"(professionalism)的人数的增长,上述情况在一定程度上已经发生了变化。[13]比如说,艺术史家在鉴定艺术作品出处时,可能会采用具有科学性的技术结论,但他们极少试图将其工作合法化为"科学的"。尽管在这些领域中,外行阅听人在创造与评估声誉时不像19世纪时那么重要,但是明显地,这些领域的语汇及概念的自主性没有自然科学那么强。没有理由去期望会变得如此,虽然文学研究中存在对"专业主义"的抱怨。[14]自第二次世界大战,特别是60年代以来,人文领域的学术实践者相互依赖程度的增长并没有将其从外行群体中完全切割出来,并且许多实践者依然为通俗文学期刊写作。在某种程度上,"有教养的公众"依然是学者寻求声誉的有效阅听人。

人文科学的例子凸显了20世纪学术研究领域和现代科学间的差别。人文学科以前和大学结合在一起,如今很大程度上依然如此。而自然科学,以及部分社会科学,已经发展出相对于学术理念和学术结构的相当程度的体制自主性。这种自主性及相关的优势地位已经加强了科学领域之间的依赖程度,并加剧了科学知识与其他种类知识之间的区分。尽管自然科学是在19世纪的欧洲大学中获得制度化身份、资源与自主性的,但如今却成了一种独立的制度化实体——拥有可观的资源,并且在知识生产与确证中占据垄断地位。现在,自然科学知识在两次世界大战和各种非学术项目上所展现的实力,已大大提高了其相对于那些植根于大学的外行群体和外行标准的自主性。所以,由物理科学建立起来的科学标准,如今比学术标准更为重要——在后者不能够被化约为前者的地方——并且,科学领域之间的相互依赖比学术学科之间的相互依赖更强。

尽管如此,大学在知识生产和评价中不断增长的主导地位确实极大地加强了科学领域之间的依赖程度,也加强了他们同外行影响和外行标准的独立性。这个过程除了创造出一个独特的主要由声誉和技能资质控制的智力市场外,也促进了学科竞争和对学术尊严的关注。尽管各学术学科形成了界限分明的社会与智力组织,足以控制技能的生产和资格认证,以及这些技能创造的知识,但在设置标准以及控制资源的能力上却各不相同。一些学科过去和现在都比其他一些学科重要,并且能够将其理念和操作规程强加于那些正在争取承认的领域。在新增职位或者新建院系的时候,或者现存的职位被取消或者院系被撤销的时候,这种权力的不平等或许最为显著[15],但这是学术活动的一个持续不断的特征。这里的关键之处在于——各学术领域彼此之间对地方和国家资源的竞争是在对其他群体和制度保持相当程度自主性的学术体系中展开的,因而其相互依赖是不容忽视的。[16]学术规范和学术价值引导着研究战略,将知识生产从外行、业余爱好者的努力中分隔出来,这使得真理为学术所垄断,或者接近于被垄断。因此,争取拥有学术地位和学术资源成为智力发展的关键方面,而主导性的学术理想与观念控制了智力工作。

由学术制度化所允诺的这种知识生产和确证相对于外行影响的相对自主和独立,同第二个影响相互依赖的主要情境因素联系在一起。这便是其特殊类型的工作组织,即大学中的集中化程度。尽管多元化的科学领域被组建到不同的学科之中,而控制人事政策和资源的权力分散到了各个院系,但是,对知识生产的学术垄断意味着一个单一的机构控制了智力工作的合法性以及完成工作所需的大多数资源。在这种意义上,研究水平的集中化程度很高。这种水平集中化加剧了关于各智力领域的相对重要性,以及这些领域所生产知识的性质的争论。科学知识相对于其他形式的知识有哪些优点,以及科学知识的本性是什么,这类争论在19世纪的欧洲大学很普遍,当时不同群体正在为控制智力观念和体制目标而进行着竞争。

与知识生产还处于雇佣组织之外或者处在多种多样不同的雇佣单位中相比,将知识生产安排到特定雇佣结构中的特定单位,使得各智力领域更加彼此定向。即使在具有分散化的教育政策和体制的国家,这种相互间的战略依赖依然很高。[17]比如说,随着地质学从外行影响和外行标准中独立出来[18],它对其他学术群体及其知识生产与验证观念的依赖性却在不断增加。这样,上个世纪整个过程中,对智力生产与分配方式控制的水平集中化，就增强了智力领域之间的相互依赖，并且将发展着的社会科学限制在占据主导地位的学术知识观念以及组织形式中。

但是，由于20世纪初许多国家大学体系的扩张，以及大学按照不同的学科加以组织，这种不断增长的依赖性曾经在一定程度上减弱了。正如可以方便获得的资源以及合法阅听人的多元化会降低科学领域内的依赖性一样，大量研究资源存在于不同的领域以及各领域的制度性分化，也限制了科学领域间的相互依赖。只要资源普遍地容易获得，而且阅听人之间彼此相对独立，那么智力活动价值的高度等级分化以及组织目标的集中化就不容易产生。如果各个学科能够控制诸如工作、期刊、研究基金等资源的使用而不需要向其他领域证明其工作的重要性，就不会试图将其目标与技能同其他学科整合在一起，而仅会以一种相对散漫的方式强调其一般的学术尊严。一旦大学各学科作为研究和教育的独特学术领域而建立起来，那么这些学科就能够寻求其自身的目标并确立自己的技能资质标准，而无需说明其研究战略和研究成果是否适合于其他群体。因此，尽管完全依赖于大学的工作职位，那些仅需要极少的资源就可以生产出知识的领域，以及那些继续同非学术阅听人以及一般文化精英保持联系的学科，例如各人文学科，就仍然能保持相对的相互独立。只要这些领域作为知识生产组织享有某种文化合法性，并且不完全等同于自然科学领域的那些流行观念，那么，它们就会为那些新生的领域，例如社会科学，提供可供选择的观念。

只要物理科学和生物科学同样也能够在地方的以及相对有限的资源下工作，并且同外行以及"业余研究者"保持大量联系，如同19世纪大部分时期科学领域的状况那样[19]，那么，其间的相互依赖性程度也会受到限制。但是，随着实验方法和程序在知识生产方面逐渐占据主导地位，广泛的业余参与就越来越不可行了，于是，科学家就将合法性和交流局限在受雇于相似组织并有着相似设备的同行中。通过将可能作出贡献的人限制在能够使用相对较少的研究中心中日益昂贵的设备的研究人员，以实验为基础的那些领域的领导者对训练、资质认可及知识生产的控制，就比那些依赖于在广泛多样的条件与环境下开展广泛观察的科学中的领导者大得多。这样，每个科学领域内的相互依赖就增强了，并且随着日益依赖于政府和私人机构提供不断增长的费用需求，自然科学之间的依赖也在增强。

另外一个影响科学之间相互依赖性的环境因素是学科的绝对数目，这些学科在宣称拥有科学地位，并为获得稀缺经费与设备的合法性展开角逐。正如某一个个别的领域内研究者数量的增加,经常会导致他们之间的相互依赖性增加以及更高的专业化,如果更多的学科或者领域宣称具有科学地位,其间的相互依赖性以及对科学知识、技能、以及工作程序的主导理想的依赖也就会更强。这种依赖性既包括功能方面的,也包括战略方面的,这是因为竞争促使研究议题与研究方法在某些体现出科学知识总体特征的方面更为专业化;再者,特别是当资源有限时,各个领域都试图表明其知识产品在别处有用而且彼此适用。所以他们就倾向于将工作方法与符号系统标准化,从而使得结论和技术就可以被转移,进而跨越传统的界限而相关联。

科学领域内部的多元化与冲突,以及不同领域按照重要性与科学性程度的排序,也有助于这种工具和方法在科学领域之间的转移。一个领域的声誉越低,它就会更可能被划分成对学科目标及研究方法持有各种不同观点的相互竞争的学派,并且对较有优势并处于中心地位的领域的技术和分析方法也更为开放。或者,至少一些群体更可能倾向于采用当前较为流行的方法程序和报告研究结果的方式,由此诉求更高的"科学"地位,以提高自身的声誉或者控制研究方向。这或许很明显地表现在人文科学使用数学方法方面,也表现在一些人文科学领域使用来自物理学和化学的隐喻和类比。这样,当科学领域的整合性较弱,界限不太分明,并且在合法性以及获取资源上对科学地位的依赖很高时,科学之间的功能依赖就会增强。

总而言之,影响科学领域间相互依赖程度的因素——相对于非科学群体的自主性与独立性,科学作为一种特殊的知识生产组织方式的相对地位和独特性,对智力生产手段获得机会的集中控制程度,科学知识的主要阅听人内在垂直分化的程度。这既与外行群体,也与尚未形成强有力的重要性与核心性等级体系的群体形成了对比。这些环境变量在 20 世纪普遍地增强了科学领域之间的相互依赖,尽管自第二次世界大战直到最近,公共科学资源的广泛可得性减轻了这种影响。下一节,我将简要探讨两次世界大战期间科学知识生产背景的主要变化,然后再集中讨论 1945 年以后的体制。

7.5　两次世界大战之间科研情境的变迁

20 世纪二三十年代政府和工业雇佣组织的增长,不仅加大了盘踞在大学中的自然科学和其他领域之间的区分,而且降低了建立在大学内各学科基础上的系科边界和声誉身份的重要性。这就增强了这些科学领域之间的相互依赖性。但是，通过增加经费来源、工作机会和研究目标的多样化，上述增长降低了自然科学家对学术基础设施的依赖，也降低了对科学理念和真理标准的学院式范畴的依赖。由此，对控制一个领域被设计为"科学的"的学术垄断便受到了限制，并且所有科学之间的战略依赖也就降低了。尽管学术精英控制了这些新雇用者所需的技能，也控制了研究成果与训练项目之间的整合，但已经不再能够垄断受训者的受雇目的，以及由此而来的特殊技能需求水准。因为这种需求影响了大学内的资源分配[20]，所以研究目标开始为大学科学家所共有，成为更加广阔的科学技能市场的决定性因素。智力优先性问题也不再能被纯粹的学术兴趣所完全控制，更容易受到其他就业结构中的资源配置决策的影响。[21] 即便学术依然主导着科学声誉系统，其对于为获得最高声誉所需要的日益昂贵的实验设备的控制，也已受到各种非学术兴趣和目的的调节。因此，自然科学虽然发展出了一种特殊的身份和合法性，但也包含了同各种非学术群体日益增长的互动，以及与非学术意图和结构的某些调和。

这种就业机会的增长以及实验科学优先地位的增长，尤以20世纪20年代为标志，部分是因为化学和物理学在第一次世界大战中发挥了作用。[22] 例如，在美国，受到训练的化学家和物理学家的数量在1918年后呈现出引人注目的增长[23]，并且他们中大多数人在工业行业以及政府实验室找到了工作。据维尔特（Weart）研究[24]，20世纪20年代，美国工业中的研究人员数量增长约5倍，其中物理学家大约增长了一倍，大学中物理学教职工的增长明显地依赖于企业提供给物理学博士的工作岗位的增长。尽管20世纪30年代工业研究急剧萎缩，但到30年代末，对物理学博士的培养和企业聘用又恢复到了直线上升状态。而从1931年到1940年，化学博士的授予数是上一个十年的3倍。到1940年，美国化学工业雇用的研究人员已占总人数的五分之一。[25]

这段时期也见证了研究支持和控制方式的实质性变化。由洛克菲勒基金和其他美国和欧洲慈善组织提供的外源经费的增长，使得规模相对较小的官方机构及其顾问能够直接影响他们所看重领域的（或者特殊类型的）知识生产，而不是将这种生产控制权让给大学组织、偏好群体或者声誉体系。通过直接对某些特殊领域的资助，智力方面优先考虑的问题便能够由跨大学运作的核心群体协调和改变。尽管这种增长并没有如20世纪五六十年代政府经费资助那样规模巨大，却奠定了自然科学以及随后人文科学中未来的研究组织模式，并且使得某些特殊兴趣领域成为不均衡扶持和资助的焦点。例如,福尔曼指出,原子物理学比其他物理学领域更受青睐,而物理学又比化学和其他领域更受青睐。这在 20 世纪 20 年代初的德国临时学会(Notgemeinschaft,物理学家普朗克和化学家哈伯于 1920 年 10 月创建,全名"德国科学临时学会"(Notgemeinschaft der Deutschen Wissenschaft),目的是为陷入困境的科学研究提供资金支持,其中大部分资助来自国外的慈善基金组织——译者注)时期,甚至到了这样一种程度——即使面临着极其严重的通货膨胀,也几乎没有影响到这个领域论文产出的数量。[26] 与之相似,凯弗勒斯(Kevles)也指出,"为新基金会的集中分配所青睐的那些机构,无论是公有还是私有,庇护着处于顶峰的物理学系。物理学系的这些管理者在这项科学资金中赢得了他们的份额,并且年复一年,在 20 世纪 20 年代学术物理学比此前任何时期都得到更好的财力支持。"[27] 美国全国科学研究委员会(NRC)新设的博士后基金使得美国理论物理学开花结果,形成了物理学的全国精英。[28] 虽然大学不得不平衡相互竞争的学科领导人的要求,新兴领域并不比既有领域更受青睐,但新的资助机构能够而且的确采取了更为直接和狭小的重点资助政策,以便获得更明确和更可预见的研究成果。自然,这种变化的一个典范,莫过于华伦·魏佛(Warren Weaver,美国数学家,1932—1955 年任洛克菲勒基金会自然科学部主任——译者注)所实施的集中资助某一类生物学研究的政策,其后果是使物理学和化学技术成了生物学领域的主导。[29]

自然科学中外部研究经费和研究职位的增长,不仅使得这些领域的科学家能够摆脱大学的边界和限制,而且由此增加了他们相对于地方性目标的灵活性和自主性,也使得声誉精英能够在全国规模内直接控制主要资源。通过将大量的经费控制权集中到一个(或少数几个)由一小群著名顾问控制的机构,这种变化增加了科学领域统治集团的潜在控制,在那些研究程序和符号已经标准化、智力优先问题已达成一致的领域尤甚。这样,通过资源配置决策和声誉系统,研究战略就能够跨工作组织地得到更好的整合与协调。特别是物理学,能够通过这些全控机构获得国家的和国际的政策支持,因而两次世界大战期间,原子物理学、核物理学和理论物理学占据了主导地位,并且吸引了最有前途的研究生。[30] 这一点对化学来说不太明显,可能是因为其研究经费有着包括企业在内的更多样性的来源,并且所需的实验设备也没有那么昂贵。在生物学中,学科精英不太能够左右像魏佛那样的基金官员,相反,魏佛却能够提出替代性目标和战略,并模仿物理学建立起一个新的研究体系。在这里,集中化是不彻底的。尽管分子生物学的兴起代表了一种建立集中领域的努力,这或许可以在整个生物科学中控制研究资源和优先权,但远未达到基本粒子物理学那样的主导地位。也没有任何迹象表明会出现一种能够成功担负起理论物理学角色的理论生物学。[31]尽管如此,分子生物学的例子还是表明了,非学术机构如何能够构建起新的领域并且改变学科的优先次序,特别是在那些学科中,它们在科学系统中声望不高、权力不大。

两次世界大战之间的这段时期,为科研人员,特别是物理学家和化学家提供的工作机会大量增长,加上学术性自然科学资源的扩张,提高了以实验为基础的科学相对于其他智力事业和知识生产方式的优势地位。虽然德国魏玛共和国时期的物理学家并不安全[32],且技术革命及物理科学在20世纪30年代的盎格鲁-萨克逊国家遭到了抵制[33],但是在二战期间,这些领域还是逐渐占据了主导地位。这些科学领域据信能够为各种不同的目标生产出非常有用的知识,并且能够由大学系统之外的商业、政府以及慈善机构来组织和控制。不仅如此,大学研究中看起来深奥难懂但能够带来长远利益的领域,也能够并且确实得到了大量投资。这在1914年以前,即便不认为是荒唐的,也是不太可能的。例如,原子物理学,以其可用于治疗癌症为依据,获得了回旋加速器的经费。[34]这样,实验科学不仅生产最精确和最真实的知识,而且为控制和利用环境及人体健康提供了技术基础。在物理学的例子中,这些最晦涩难懂、最离谱的研究议题能够生产出可以应用于非学术目的知识,以至于纯粹的知识与有用的成果之间的幸福联姻似乎已经建立起来。由此看来,这其中特别重要的便是发展出能够被用来促进某些其他领域发展的分析性技术和方法,这些领域虽不太精密,却能使所有人受益。这种从物理学到化学和生物学的"技术转移",[35]证明了物理学优势地位的合法性,以及外部机构资助新领域发展的有效性。它也昭示着一种组织和控制公共科学的新方式。

约克森(Yoxen)认为,魏佛发展分子生物学的战略展示了一种赞助和控制科学研究的新系统,这个系统鼓励就那些由资助机构及其顾问提出和系统阐释的研究纲领,开展"新形式的专业合作研究"。[36]魏佛是否真正有心要建立一个跨学科研究的新领域,抑或仅仅想通过技术转移使得生物学变得更加"科学"一些,我们这里不必关心。[37]值得我们注意的是,他的研究纲领反映了组织和控制科学研究的主导模式毫无疑问发生了变化。这种变化表明,少数精英科学家和资助机构官员为某些特定领域制定并实施国家的和国际的研究战略,他们能够为特定目标引导稀缺资源,并且围绕新的优先次序重组声誉系统。在传统的德国体系[38]中,研究主要是由研究主持人各自依照自己的方式和目标组织起来的一种地方性事务。与之不同,知识现在已经被看做是一个对象,能够通过资源配置系统而进行集中引导与控制。该资源配置系统能够将经费集中于少数研究机构,这些研究机构围绕一个合作研究项目的专业分支开展研究工作。[39]研究领导人能够将其优先性问题强加于他们的同行,而且那些只有通过基金机构才能够获得的昂贵设备的使用也变得必不可少。一旦达到这种程度,那么,声誉系统就会围绕资源配置系统而排序,并且变得高度集中化。

在美国,以少数几所著名大学为基础,利用全国研究委员会提供的博士后奖学金而创造出一个量子力学精英群体,就说明了上述过程。[40]量子力学领域的研究逐渐由声誉精英来组织,通过控制基金经费,他们控制了对未来科学家的招募和培训。通过提供差旅费、免除教学任务以及其他资源,这些奖学金(竞争当然激烈)使得那些值得期许的未来精英得以在少数几个精选出来的机构中专注于生产高质量的知识。这样,他们在声誉体系中就将同行群体远远抛在其后面。由此,以牺牲地方性的权宜性与偏好为代价,当前的精英既能够控制研究的优先课题,又能够掌控继承者的选择。洛克菲勒基金会就是以这种方式将经费集中于少数大学和研究机构,使其"让优者更卓越"(making the peaks higher)[41]的政策延伸到对个人优先次序和精英继替战略的控制。这样,魏佛不仅鼓励把物理学家和化学家的技术应用于生物学问题,使得生物学的优先问题得以重新定向,而且也努力将物理学家的工作组织与控制模式移植到生物学中。尽管这种做法在二战之前不太成功,但却主宰了战后自然科学研究的诸多方面,并且随后成为许多人文科学的模式。

总之,两次世界大战之间的这段岁月见证了以实验为基础的自然科学成为知识生产与真理信念的主导方式,以及它们以一种新的研究组织与控制结构而从大学的工作体系中解放出来的过程。科学与大学中的其他智力活动领域区分开来,不仅能够提供应对各种目的的知识生产技能,而且成为能够为社会的目的而被引导和被管理的知识生产体系。一种新的、在国家范围内组织与控制研究的新架构,与学院体系并行建立起来,降低了对研究战略与智力目标的局域性影响,更加有利于国家和国际战略和目标。这种变革降低了科学家对纯粹学术理想和规范的依赖,但却加强了国家精英和资源控制者对其控制的可能性。一旦科学成为由国家机构和资助机构控制的独特而有声誉的知识生产系统,功能依赖和战略依赖的整体水平就提高了。而在那些资源尚未被集中控制或者集中于一个机构,且学科精英们还没有同资助机构官员联合起来的地方,这种依赖性增强的趋势就极弱。只要研究还受地方性资源的主导,并且声誉系统在像魏佛那样的基金组织官员的侵蚀下还能够保持自己的边界,相互依赖性就仍然是有限的。

7.6 战后的科学组织

实验科学,特别是物理学,在所谓"物理学家的战争"(physicists' war,指第二次世界大战——译者注)中取得成功之后,其声誉得到了极大增长。在大多数西方国家,超地方的研究资助机构的重要性,以及由政府主导,为军事、商业及社会目标而投入的科学研究经费数量也都在增加。在许多国家的范围广阔的不同环境中,这些科学已成为大规模资源的消费者,为广泛多样的目的以及政府规划和指导的目标生产知识。从作为一般智力事业的组成部分存在于文化制度中,发展成为一种具有独立地位的知识生产系统和知识生产技能的提供者,科学已构成国家资源与能力的有机组合。科学研究总体上已日益成为在国家和国际范围内加以投资、引导与组织的一种活动。[42]科学已经被当做是知识生产与知识整合的特殊系统,并能够成为国家内部和国家之间政策与战略的焦点。

在很多方面,这些变化仅仅是上面已经讨论过的过程的强化和扩展。不过,分配给科学研究的资源规模,以及以科学活动为谋生手段的人的数量,都已经变得如此巨大,以至于20世纪50年代以来的科学系统已经不能够被理解为仅仅是两次大战期间的"老调重弹"(more of the same)。[43]再者,政府以各种面目对科学进行直接干预,已导致研究组织和控制的实质性变化,以及更广范围的国家和国际科学政策的建立。

人们经常评论自然科学家、期刊和论文数量的指数增长,但很少有人关注这种增长对于研究组织和控制的主导模式所造成的影响。[44]特别是,很少讨论技能训练和资质认证同知识生产和验证的日益分离,也没有系统研究这种分离对科学共同体的传统观念有什么影响。通常认为,相互竞争的研究人员数量的增长导致了更大程度的专业化,并因而使专业代替学科成为了智力组织和控制的主要场所。[45]但通常人们依然将其看做是整合的、内聚的共同体,并且极少直接注意到研究组织其他方面的变化。

除了技能训练与资质认证从大多数知识生产系统中分离出来之外,最重要的变化还包括:大多数科学领域日益依赖外部资助的项目和计划(这种资助集中在少数由政府控制的机构中),以及研究人员的雇主日益追求多样性的目标。当科学家由于对知识的贡献(对这种贡献的评价是由国际声誉群体做出的)而被雇佣,并由此得到报酬时,19世纪逐步发展起来的杂交式系统,如今已变得大大分化了,这些系统通过声誉将研究训练、就业和知识确证混合在一起。并且,第四个构成部分——能够直接影响研究战略的外部经费资助机构——也加入进来。将自然科学整合进改革后的欧美大学及类似机构的"高端文化"系统,如今已为一组新的制度安排所超越,这种新体制日益成为其他智力活动与结构的模板。大学依然是这种新体制安排中的重要组成部分,但已经不占支配地位了。进而言之,自第二次世界大战以来,随着大规模外部资助的增长以及诸如"格兰特·斯义格尔博士"(Dr. Grant Swinger)之类研究事业家的出现,大学的内部结构和控制程序已经发生了重大改变。[46]

在许多科学中,外部研究经费资助重要性的不断增长及其在相对少数国家机构中的集中(声誉精英们能够控制这些资助机构),降低了学术界和大学在设定研究战略以及重要性水平上自主性。通过控制知识生产的大宗资源,这些精英能够直接影响研究目标,控制已经完成的工作的声誉。继而,当声誉组织已经相当集中化,如物理学这样的学科,并且主导群体控制了分配政府经费的标准,对外部资源依赖的增强就会提高集中化以及相互依赖的程度。这种组织与控制模式通过提供和扩展博士后经费资助项目而向其他领域推广,研究设备的复杂性和昂贵程度日益增长,以及政府不断扩大对大学的支持,都可能会导致许多科学变得和物理学一样,成为知识生产与控制的体系。

在一定程度上,上述情况已经发生在部分生物科学中。魏佛曾通过鼓励把化学和物理学的技术转移到生物学来改变后者的努力,通过差旅费赞助金、研究资助、以及订立合约而产生国际精英群体,并对研究战略进行协调。这些在战后都已经从政府资助机构获得回应并不断扩大。[47]但是,政府经费的巨大增长,以及以集中的方式引导和协调科学研究目标的努力,对各种科学所产生的总后果并没有完全遵循物理学的模式。取而代之的情况是,在许多领域里,通过学术学科来进行整合与控制的传统模式已经被打破,但并没有出现任何一致而又稳定的模式可取而代之。知识生产的4个主要组成部分——训练、就业、声誉评估、以及经费——已经日益高度分化,并且常常定位于不同的目标,以至于不论在一个专门的领域内还是在领域之间,它们对研究战略的协调都变得非常有限。

大多数科学只是在有限程度上具有物理学那样的集中性和协调性。这部分是因为这些学科最初的智力和组织集中化程度较低,部分则是因为迄今为止教学岗位和经费的普遍增加,使得这些学科还是比较轻松容易获得必要的研究资源的。但最主要的还是因为,许多经费资助机构优先考虑的问题和目标尚未同声誉精英群体的问题与目标达成一致,其间往往存在着分歧,有时不得不发展出替代性的生产知识的方法,就像在分子生物学以及行为科学中的那样。[48] 结果,在大多数领域中,现有的声誉领导者都没有能力通过声誉主导大部分研究资源的分配,从而科学家也就可以寻求各种各样的研究战略而不需为整个领域调整他们自己的研究,或向整个领域证明他们自身研究工作的价值。现有的学科界限以及声誉组织的目标被弱化,科学领域成为各种理念和影响的混合产物,这些理念和影响来自于传统学科及其技能、雇主的目标、经费资助机构以及相邻领域的声誉群体。

所以,当资助机构的目标不同于既有的声誉组织目标,当分配给这些目标的资源规模是相对大的,并且当雇主定位于通过大量的声誉手段来控制研究产出时,这种目标的多样性以及阅听人的多样性就增强了。这种情形下,领域间的战略依赖非常有限,而且也没有多大的必要来协调和整合不同研究问题领域的研究战略。由于不同阅听人所持的标准和目标多种多样,某一个别问题对整体的意义就无法以一种明确的方式加以确定。所以,某个单一的声誉组织对研究战略施加的控制程度就是有限的,科学家会面对多种影响和标准。由于对研究经费和工作职位分配的控制极其有限,致使把研究工作所有方面组合起来的强有力的声誉组织被削弱和分解了。因此,将研究技能从研究目标以及长时段的智力项目中分离开来,可使雇主和政府机构能够直接干预问题选择和个人的研究战略。通过为明确目标而直接资助相互分离的研究组织中的研究,并控制大学研究所需的大部分资金,生物-医药科学领域建立了寻求各种不同目标的政府机构。这不仅极大削弱了诸如生物学和动物学这些学科的权力,而且使得能够围绕着明确的智力目标而对科学研究进行整合与协调的任何声誉组织的形成,都越来越不可能了。

将新成员招募、训练、工作职位与研究经费的控制组合在一起的强大声誉组织的解体,造成现有声誉组织的战略不确定性急剧增加了。科学家已经没有一个唯一的主导性的阅听人来聚合他们的研究工作。在许多生物-医药科学中,资助机构目标的发散性,以及为研究规划而解释这些目标的困难,已使得实验室主持人与资助机构的官员在决定优先项目和分配资源方面拥有相当大的自由。这些也往往使得依照资助机构的目标而对研究成果进行的评价,变成了具有不确定性及潜在巨大争议的活动。美国全国卫生研究院以及其他类似的地方性组织迅速扩张,科学家们得以"像逛商店一样到处选购"经费支持。并且,当最初的选择被拒绝时,他们能够相对轻松地从其他机构获得经费。目标的发散性使得评估研究项目和研究成果的意义比较困难,加之一般来说可以从大量资助机构获得资源,因而难以围绕详尽的计划而对各个项目进行系统协调,多种多样的研究进路都会得到支持。[49] 目前对研究资助的削减以及对公信度的需求,都在促使资助机构的官员详细规划研究项目,并努力将其研究整合在一起。但是,对于优先项目的争议以及用科学术语表述的制度目标的模糊性,却限制了他们的成功。例如,在西德,医药专业与还原主义的"基础科学"之间彼此矛盾的信念和兴趣,限制了前后一致的癌症研究政策的发展,导致了一种"无组织的多元主义"局面。[50] 结果,研究倾向于围绕不费多少力气就能解决的相对短期的问题组织起来,在缺乏普遍认可的重要性标准的情况下,技术能力资格就被置于了一个不相称的高位置上。事实上,研究者和管理者都在通过投资于广泛多样的研究议题和项目来降低风险和冲突,可望它们能带来一些确定然而有限的成果。这些领域在发展与执行系统研究政策上的困难,导致科学家对资源的分配很大程度上建立在能力资格的基础之上,因而也就促进了专业化与碎片化。因为传统学科不再像过去那样控制研究经费与设施,并且替代性的就业与资助体系已经建立起来,所以当科学家通过使用标准化的技术与技能专于一个狭小的议题和材料来寻求创新和自主性的时候,围绕少数核心理论目标的智力连贯性与整合性就降低了。旧的协调与控制基础已经被物理学家和化学家的技术给生物学带来的殖民化而削弱了,并且由于外部经费资助不断增长,没有其他可供采用的结构来占据这个角色。

再者,当来自不同背景的科学家被鼓励围绕着跨越传统边界的新议题和新问题一起工作时,定位于半学术或者非学术目标的政府实验室的增长就创造出了新的技能与能力资格。单单只是为跨学科的目的而将各种兴趣和技术聚集到一起,这就重新定位了注意力,并且改变了对优先性问题的看法。即使科学家基本上定位于来源学科以获得声誉,并由此试图沿着这些路线重新定义研究目标,他们也必须同不同学科背景的其他研究者合作,所以他们也不能够一味追求传统的目标。

组织方面的约束和结构,限制了科学家改变雇主目标的程度,因而研究战略就反映了一种妥协。正如近期的研究所表明的[51]——什么是组织方面可行的——这极大地影响了研究任务。在许多国家实验室中,由于科学家主要面向的是奖励与承认的声誉系统,因此他们就会通过展现其研究工作对于他人的重要性来为其工作寻求智力意义及合理性辩护。这样,他们就会被引导至重新对智力方面的优先性问题进行排序以适应他们的组织现实。在现有学科结构是多元的、尚未集中于科学理想、也不能够控制资源数量的场合,这种重新排序对声誉重要性标准和规范就会产生大的冲击。

总而言之,二次世界大战以来研究体系的扩张及其定位于各种不同的目标,导致了研究问题领域的繁荣。但在战略层面上,这些问题领域极少高度关联与整合,而仅仅使用相似的技术手段与技巧。进行声誉竞争的科学家数量的大量增长,以及为跨领域提供技能标准基础的实验室技术的主导地位,促进了专业化的发展。科学家缩小了他们的研究议题和核心关注点,以避免直接竞争;同时由于通用的技术程序以及不断标准化的材料,他们尚能宣称对智力目标有所贡献。由于迄今为止研究资源相对充裕,以及存在多种多样的利益相关方(如经费资助机构、雇主和训练机构),因此,将这些目的整合到更高一级的目标中,并不见得是必需的。

7.7 国家科学政策的发展

然而,随着战后许多国家支持的研究在规模和花费上快速增长,围绕某些核心目标而对资助机构的目标和资源进行科层式协调,其重要性在不断增加。而且,科学也越来越多地被看成是一种生产要素,而不仅仅是"高雅文化"的组成部分。对于大多数国家的官僚机构来说,发展为科学或者用科学的国家政策如今已成为一种制度化的活动。[52]为了知识与政治的目标,这些政策将科学客观化(objectify)为由国家计划、管理与促进的一项国家资源,并将两种关怀——公共科学的知识与技能品质与为了经济与社会的目标而引导科学的努力——结合在一起。或明或暗地,这些政策力图在智力目标、意义评价准则与实用性产出之间进行调和。一旦这些政策被接受并且以一种系统化方式得以实施,政府就会围绕着国家优先问题对研究进行组织,将科学同其他智力活动区分开,并且鼓励科学领域内和领域间的目标与战略协调。这种协调意味着一种统一的关于科学知识及生产知识的适用技能的观点,并因而会发展出一个统一的、理性管理的工作组织和控制系统。不同类型的知识及其生产方式之间的根本性差别就被忽视了,以让位于研究技能的更大程度的标准化。这些技能可通过教育系统反复灌输,并且应用于范围广泛的问题,以生产出有用并可靠的知识。

自然,为了军事和经济的目的而引导科学研究,这种尝试并非完全是战后的现象。至少从17世纪开始,出于种种原因,君主以及其他人已经开始资助学术机构、探险活动、天文台及其他研究机构。并且正如我们已经看到的,19世纪国民教育系统的广泛改革也主要意味着科学研究的生产和控制。[53]不过,通过长期、持续地组织科学研究而系统地寻求政治目标,这相对来说是较为晚近的事情。而将对科学研究的国家管理体制嵌入到负荷发展政策的政府官僚体系中,是从1945年以后才开始成为现实的。

这些政策经常包括相对少数的精英科学家群体,特别是物理学家的建议和选择,他们能够非常轻松自如地游走于大学、政府机构与咨询群体之间。[54]他们宣称拥有广泛的活动能力,形成了一个独特的"建制"(establishment)[55],在政府机构和政治家对科学的需求为一方,与科学家对资源和自主权的索取为另一方之间进行调停。[56]他们运作于各门学科之间,宣称是研究同行的代言人,并解释政府在科学领域内和科学领域之间分配资源的一般性目标与政策。通过寻求科学研究与政府政策的整合,或者至少保证二者是可通约的,这种建制不仅将科学合法化并推销出去,而且力图管理智力活动方面的优先问题。这种中介功能越是垄断并对不同的政策与资助机构的实践进行协调,就越能够主导跨领域的联系,科学领域之间的相互依赖就越强。鉴于物理学家在这些建制中的主导地位,毫不奇怪,往往正是他们的科学知识观以及如何正确地组织科学生产、进行评估的管理意见主导着科学政策的制定。这样,科学的优先次序和理念就逐步集中于某一种类的知识及其相关生产程序中。

这种建制的影响和声望,以及它提出的科学管理知识在战争期间所表现出的用处,都意味着国家控制和支持的研究构成了公共科学系统的一个部分,而不是与其分离了。科学家发表他们的成果,并以他们对智力目标的贡献为基础,在从事相似研究问题的其他同行中获得声誉。这些声誉已成为许多领域中分配奖励和研究经费的主要手段。这样,科学家在总体目标和有时是相当分散的目标下追求声誉,并通过评价研究成果对于声誉目标的贡献来决定研究成果的意义。通常或明或暗地,人们假定这些目标同工作机构或者经费资助机构的总体任务一致,并且为之作出贡献。实际上,治愈癌症或者建立商业上可行的聚变反应堆这些长期目标,都是由基于其知识目标和优先考虑问题而从同行专家那里寻求声誉的生物学家、生物化学家以及等离子物理学家精心设计并制作实施的。通过把更多目标与过程的控制权让渡给寻求声誉的科学家,资助机构和政府部门已经极大地扩展了公共科学系统,并且赢得了对公共科学系统的高度影响。国家科学政策对当今声誉组织运作于其中的以及新的声誉组织产生并建立于其中的框架,不断加强着它的影响。

这样,我们可以确认科学政策制定和实施对于科学领域的组织所产生的 4 个主要影响:

第一,就其增加了经费来源、评价标准及目标的差异性与多元化而言,它们会降低个体对现存声誉组织和规范的依赖。如果这种增加是大量的,这种自主性将会导致科学领域的重组以及不同领域之间研究战略的智力协调降低,正如我们已经在生命科学中看到的,这种情况也能够在许多人文科学中观察到。

第二,就其力图为特定目标而组织科学取得可靠的、可重复的、具体可见的研究成果而言,科学政策可以促进技术程序的标准化以及围绕有限目标缩小研究关注点。为实现资助机构的官员所决定的各种目标而应用特殊的技能,并假定了这些技能的普适性及其在广泛问题中的实用性。它促进了对可以普及的、与特定问题和智力目标联系不太过紧密的那些工作规程的重视。这些情况在物理科学中似乎最为常见,其中,各种现象得以严格的界定,并且各种技术可以适用于范围广泛的问题。[57]这样,为特殊目标寻求可靠研究结果就会促进典型的"严格"科学方法和进路的发展。

第三,针对科学研究本身而制定的政策而言,它的发展会产生某种特定的科学观以及如何生产科学知识的特殊认识。对国家科学政策的任何有意识的反思和建构,意味着对所要研究的对象之性质的某种看法。就科学而言,一项研究政策要直接考虑的就是将一种特定的知识观、适当的方法以及生产特定知识的人具体化。例如,在美国刚开始成立国家自然科学基金时,人文科学就从其覆盖的范围中被排除了,这是因为它们当初并不符合主导的"科学"观念,并被认为是有争议的。[58]在许多科学领域中,政府资助和资源控制的日益增长的重要性已经提高了这种科学意象的意义,使得科学牢固地同物理学中生产并确证的那种知识类型联系在一起,尤其是与物理学中的技术规程和象征性仪器设备紧密相关。当然,这已在人文科学中引起了特别的关注。

最后，国家科学政策促进了管理与控制科学研究的特殊行政程序的一般化。战时科学管理的成功以及私人企业设法开展研究以谋利的显著能力，促进了这样一种信念——公共科学能够以相似的方式加以"操控"(steered)，去生产核能、原子武器、以及其他所需要的产品。在依赖国家建立的大型原子能研究机构以及国际高能物理实验室中，为公共目的而系统地组织和管理科学研究最为显著。不过，这种情境也出现在大多数天文学，以及越来越多地出现在生物医学中。生物医学领域建立了各种大型工作组织，为医学目的而开展研究。最近建立的欧洲分子生物学组织(the Europe Molecular Biology Organization，EMBO)就是要尝试将"大科学"的研究计划和管理模式，从物理学引入到生物科学中。[59]

将在某些特殊领域和环境中指导和管理研究活动的某些行政结构，扩展和推行到整个科学，这就鼓励了与那些特殊领域相适应的知识生产和技术偏好。粗放的劳动分工、任务与技能的专业化、过程和工作程序的标准化，以及协调任务产出和研究战略的实施机制，都被改造以适用于生产某种特定类型的知识，也确实导致了这类知识的生产。这种知识限制了相关现象的多重性质，倾向于不十分关心研究对象的有机性质或者个体构造的特殊细节，而是强调一般属性以及大量以相似方式构建起来的对象之间的简单关系。

即使这种官僚化的安排很大程度上是一种组织"虚构"(fictions)，正如在一些生物-医学实验室中看起来的那样[60]，并因而无法以高度严格的方式实际控制科学研究，但对于做哪些工作以及怎样评估这些工作，其存在仍然发挥了强有力的限制作用。作为组织科学研究的主导模式，它促进了那些研究战略与之相称的知识的发展，而限制了其他替代知识的发展。这种激励作用随着对可说明性以及客观的相关绩效评估体系的需求不断增加而增长，从而使得经费资助可能更多地依赖于采用适当的行政管理措施，以及定期（短期内）生产出看得见的可靠知识。这可能对生物学和人文科学产生特别强的影响，在这些学科中，某些研究进路并不那么易于用来进行零敲碎打的知识生产。基于物理学的经验可以预测，将特定组织结构扩展到生物学和人文科学领域，正在威胁着智力活动的多样化与多元化，并鼓励了还原主义的研究战略。

更一般地说，组织和控制知识生产的这些变化构成了研究体制的一个重要改变。过去30年，随着科学劳动力的急剧增长，以及政府对知识生产不断增强的支持,许多国家已削弱了大学各学科作为主导智力协调与控制单位的独立性和自主性,研究技能的训练和资质认定日益从其职业和指导中分离出来。扩大了的公共知识生产和确证体系,大部分正在发展成为更类似于职业和行业的特征,而不是传统的学术研究模式。公共科学知识正在不断变成为一种产品,这些产品是由按照科层制组织起来的、标准化的技能联合体,为了各种各样的智力或非智力目标而生产出的。由此,它开始具有了工业的、私人的科学的某些特征。这种始于19世纪大学,以李比希的"知识工厂"(knowledge factory)为典型的智力工作的"工业化",自第二次世界大战以来发展到了另一个阶段。在此阶段,声誉目标和价值随着知识精英、政府官僚以及雇用机构的行政管理领导者之间不断变动的联盟而建立和变化着。

7.8 小　结

本章的观点可以作如下的总结:

1. 科学领域之间的关系能够根据其相互依赖程度及其变化而得到有益的讨论。科学之间相互依赖的两方面可以明确地区分为功能依赖和战略依赖。

2. 科学领域之间相互依赖水平的提高同科学领域组织下列方面的变化联系在一起:(a)对成为"科学的"的更强自我意识以及对"非科学的"操作规程和观念的更强烈拒斥;(b)对于外行标准及其贡献的开放性降低;(c)更加关注它们相对于科学理念和科学价值的中心地位,以及由此而来的对其他领域的影响;(d)目标和问题的专门性和严密性的增加;(e)科学领域界限的弱化以及技能和观念在科学领域之间流动性的增加;(f)研究目标和成果不断增长的跨领域联系及协调;以及(g)一种用于所有科学的指导科学研究、交流工作成果以及组织科研活动的普遍"科学"方式的出现。

3. 科学领域间相互依赖的程度随特定情境因素的不同而变化,其变化程度在如下情形下会提高:(a)科学变得更加有声望,并且获得了对分配主要资源(如工作职位和研究设备等)的标准的控制权;(b)一套特殊的知识价值和程序主宰着科学荣誉系统,并且作为最有用和最有效的知识形式而获得社会的广泛推崇。(c)重要资源的获取受到来源于主导领域的顾问精英群体以及政策制定者的控制;(d)对科学研究的支持由少数机构主导,而不是多样化的阅听人和群体主导;以及

(e) 对于获得资源和社会合法性来说,在科学中所处的地位比直接诉诸于外行群体和雇主更重要。

4. 知识生产与确证越是受到大学雇员及以实验为基础的科学的主导,科学领域就越独立并区分于外行目标和外行标准,内部也更专业化。

5. 当知识生产系统得到扩展并超越了大学结构,研究技能训练和资质许可从研究人员的工作和指导中分化出来时,科学领域就不再与学科毗连,智力目标也不再完全由纯学术的考量来决定。

6. 国家科研经费的增长以及国家指导与管理科学研究的政策,促使某种类型的知识生产及其组织和控制方式占据了主导地位。这种特殊的知识与管理方式日益被等同于以实验为基础的科学,在这种科学中,标准化的技术和工作程序使得研究者能够为各种社会目的生产出与各种题材相关的可靠且可预见的知识。科学研究活动越是协调一致,越是集中计划,不同科学领域在工作组织与控制的主导模式以及知识理念上,彼此就会变得越具有相似性和可比性。

7.9　结论性评述

在本书中,我已经勾勒了一个对处于变化环境中的科学领域进行分析与系统比较的框架,以此为手段去理解知识生产系统如何以及为何彼此不同并发生变化。科学作为一种特殊类型的工作组织,通过对其集中关注,我能够从中辨析出两个维度,科学领域按照这两个维度相互区分并且生产出不同类型知识。进而,我把这些区分同某些情境因素的差别联系在一起,这些情境因素的变化会导致具体科学组织的变化。这样,我试图将环境的变化和发展与科学领域的智力和社会组织的变化联系起来。在我看来,如果抓住科学的差异以及在过去的两个世纪中它们中间发生变化的模式,这些联系似乎就是重要的。

正是这种差别和变化构成本书的主要关注点。通过探讨各门科学及其特定环境之间的变异,我提出了一个用于分析科学领域间主要差别的方法,并提供了一些理由解释这些差别,也探讨了环境变化带来的后果。就目前公共科学作为声誉体系的组织来说,它们仍然同17世纪和18世纪的"自然哲学"和"自然史"相似,并可以相互对照。但是,正如我在第2章和第7章指出的,19世纪和20世纪早期发生的主要变化已经极大地影响到知识生产的组织与控制,今天的科学领域已与从前不是同一种现象。特别是,由某种特定类型组织的雇员对知识的生产与确证加以主宰,以及国家支持与引导公共科学研究工作的近期发展,已经将智力学科(intellectual disciplines)体制化为劳动力市场,并继而将引导科学研究的声誉手段同资助机构对知识生产的集中控制结合起来。这些变化首先使得科学的知识和社会边界变得更为清晰,同时增强了内在的凝聚力与依赖性;其次是促进了声誉组织从培训组织中分离出来,以及科学从其他智力事业中分离出来,使得知识生产能够指向合乎社会意愿的目标,同时依然赋予科学相当的自主性,并能够影响科学家,使其按照贡献大小追求声誉。科学领域如今已经成为高度专业化的声誉组织,同劳动力市场、赞助机构、就业政策、以及国家政策有着各种不同的并且不断变化的联系。因而,它们与其 17 世纪的前身有着实质性的差别,但在通过对组织目标的智力贡献而集体寻求学术声誉,并以此来控制和组织科学研究上,仍然分享了共同的特征。我认为,在过去 300 年左右的时间里,通过声誉对科学研究加以组织和控制的方式发生了怎样的变化,对于任何理解现代科学如何以及为何发展和变化的尝试来说,都是关键的因素。

注释与参考文献

1. 正如 H. Martins 所描述的特点,"The Kuhnian 'Revolution' and its Implications for Sociology", in T. J. Nossiter et al. (eds.), *Imagination and Precision in the Social Sciences*, London: Faber, 1972.

2. 全国科学院关于生命科学的报告说明了这一点. 参见 Committee on Research in the Life Sciences of the Committee on Science and Public Policy of the National Academy of Sciences, *The Life Sciences*, National Academy of Sciences, Washington D. C., 1970, pp. 230—239 and p. 242. The heterogeneity of employment unit titles in the biological sciences is also and instance of the weakening of disciplinary boundaries; see N. Mullins, "The Distribution of Social and Cultural Properties in Informal Communication Networks among Biologica Scientists", *American Sociological Review*, 33(1968), 786—797.

3. 参见 B. H. Gustin 尚未发表的博士论文, ch. 5, *The Emergence of the German Chemical Profession, 1790—1867*, 芝加哥大学 1975 年. D. Kelves, "The Physics, Mathematics and Chemistry Communities: a Comparative Analysis", in A. Oleson and John Voss(eds.), *The Organization of Knowledge in American, 1869—1920*, John Hopkins University Press, 1979.

4. 如同 Warren Weaver's efforts to make biological research more "scientific" by encoura-

ging "technology transfer";参见 P. Abir-Am, "The Discourse of Physical Power and Biological Knowledge in the 1930s: a Reappraisal of the Rockefeller Foundation's 'Policy' in Molecular Biology", *Social Studies of Science*, 12(1982), 341—382.

5. 例如,Yoxen 就是指出这一点的作者之一. 参见 E. Yoxen, "Life as a Productive Force: Capitalising the Science and Technology of Molecular Biology", in R. M. Young and L. Levidow (eds.), *Studies in Labour Process*, London: CSE Books, 1981; E. Yoxen, "Giving Life a New Meaning: the Rise of Molecular Biology Establishment", in N. Elias et al. (eds.), *Scientific Establishments and Hierarchies*, Sociology of Science Yearbook 6, Dordrecht: Reidel, 1982.

6. 例如,请看化学家精英所宣称其代表"小科学",以及化学的用处:Committee for the Survey of Chemistry, Chemistry: Opportunities and Needs, National Academy of Sciences, Washington D. C., 1965. 关于化学键研究中物理学家和化学家不同的优先权,参见 D. A. Bantz, "The Structure of Discovery: Evolution of Structural Accounts of Chemical Bonding", in T. Nickles(ed.), Scientific Discovery, Case Studies, Dordrecht: Reidel, 1980.

7. 例如,参见 M. Heirich, "Why We Avoid the Key Questions: How Shifts in Funding of Scientific Enquiries Affect Decision-Making about Science" in S Stich and D. Jackson(eds.), *The recombinant DNA Debate*, University of Michigan Press, 1977.

8. 参见 F. B. Churchill, "Chabry, Roux and the Experimental Method in Nineteenth-Century Embryology", in R. N. Giere and R. S. Westfall(eds.), *Foundations of Scientific Method: the Nineteenth Century*, Indiana University Press, 1973; Eugene Cittadino, "Ecology and Professionalisation of Botany in America, 1890—1905", *Studies in History of Biology*, 3 (1980), 171—198. 关于一般意义上的科学分类,参见 David Knight, *Ordering the World*, London: Deutsch, 1981, pp. 107—52.

9. B. Latour and S. Woolgar, *Laboratory Life*, London: Sage, 1979, ch. 3.

10. 关于生物-医药研究的实验室研究证明了这一点. 例如,参见 K. Knorr-Cetina, "Scientific Communities or Transepistemic Arenas of Reasearch?" *Social Studies of Science*, 12(1982), 107—130.

11. 例如,参见 M. R. Dando and P. G. Benett, "A Kuhnian Crisis in Management Science?", *Journal of the Operational Research Society*, 32(1981), 91—103; J. W. McGurie, "Management Theory-Retreat to the Academy", *Business Horizons*, 25(1982), 31—37; R. D. Whitley, "The Development of Management Studies as a Fragmented Adhocracy", *Social Science Information*, 23, 1984.

12. 如 N. Elias 在 "Scientific Estabilishiment"中讨论的,载于 N. Elias *et al*. (eds.), Scien-

tific Establishments and Hierarchies, Sociology of Science Yearbook 6, Dordrecht: Reidel, 1982.

13. 在美国和英国,文学研究的地位和目的已经引起了激烈的争论.例如,见 *Times Literary Supplement* 1982 年 12 月 10 日 4158 号关于"专业作家"的特刊,以及其后的报道.

14. 同上.有些讽刺意味的是,在德国的大学体系中最早"专业化"的是哲学,见 R. S. Turner 未发表的博士论文, *The Prussian Universities and the Research Imperative*, 1806 to 1848, Princeton University, 1972, pp. 292—321. 近期在盎格鲁-萨克逊文学研究中对"理论"角色的愤怒或许反映了数量和工作职位的增加,这降低了现存精英在定义技能以及控制资源获取上能力,而至少在美国越轨群体已经能够在同行之间找到阅听人,并围绕"理论"建立起实质性的组织.

15. 如当前欧洲大学出现的消减计划表明的.在 1982—1984 年度的财务削减执行过程表明了英国大学中物理学和化学系科相对于生物学系科更有权力影响.

16. 英国的例子也说明了这一点.在英国,政府的目标是鼓励大学同工业建立联系,使研究更加同工业"相关".这些目标被转译为,通过采用传统的"高科技"(high science)质量标准,与工业有着紧密联系的大学近乎毁灭.当然,同样的现象也出现在 19 世纪末的德国,导致了柏林的威廉皇家学会(Kaiser-Wilhelm-Gesellschaft)和帝国技术物理研究所(Physikalisch-Technische Reichsanstalt)的建立.

17. 正如在德国,1895 年后自然科学家采用了人文观念的 scholarship 以及与此相联的组织机构.见 Turner,1972 前引文献,注释 14,pp. 391—401. 战略依赖也通过全国范围科学协会的形成而提高,如 BAAS 以及 AAAS. 关于 BAAS 的领导者早年如何成功的构建起科学的等级结构的相关讨论,参见 Morrell 与 Thackray, *Gentlemen of Science*, Oxford University Press, 1981, ch. 5.

18. 正如 Roy Porter 在 *The Making of Geology*,Cambridge University Press,1977 中说明的.也参见 W. H. Brock, "Chemical Geology or Geological Chemistry",以及 D. E. Allen, "The Lost Limb: Geology and Natural History". 两文均载于 L. J. Jordanova and Roy Porter (eds.), *Images of the Earth*, British Society for the History of Sciences Monographs 1, Chalfont St Giles, Bucks, 1979.

19. 特别是在地理学和"自然史",例如,参见 D. E. Allen, *The Naturalist in Britain*, *A Social History*, London: Allen Lane, 1976; P. L. Farber, *The Emergence of Ornithology as Scientific Discipline: 1760—1850*, Dordrecht: Reidel, 1982, chs. 7 and 8; M. Berman, "'Hegemony' and the Amateur Trandition in British Science", *Journal of Social History*, 8(1975), 30—50; Roy Porter, "Gentlemen and Geology: the Emergence of a Scientific Career, 1660—

1920", *The Historical Journal*, 21(1978), 809—36. 关于19世纪法国地方的非专业的科学社团, 参见 R. Fox, "The Savant Confronts His Peers: Scientific Societies in France, 1815—1914", 载于 R. Fox and G. Weisz(eds.), The Organization of Science and Technology in France, 1808—1914, Cambridge University Press, 1980.

20. 例如, 通过对大学物理学教师的需求来推进. 参见 S. Weart, "The Physics Business in American, 1919—1940", in N. Reingold(ed.), *The Science in American Context*, Washington D. C., Smithsonian Institution Press, 1979; D. Kevels 前引书(1979), 注释3.

21. 至少在为开发新技能以及为新领域的研究提供出版发表的空间如此, 例如地球物理学以及橡胶化学.

22. 所以, Rose 将1914—1918的战争描述为"化学家的战争". 参见 H. Rose and S. Rose, *Science and Society*, Harmondsworth: Penguin, 1970, ch. 3. M. Sanderson, *The Universities and British Industry 1850—1970*, London: Routledge & Kegan Paul, 1972, ch. 8.

23. 参见 L. R. Harmen and H. Soldz, *Doctorate Production in United States Universities 1920—1962*, Washington D. C.: National Academy of Sciences-National Research Council, 1963, p.10. 并且, 特别是化学, 在整个20世纪30年代这种增长继续保持着.

24. Weart 前引书(1979), 注释20. 也参见 K. Rirr, "Industrial Research laboratories", in N. Reingold(ed.), *The Sciences in the American Context*, Washington D. C., Smithsonian Institution Press, 1979; H. Skolnik an K. M. Reese(eds.), A Century of Chemistry, Washington D. C.: American Chemistry Society, 1976, pp. 20—24.

25. H. Skolnik and K. M. Reese(eds.) 前引书(1976). 关于石油化学工业在化学研究扩张中的作用, 参见 Y. M. Rabkin, "Chemicalization of Petroleum refining in the United States: the Role of Corporative Research", *Social Science Information*, 19(1980), 833—850.

26. P. Forman, The Environment and Practice of Atomic Physics Weimar Germany: A Study in the History of Science, 伯克莱加州大学未发表的博士论文, 1967, p.311. 在1921—1922年, 物理学拥有分配给实验设备的经费的一半份额以及所有经费预算的18%. 而第二大经费获得者, 化学和神学, 各占9%. 在物理学中, 原子物理学家在经费委员会中占据主导地位. 关于1918年后原子物理学的成长以及由此导致的竞争的加剧, 也请参见 P. Forman, "Alfred Landé and the Anomalous Zeeman Effect", *Historical Studies of Science*, 2(1970), 153—261.

27. D. Kelves, *The Physics*, New York: Knopf, 1979, p.193.

28. 同上, pp. 219—220; Stanley Coben, "The Scientific Establishment and the Transmission of Quantum Mechanics to United States, 1919—1932", The American Historical Review, 76(1971), 442—466.

29. 从 1933—1938 年,超过 30% 的洛克菲勒基金在自然科学上的投入进入到了 Kohler 所称的"将物理学技术应用于生物学"。见 R. E. Kohler, "Warren Weaver and the Rockefeller Foundation Program in Molecular Biology: a case study in the management of science", in N. Reingold(ed.), *The Science in American Context*, Washington D. C., Smithsonian Institution Press, 1979.

30. Forman 前引书(1967), p. 343 提到:临时科学委员会对原子物理学提供的帮助是其在德国科学中占主导地位的主要因素.

31. 相当重要的原因是药物学目标及优先地位对许多生物学研究获得合法性的巨大影响.

32. 如 Paul Forman 在"Weimar Culture, Causality and Quantum Theory, 1918—1927: Adaptation by German Physics and Mathematicians to a Hostile Intellectual Environment"中所记载的,载于 *Historical Studies in the Physics Sciences*, 3(1971), 1—115.

33. 参见注释 20 所引 Weart, 1979, pp. 325—326;注释 27 所引 Kevles, 1979, ch. 16.

34. Kevles 前引书, pp. 271—275.

35. 如 Abir-Am 前引书(1982),注释 4 中所描述的.

36. Yoxen 前引书(1981), p. 91, 注释 5.

37. 如 Abir-Am 这样提到, 前引书(1982)注释 4.

38. 关于德国大学研究机构的同质性以及他们的领导人对于研究所施加的极大控制,参见 Forman 前引文献(1967), pp. 96—103.

39. 如 Weaver 的例子,见 Kohler 前引文献(1979),注释 29;Yoxen 前引文献(1981),注释 5.

40. Coben 前引书(1971)注释 28 讨论了这一点,以及 S. Coben, "American Foundations as Patrons of Science: the commitment to individual research", Smithsonian Institution, 1979. 也见 Kevles, op. cit., 1979, 注释 27, pp. 197—220 以及 Weart 前引文献(1979), p. 299, 注释 20.

41. Kevles 前引文献(1979), p. 192, 注释 27 引用"科学世界的中央银行家"Wickliffe Rose 的说法.

42. 例如参见 Paul 以及 Shin 关于法国试图通过使用科学来达成经济繁荣的努力:H. W. Paul and T. W. Shin, "The Structure and the State of Science in France" *Contemporary French Civilisation*, 6(1981—1982), 153—93, pp. 181—92.

43. 根据 Rescher 在美国,自然科学家职位数量从 1950 年的 148 700 上升到了 1970 年的 496 500,其中上升分额最大的是数学家、生物学家和医学研究者,其数量在 20 年中都上升了 4 倍多。见 N. Rescher, Scientific Progress, Oxford: Blackwell, 1978, p. 59.

44. 特别引人注意的或许是 Derek Price 的研究。例如,见 D. J. de Solla Price, *Little Science, Big Science*, New York: Columbia University Press, 1963.

45. 特别是北美的评论者，如 Hagstrom, *The Scientific Community*, New York: Basic Books, 1965, pp. 162—167. 也见 T. S. Kuhn, "Second Thoughts on Paradigms", in F. Suppe (ed.), *The Structure of Scientific Theories*, Urbana, University of Illinois Press, 1974.

46. Dan Greenber 使其名垂千古："Grant Swinger: Reflections on Six Years of Progress", *Science*, 154(1956), 1424—1425.

47. 如 Yoxen 前引文献(1981)以及前引文献(1982),注释5.

48. 见 M. Bulmer 与 J. Bulmer, "Philanthropy and Social Science in the 1920s: Beardsley Ruml and Laura Spelman Rockefeller Memorial, 1922—1929", *Minerva*, ⅩⅨ(1981), 347—407; David Morrison, "Philanthropic Foundations and the Production of Knowledge—a case study", in K. Knorr *et al.* (eds.), *Determinants and Control of Scientific Development*, Dordrecht: Reidel, 1975.

49. 如在癌症研究中,许多大型的实验室支持放射生物的、免疫的、病毒的以及病理学的方法.

50. 如同 Rainer Hohefeld 表述的. 见 "Two Scientific Establishments which Shape the Pattern of Cancer Research in Germany: Basic Science and Medicine", in N. Elias *et al.* (eds.), *Scientific Establishments and Hierarchies*, Sociology of Sciences Yearbook 6, Dordrecht: Reidel, 1982, p. 164.

51. 如 Knorr-Cetina, *The Production of Knowledge*, Oxford: Pergamon, 1981, ch. 4.

52. 见 J. J. Salomon 干预科学政策的一个非常有价值的讨论,"Science Policy Studies and the Development of Science Policy", in I. Spiegel-Rosing and D. J. Price(eds.), *Science, Technology and Society*, London: 1977. 一个较近的研究概览是 S. S. Blume, *Science Policy Research*, Stockholm: Swedish Council for Planning and Coordination of Research, 1981.

53. 除了著名的法国皇家科学院(Academic Royale des Science)以及英国皇家学会外,16世纪丹麦的弗里德里克二世赞助了或许可以称之为第一个大科学范例——Tycho Brahés 在韦恩岛上的天文台. 见 A. Jamison, *National Components of Scientific Knowledge*, University of Lund Research Policy Institute, 1982, pp. 209—225.

54. 例如,参见 S. S. Bulmer, *Toward a Political Sociology of Science*, N. Y.: Free Press, 1974, pp. 180—214; D. Greenberg, *The Politics of American Science*, Hamondsworth: Penguin, 1969, ch. 8; M. Callon, "Struggles and Negotiations to Define What is Problematic and Ahat Is Not", in K. Knorr *et al.* (eds.), *The Social Process of Scientific Investigation*, Sociology of Sciences Yearbook 4, Dordrecht: Reidel, 1980.

55. 比较 N. Elias, "Scientific Establishments", in N. Elias, *et al.* (eds.), *Scientific Es-

tablishments and Hierarchies*, Sociology of Sciences Yearbook 6, Dordrecht: Reidel, 1982.

56. 比较 M. J. Mulkay, "The Mediating Role of Scientific Elite", *Social Studies of Sciences*, 6(1976), 445—470.

57. 在所考虑的属性的数量以及对这些属性具有个性的不同安排意义上. 参照 C. Pantin, *The Relations Between the Sciences*, Cambridge University Press, 1968, ch. 1 and N. Elias, "The Sciences: toward a theory", in R. Whitley(ed.), *Social Process of Scientific Development*, London: Routledge & Kegan Paul, 1974.

58. Greenberg 前引书(1969), 注释 54, pp. 148—150.

59. 注释 5 所引 Yoxen, 1981.

60. 正如我们在 20 世纪 70 年代早期研究一个癌症研究实验室所发现的. 见 A. Bitz, A. McAlpine, and R. Whitley, *The Production*, *Flow and Use of Information in Research Laboratories in Different Sciences*, Machester Business School Research Report Series, 1975, 附录 c. 也请参照 Shinn 对法国矿化学实验室分工和控制层级的描述: T. Shinn, "Scientific Disciplines and Organizational Specificity: the Social and Cognitive Configuration of Laboratory Activities", in N. Elias, *et al.*(eds.), *Scientific Establishments and Hierarchies*, Sociology of Sciences Yearbook 6, Dordrecht: Reidel, 1982.

索 引

人 名

阿比拉姆，Abir-Am，P. 116*，264，305，308
奥古德，Augood，D. R. 114
巴马克和瓦伦，Barmark，J. and Wallen，G. 152
拜尔和洛达尔，Beyer，J. M. and Lodahl，T. M. 117，210，261
布鲁姆和辛克莱尔，Blume，S. S. and Sinclair，R. 117，261，265
鲍姆，Bohme，G. 150，212
鲍姆等，Bohme，G. et al. ，36，80，113
邦德尔，Bonder，S. 209
博斯，Bos，H. J. M. 77
德孔布，Descombes，V. 262
菲林和吉本斯，Farin，C. and Gibbons，M. 261
福克斯，Fox，R. 39，151，264，306，307
弗里曼，Freeman，C. 114
高克罗杰尔，Gaukroger，S. W. 36
盖森，Gillispie，C. 77
哈拉维，Haraway，D. 114，152
哈蒙和索尔兹，Harmon，L. R. and Soldz，H. 307
哈维，Harvey，B. 150，218，265
海涅希，Heirich，M. 151，305
海克森和托马斯，Hickson，D. J. and Thomas，M. W. 39
希克森，Hixson，J. 40
约翰斯顿和贾哥顿伯格，Johnston，R. and

Jagtenberg，T. 77，113
Kargon，R. H. 39，79，262
凯，Kay，N. 38，213，214
凯勒，Keylor，W. R. 262
科勒，Kohler，R. 215，264，307，308
库克涅克，Kuklick，B. 116，212，260
库克涅克，Kuklick，H. 78，118
利莫尔，Leamer，E. A. 149
马尔凯和埃奇，Mulkay，M. and Edge，D. 116
巴费奇，Pfetsch，F. 36
波拉德，Pollard，S. 149，208
普赖斯，Price，D. J. de S. 308
雷谢尔，Rescher，N. 308
林格，Ringer，F. 78，211
罗斯诺，Rosnow，R. L. 151
舒比克，Shubik，M. 213
西利曼，Silliman，R. H. 77，217
斯普拉格和斯普拉格，Sprague，L. G. and Sprague，C. R. 260
斯坦巴克，Stanbuck，W. H. 117
斯坦菲尔德，Stanfield，J. R. 117
斯托金，Stocking，G. W. 212，263
斯特涅克兰，Strickland，S. 264
蒂尔雅基安，Tiryakian，E. A. 150，210，263
特纳，Turner，F. M. 151
v. d. Braembussche，A. 262
范·登·达埃勒，v. d. Daele，W. 34，77，

---

* 索引所有页码均为原书页码；导论部分的页码加角标"d"，以示与正文区分。

113
维西，Veysey,. I. 116
威尔，Weir, S. 149, 261, 262
韦恩，Wynne, B. 37
阿布拉姆斯，Abrams, P. 118, 211, 260, 263
阿尔提斯，Artis, M. 149, 261
艾可夫，Ackoff, R. 260
埃弗里，Avery 40
埃克尔斯，Eccles, R. G. 38
埃里亚斯，Elias, N. 55, 77, 211, 305, 309
埃伦，Eilon, S. 260
埃奇和马尔凯，Edge, D., and Mulkay, M. 36, 101, 116, 210
埃文斯-普里查德，Evans-Pritchard, E. E. 179
艾伦，Allen, D. E. 37, 76, 79, 113, 116, 306
艾伦，Allen, G. 40—1, 80, 114, 151, 209, 210, 215, 216
奥尔德利奇和明德林，Aldrich, H. and Mindlin, S. 149
奥康纳，O'Connor, J. G. and Meadows, A. J. 76, 79
巴恩斯和多尔比，Barnes, S. B. and Dolby, R. G. A. 35
巴尔，Baal T. 215
巴内斯和夏平，Barnes S. B. and Shapin, S. 36
巴什拉，Bachelard, G. 2, 36, 199, 216
班茨，Bantz, D. A. 216, 305
保罗，Paul, H. W. 216
保罗，Paul, H. W., and Shinn, T. 308
本-大卫，Ben-David, J. 261
本-戴维和科林斯，兰德尔，Ben-David, J. and Collins, R. 211
比茨等，Bitz, A. et al. 310
比尔，Birr, K. 265, 307
波兰尼，Polyani, M. 2, 36, 149
波姆，戴维，Bohm, David 39, 40
波特，Porter, R. 37, 75, 76, 77, 78, 306
伯恩斯与斯托克尔，Burns, T. and Stalker, G. M. 148, 150
伯尔曼，Berman, M. 21, 39, 40, 76, 79, 151, 306
布兰德，Boland, L. A. 213

博厄斯，Boas, F. 181, 244
布尔默，Bulmer, M. and Bulmer J. 309
布莱克,克里森，Black R. D. Collison 213
布朗，Brow 179
布劳格，Blaug, M. 213
布鲁尔，Bloor, D. 36, 116
布鲁姆，Blume, S. S. 17, 35, 261, 309
布鲁姆，Broom 244
布洛克，Brock, W. H. 306
楚宾，Chubin, D. 209
达尔文，Darwin, C. 146
达内尔，Darnell, R. 263
戴维，Davy 39, 151
丹多，Dando, M. R. and Bennett, P. G. 305
道本，Dauben, D. W. 76, 264
道尔顿，Dalton 39
道格拉斯，Douglas M. 96, 116
迪恩,菲力斯，Deane, P. 126, 149, 154, 156, 208, 212, 214, 262
迪马乔和赫什，DiMaggio, P. and Hirsch, P. M. 38
迪博斯，Dubos, R. 40
多尔比，Dolby, R. G. A. 76, 200, 216
厄什，Ash, M. 114, 115, 117, 150, 151, 208, 210, 211, 212, 260, 262
法比亚尼，Fabiani, J. L. 262
法伯，Farber, P. L. 37, 76, 79, 113, 116, 152, 306
法拉第，Faraday 39
菲弗，Pfeffer, J. 27[d]
费希尔，Fisher, C. S. 115, 191, 192, 215
费希尔，Fechner 76, 191
冯特，Wundt, W. 86, 107, 178, 179, 211
弗莱克，Fleck, L. 2, 36
弗莱克,詹姆斯，Fleck, J. 2, 115, 152, 208, 215, 264
福尔曼，Forman, P. 107, 117, 256, 262, 265, 285, 307, 308
福尔曼等，Forman, P., et al. 107, 217, 256, 262
福斯特，Foster, M. 70, 87, 103, 195, 211
弗纳，Furner, M. O. 212, 213, 260, 262
盖里森，Galison, P. 217

盖森，Geison，G. L.　80，114，117，151，196，208，210，216
格拉比纳，Grabiner，J. V.　76，264
格拉顿-吉尼斯，Grattan-Guinness，I.　75，264
格林伯格，Greenberg，D.　309，310
哈格斯特隆，Hagstrom，W. O.　8，9，25，37，38，40，97，114，115，116，131，150，151，191—2，209，215，216，217，218，264，308
哈吉和霍林沃斯，Hage and Hollingworth　14^d
哈金斯，Hargens　191
哈金斯，Hargens，L. L.　115，151，191—2，215，218，264
哈奇森，Hutchison，T. W.　212，213，214，260，262
哈恩，Hahn，R.　38，78
哈维，Harvey，E.　149
海德伯格，Heidelberger，M.　115
海尔布伦，Heilbron，J. S.　75，76，79，217
赫尔，Hull，D. L.　35
赫克歇尔-俄林，Heckscher-Ohlin　214
胡夫鲍尔，Hufbauer，K.　77，216
惠特利，Whitley，R. D.　35，36，37，38，115，209，215，262，263
霍尔菲尔德，Hohlfeld，R.　80，118，309
霍林沃斯，Hollingworth　14
吉本斯，Gibbons　8，23
加尔通，Galtung，J.　117，150，210，230，231，261
加斯顿，Gaston，J.　114，217，218，261，262，264，265
古斯丁，Gustin，B. H.　39，77，79，117，216，264，304
金，King，M.　35
卡内，Callon，M.　151，309
卡内瓦，Caneva，K.　116
卡皮克，Karpik，L.　38，203，217
卡斯珀，Casper　14^d
卡特辛，Katouzian，H.　117，149，212，213，214，262
凯恩斯，Keynes，13^d
凯弗勒斯，Kevles，D. J.　114，116，216，261，262，265，304，307，308
坎农，Cannon，S. F.　45，75，76，77，79，113，115，217
卡德威尔，Caldwell，B.　213
柯蒂斯，Curtis，R. B.　113
科林斯，Collins，H.　36，40，210
科本，Coben，S.　307，308
科茨，Coats，A. W.　213
科林斯，兰德尔，Collins，R.　13，20，22，25，37，38，39，40，109，114，117，145，149，151，162，209，260，264
克拉克，Clarke，T. E.　114
克兰，Crane，D.　210
克劳福德，Crawford，E.　39，217，218
克罗斯兰，莫里斯，Crosland，M.　77，78，216
肯特，Kent，R. A.　211，212，260
库珀，Kuper，A.　41，115，150，179，208，212，261，262，263
库恩，托马斯，Kuhn，T.　3^d，2—5，35，36，38，65，80，114，119，129，149，164，184，209—210，213，268，308
拉布金，Rabkin，Y. M.　307
拉布金，Rabkin，Y. M.　307
拉德克利夫-布朗，Radcliffe-Brown，A. R.　179
拉图尔和伍尔加，Latour，B. and Woolgar，S.　4，5，37，38，80，114，149，152，189，191，210，214，215，264，273，305
拉尔森，Larson，M. S.　20，39，78，260
拉卡托斯，Lakatos　214
拉莫尔斯，Lammers，C.　187，214
拉赛尔，Russell，C. A.　39，78
拉特西斯，Latsis，S.　213
拉维兹，Ravetz，J. R.　9，37，38，149
莱默特，Lemert，C.　262
莱特希尔，Lighthill，Sir J.　215
勒范特曼，Levantman，S.　211，212
莱因戈尔德，Reingold，N.　35，80
劳丹，Laudan，L.　35
劳伦斯和罗尔施，Lawrence，P. R. and Lorsch，J. W.　38
劳，约翰，Law，J.　36
勒迈纳，Lemaine，G.　36
雷利勋爵，Rayleigh Lord　38
李昂铁夫，Leontief，W.　208，212，214

李比希，Liebig, J. V.　60,62,36,100,107, 211,301
李普，Rip, A.　122,126,149,214
卢瑟福，Rutherford　217
劳斯，Routh, G.　212
鲁德威克，Rudwick, M.　116
伦德格林，Lundgreen, P.　211,261,264, 265
罗伯茨，Roberts, G. K.　263
罗尔·汉森，Roll-Hansen, N.　209
罗森，Rosen, S. M.　213
罗斯，Rose, H. and Rose, S.　307
罗斯，Ross, D.　260,262
洛达尔和戈登，Lodahl, J. B. and Gordon, G.　208
洛斯比，Loasby, B. J.　214
马丁，Martin, B.　116,210
马丁斯，Martins, H.　35,36,187,214,304
马尔凯，Mulkay, M.　35,36,38,309
马克卢普，Machlup, F.　213
马林诺夫斯基，Malinowski, B. C.　179
马内戈尔德，Manegold, K. H.　78
马奇，Marchi, N. de　214
迈尔顿斯，Mehrtens, H.　44,76
麦金托什，McIntosh, R. P.　211
麦卡恩,吉尔曼，McCann, H. Gilman　38, 78
麦克高尔，McGuire, J. W.　305
麦克利兰，McClelland, C. E.　38,78,79, 80,211,261
麦克洛斯基，McCloskey, D. M.　213,214
麦肯齐,布里安，Mackenzie, B. D.　115, 151,210
曼海姆，Mannheim, K.　35
毛斯利普夫和麦克佛夫，Mauskopf, S. and Mc Vaugh, M. R.　260
门德尔松，Mendelsohn, E.　37,38,78
贾米森，Jamison, A.　79,262,309
明兹伯格，Mintzberg, H.　113,149,159, 208,216,227,261
莫斯，Moss, S.　213
莫斯利，Moseley, R.　79
莫雷尔，Morrell, J.　41,60,76,79,116,117
莫雷尔和萨克雷，Morell, J., and Thackray,
A.　38,39,76,77,113,306
莫里森，Morrison, D.　309
默顿，Merton, R.　38
穆林斯，Mullins, N.　115,117,150,209, 210,214,215,245,263,304
纳德森，Knudsen, 18[d]
奈特，Knight, D.　305
尼尔森与温特，Nelson, R. and Winter, S. G.　208,212,214
尼克尔斯，Nickels, T.　35
诺尔，Knorr, K.　137,149,161,189
诺尔-塞蒂纳，Knorr-Cetina, K.　37,38, 114,149,150,152,208,214,251,264,305, 309
帕森斯，Parsons, T.　175,244
派恩森，Pyenson, L.　35
潘廷，Pantin, C. F. A.　38,214,217,309
佩罗，Perrow, C.　120,122,149
皮尤等，Pugh, D. S. et al.　113
皮尤和希克森，Pugh, D. S., and Hickson, D.　117
平奇，Pinch, T.　40,265
普里查德，Pritchard　179
普罗文，Provine, W. B.　216
钱德勒，Chandler, A. D.　38
乔治斯库-罗根，Georgescu-Roegen, N.　200,213,216,217
邱吉尔，Churchill, F. B.　305
容尼克尔，Jungnickel, C.　60,61,76,79
萨克雷，Thackray, A.　35
萨缪尔森，Samuelson　213
塞尔兹尼克，Selznick　244
塞奇威克，Sedgwick　44
桑德森，Sanderson, M.　307
施克尼克和涅斯，Skolnik, H., and Reese, K. M.　307
斯蒂格勒,乔治，Stigler, G.　212,213 and Friedland, C.　263
斯科尔特，Scholte, B.　36
斯密，Smith　183
斯塔恩伯格小组，Starnberg group　3,36
斯塔基，Starkey　23
斯塔思伯格，Starnberg　36
斯汀康比，Stinchcombe, A.　15—18,27,

38,39,149,150,217
斯图德和楚宾，Studer, K. and Chubin, D. 209
斯托克斯，Stokes 5d,13d
斯托勒，Storer N. 8,37,210
斯维德里斯，Sviedrys, R. 261
斯文格尔,格兰特，Dr. Swinger Grant 291
斯沃尼和普雷穆斯，Swaney, J. A. , and Premus, R. 212
所罗门，Salomon, J. J. 309
索末菲，Sommerfeld, A. 107
索斯凯斯，Soskice 14d
汤普森，Thompson, J. D. 113,117,149,212
特拉斯奇奥和卡德维尔 212
特兰菲尔德和斯塔基，Tranfield and Starkey 23d
特纳，Turner, R. S. 37,40,41,78,306
托尔曼，Tolman 151
托马斯，Thomas, D. 37
威尔逊，Wilson, D. J. 150
威利，Wiley, N. 116,150,210,263
威林斯基，Wilensky, H. 39
韦斯特曼，Westman, R. S. 77

韦博，Wiebe, R. H. 79
维尔特，Weart, S. 77,116,217,265,284,307,308
维勒，Willer, D. , and Willer, J. 212
魏佛，Weaver, W. 285,286,287,288,289,291
乌特勒姆，Outram, D. 78
伍德沃德，Woodward, J. 148,204,217,218
西恩,泰利，Shinn, T. 79,80,115,199—200,209,216,228,229,261,264,310
西塔迪诺，Cittadino, E. 305
希克斯，Hicks, J. 212
夏尔兰，Scharlan, W. 78,79,264
夏平和萨克雷，Shaping, S. and Thackray, A. 35
辛普森，Simpson, R. L. 211
伊特，Geuter, U. 211—12,262
约翰逊，Johnson, H. G. 151,210,213
约克森，Yoxen, E. 78,80,116,215,216,260,264,287,305,308,309,310
詹金斯，Jenkin, P. 149,185,213
詹森,特伦斯，Johnson, T. 39

其他

癌症研究，Cancer research 54,111,165,168,190,298
　　癌症研究与粒子回旋加速器，and cyclotrons 286
　　西德的癌症研究，in West Germany 294
盎格鲁-撒克逊社会学作为一个科学领域，Sociology as a scientific field, Anglo-Saxon 91,106,124,134,136,143,163,165,167,168,175,176,238,241
　　社会学与对研究生教育的控制，and control over graduate education 244—5
　　英国社会学，British 222,224,243
比较的科学知识社会学，Comparative sociology of scientific knowledge 5—9
标准化的符号系统，Standardized symbol systems 31—2
　　标准化的符号系统与不断增加的相互依赖，and increasing mutual dependence 98
　　标准化的符号系统与技术性任务不确定性，and technical tack uncertainty 134—5
　　标准化的符号系统与赞助人，and patronage 144
　　标准化的符号系统与阅听人的多样性，and audience diversity 146
博士后奖学金：Post doctoral fellowships
　　博士后奖学金与美国理论物理学的增长，and the growth of theoretical physics in the USA 82,285,288
常人方法论，Ethnomethodology 168,170,171
大科学与集中控制，Big science and concentration of control 108,256—7
　　生物学领域的大科学与集中控制，in biology 299
大学对研究人员的雇用，University employment of researchers 57—68
　　大学雇用研究人员对科学组织和科学控制的重要性，consequences for the organ-

ization and control of the sciences 58—68

大学雇用研究人员对科学家训练的影响, effects on training of scientists 60—2

大学雇用研究人员作为研究管理的模式, as model for administration of research 62—3

大学雇用研究人员与学术建制的增长, and growth of academic establishments 63—8

大学雇用研究人员与科学工作的职业化, and professionalization of scientific work 65—8

大学雇用研究人员与科学领域之间相互依赖的增长, and growth of mutual dependence between scientific fields 278—81

大学雇用研究人员垄断地位的衰落, decline of monopoly of 283—4

德国大学体制及其对科学的影响, German university system and its impact upon the sciences 8,13,57—66,107,144,180,228

德国大学体制垄断研究控制的衰落, decline in monopoly of control over research 66—8,287

德国心理学, Psychology, German 88,93, 102,107,132,136,158,171,178,236

美国心理学, US 139

心理学中的专业, specialisms in 172

地质学, Geology 280

多中心寡头制作为一种科学领域类型, Polycentric oligarchy as a type of scientific field 160

多中心寡头制的内部结构, internal structure of 176—81

多中心寡头制的情境特征, contextual features of 243—6

多中心专业作为一种科学领域类型, Polycentric profession as a type of scientific field 161—2

多中心专业的内部结构, internal structure of 193—7; 多中心专业中科学研究的理论协调, theoretical coordination of research in 193—5; 多中心专业中的研究学派, research schools in 195—6; 多中心专业中的冲突, conflicts in 196—7

多中心专业的情境特征, contextual features of 251—4

分割化科层制作为一种科学领域类型, Partitioned bureaucracy as a type of scientific field 160

分割化科层制的内部结构, internal structure of 181—7; 分割化科层制的核心和边缘区分, core and periphery differentiated 181—3

分割化科层制的情境特征, contextual features of 246—9; 分割化科层制的核心与边缘的差别, variations between core and periphery 247

概念整合的科层制作为一种科学领域类型, Conceptually integrated bureaucracy as a type of scientific field 162—3

概念整合的科层制的内部结构, internal structure of 201—5; 概念整合的科层制中的亚领域冲突, sub-unit conflicts in 201—2; 概念整合的科层制中的流动性, mobility in 202; 概念整合的科层制中研究的理论整合, theoretical integration of research in 203—4

概念整合的科层制的情境特征, contextual features of 254—8

工业科学, Industrial sciences 51,53

工作组织和工作控制的维度, Dimensions of work organization and control 85—7

雇员主导的科学作为工作组织与工作控制的二元系统, Employee dominated sciences as dual systems of work organization and control 68—73

关于科学知识的传统假定, Traditional assumptions about scientific knowledge 1

管理研究作为一个科学领域, Management studies as a scientific field 91,141,158, 163,164,167,173,221,222—3,241,243, 273

国家科学, State science 51—7

国家科学政策的发展, Tate science policies, development of 295—301

国家科学政策与科学社会学，and sociology of science 2

国家科学政策与超科学建制的形成，and formation of a trans-scientific establishment 297—8

国家科学政策对科学领域组织的重要性，consequences for the organization of scientific fields 298—300

化学作为一个科学领域，Chemistry as a scientific field 47

　化学领域中对研究的信誉控制，reputational control of research in 27, 84, 268

　化学领域中的标准化工作程序，standardized work procedures in 31, 100

　化学领域中的研究计划，planning of research in 70

　化学领域与物理学领域的区别，contrasted to physics 89—90, 108, 256—7

　化学领域中科学家之间的相互依赖程度，degree of mutual dependence between scientists in 90—2, 271

　化学领域中认识对象的标准化，standardization of cognitive objects in 122

　化学领域中的任务不确定性，task uncertainty in 124, 126

　化学领域作为一种技术整合的科层制，as a technologically integrated bureaucracy 158, 199—200

　化学领域的情境结构，contextual structure of 256—7

　化学领域的成长，growth of 284—6

技术和工作程序的标准化，Standardization of techniques and work procedures 31, 65—6, 166—7

　技术和工作程序的标准化与任务不确定性，and task uncertainty 120—2, 125, 130—1

　技术和工作程序的标准化与信誉自主性，and reputational autonomy 142—3

　技术和工作程序的标准化与集中控制，and concentration of control 143—5

　技术和工作程序的标准化与阅听人的多样性，and audience diversity 146

　技术和工作程序的标准化与研究组织和研究控制的变化，and changes in the organization and control of research 295

　技术和工作程序的标准化与国家科学政策，and state science policies 276, 298, 300

技术性任务不确定性的程度，Technical task uncertainty, degree of 121—2

　技术性任务不确定性与战略性任务不确定性的结合，combined with strategic task uncertainty 124—30

　任务不确定性与研究的组织和控制，and the organization and control of research 131—6

　任务不确定性与个人控制，and personal control 131, 133, 144

　任务不确定性与分散控制，and decentralized control 133—4, 144

　任务不确定性与符号系统，and symbol systems 134—5

　任务不确定性与研究学派的形成，and the formation of research schools 135—6, 144

　任务不确定性与信誉自主性，and reputational autonomy 141—3

　任务不确定性与集中控制智力生产和传播的手段，and concentration of control over access to the means of intellectual production and dissemination 143—5

　任务不确定性与阅听人的多元化，and audience plurality 146

　任务不确定性与功能性依赖，and functional dependence 156—7

技术整合的科层制作为一种科学领域类型，Technologically integrated bureaucracy as a type of scientific field 162

　技术整合的科层制的内部结构，internal structure of 197—200；技术整合的科层制中的分裂，segmentation in 197—8；技术整合的科层制中研究工作的理论整合，theoretical integration of research in 199—200；技术整合的科层制中的冲突，conflicts in 200

技术整合的科层制的情境特征，contextual features of 254—6
经济学作为一个科学领域，Economics as a scientific field 55,106,125,126,154,156,158,221
 经济学领域作为分割化科层制，as a partitioned bureaucracy 183—6
 经济学领域声誉自主性和信誉控制的表现形式，manifestation of reputational autonomy and control 221,223,224,225—6,237
 经济学领域的横向集中控制，horizontal concentration of control in 248
卡内基研究所，Carnegie Institution 193
科学的专业化，Specialization in the sciences 28,30,62,166—7
 科学的专业化与科学家之间的功能性依赖程度，and the degree of functional dependence between scientists 94,96
 科学的专业化与科学领域的规模，and size of field 109
 碎片化动态组织中的科学专业化，in fragmented adhocracies 168,175
 多中心寡头制中的科学专业化，in polycentric oligarchies 178
 分割化科层制中的科学专业化，in partitioned bureaucracies 182
 专业动态组织中的科学专业化，in professional adhocracies 188,190
 多中心专业中的科学专业化，in polycentric professions 193—4
 技术整合的科层制中的科学专业化，in technologically integrated bureaucracies 198—9
 科学的专业化与研究组织和研究控制的变化，and changes in the organization and control of research 295
 科学的专业化与国家科学政策，and state science policies 300
科学家之间的功能性依赖程度，Functional dependence between scientists, degree of 88
 特定科学领域中科学家之间的功能性依赖程度与战略性依赖程度的关系，in relation to the degree of strategic dependence in characterizing scientific fields 90—5
 科学家之间的功能性依赖程度与专业化，and specialization 94,100—1
 科学家之间的功能性依赖程度与标准化，and standardization 94,99—100
 科学家之间的功能性依赖程度与科学领域的规模，and size of field 109—10
 科学家之间的功能性依赖程度与技术任务的不确定性，and technical task uncertainty 156—7
 不同科学领域科学家之间的功能性依赖程度，between scientific fields 268—9
科学家之间的相互依赖程度，Mutual dependence between scientists, degree, of 87—95
 科学家之间的功能性依赖，Functional 88；科学家之间的战略性依赖，strategic 88—9；科学家之间的相互依赖与竞争，and competition 88,94,96—7；科学家之间低度的相互依赖，low degrees of 90—2；科学家之间高度的功能性依赖和低度的战略性依赖，high functional and low strategic 92；科学家之间低度的功能性依赖和高度的战略性依赖，low functional and high strategic 92—3；科学家之间高度的相互依赖，high degrees of 93—4；科学家之间的相互依赖程度与任务不确定性程度的关系，interrelations with the degree of task uncertainty 153—9
 科学家之间的相互依赖与科学工作的组织，and the organization of scientific work 95—104
 科学家之间的相互依赖与情境因素，and contextual factors 104—12
科学家之间的战略性依赖程度，Strategic dependence between scientists, degree of 88—9
 物理学领域科学家之间的战略性依赖，in Physics 89—90

化学领域科学家之间的战略性依赖，in Chemistry 90

科学家之间的战略性依赖与目标竞争，and competition over goals 101—3

科学家之间的战略性依赖与研究的理论协调，and theoretical coordination of research 102—3

科学家之间的战略性依赖与科学领域的规模，and size of field 109

科学领域之间的战略性依赖，between scientific fields 269

科学领域的规模与竞争，Size of scientific fields, and competition 109

  科学领域的规模与标准化，and standardization 109

科学领域的情境特征，Contextual features of scientific fields 84—5, 220—38；科学领域的信誉自主性和评价标准控制，reputational autonomy and control over standards 220—7；科学领域的资源集中控制，concentration of control over resources 227—34；科学领域的阅听人结构，audience structure 234—8

  科学领域的情境特征与科学家之间的相互依赖程度，and the degree of mutual dependence between scientists 104—12；信誉自主性与科学家之间的相互依赖程度，reputational autonomy 105—6；集中控制与科学家之间的相互依赖程度，concentration of control 106—10；阅听人的多元性与科学家之间的相互依赖程度，audience plurality 110—12

  科学领域的情境特征与任务不确定性程度，and the degree of task uncertainty 139—47；信誉自主性与任务不确定性程度，reputational autonomy 141—3；集中控制与任务不确定性程度，concentration of control 143—6；阅听人的多元性与任务不确定性程度，audience plurality 146—7

  碎片化动态组织的情境特征，of fragmented adhocracies 238—43；多中心寡头制的情境特征，of polycentric oligarchies 243—6；分割化科层制的情境特征，of partitioned bureaucracies 246—9；专业动态组织的情境特征，of professional adhocracies 249—51；多中心专业的情境特征，of polycentric professions 251—4；整合的科层制的情境特征，of integrated bureaucracies 254—8

科学领域内部结构的维度，Internal structures of scientific fields, dimensions of 165—8；科学领域的专业化和标准化程度，degree of specialization and standardization 166；科学领域的分裂程度，degree of segmentation 166—7；科学领域分化为不同研究学派的程度，degree of differentiation into distinct research schools 166—7；科学领域亚领域的等级化程度，degree of hierarchical ordering of sub-units 167；科学领域控制程序的正式化程度，degree of formality of control procedures 167；科学领域的理论协调程度，degree of theoretical coordination 167—8；科学领域的冲突广度和冲突强度，scope and intensity of conflict 168

  科学领域概括为七种主要的科学类型，summarized for seven major types of science 169

科学领域之间的相互依赖，Mutual dependence between scientific fields 267—71；科学领域之间的功能性依赖，functional dependence 268—9；科学领域之间的战略性依赖，strategic dependence 269；科学领域相互依赖类型之间的关系，interrelation between types of dependence between fields 269—71

  科学领域间日益增加的相互依赖与科学领域组织的变化，increasing dependence between fields and changes in their organization 271—6；科学领域之间的相互依赖与日益增长的专业化，and increasing specialization 272；科学领域之间的相互依赖与不断降低的学科自主性，declining disciplinary autonomy 272；科学领域之间的相互依赖与科学领域之间日益增强的竞争，and increasing competition between fields 273—4；科学领域之

间的相互依赖与跨领域知识的理论协调, and theoretical coordination of knowledge across fields 275
科学领域作为工作组织和工作控制系统, Scientific fields as systems of work organization and control 9—13,82—3
 科学领域作为一种行会式工作组织, as a type of craft work organization 14—19
 科学领域作为一种专业工作组织, as a type of professional work organization 19—25
 科学领域作为一种信誉工作组织, as a reputational work organization 25—9
 科学领域确立的条件, conditions for their establishment 29—32
 科学领域的比较分析, comparative analysis of 83—7
 科学领域中科学家之间功能性依赖和战略性依赖的不同程度, reflecting differing degrees of functional and strategic dependence between scientists 90—5
 科学领域中技术性和战略性任务不确定性的不同程度, reflecting differing degrees of technical and strategic task uncertainty 124—30
 科学领域中相互依赖与任务不确定性的不同组合, reflecting differing combinations of mutual dependence and task uncertainty 153—9
 七种主要的科学领域类型, seven major types of 158—64
 科学领域的内部结构, internal structures of 164—205
 科学领域之间的相互依赖, mutual dependence between 267—76
科学社会学, Sociology of science 1—6
 欧洲科学社会学, European 3—6
科学史, History of science 1—2
科学研究作为一种手艺活儿, Scientific research as a type of craft work 10,14—19
 科学研究作为协作生产新知识的手艺活儿, as coordinated novelty production 11—13,17—19,27

科学研究作为降低不确定性的手艺活儿, as uncertainty reduction 138—41
科学哲学, Philosophy of science 1—2
科学中的反常, Anomalies in science
 科学中的反常与任务不确定性, and task uncertainty 129
科学中的竞争与冲突, Competition and conflict in science 23—4,26
 前专业化科学中的竞争与冲突, in pre-professional science 45
 科学中的竞争与冲突与科学家之间的相互依赖程度, and the degree of mutual dependence between scientists 88,94,96—7
 科学中的竞争与冲突与科学家之间的战略性依赖程度, and the degree of strategic dependence between scientists 101—3
科学中的任务不确定性, Task uncertainty in the sciences 11,14,17—19,27,60—1,119—30
 技术性任务不确定性, technical 121—2
 战略性任务不确定性, strategic 123—4
 高度的任务不确定性, high levels of 124,127; 低度的技术性任务不确定性和高度的战略性任务不确定性, low technical and high strategic 127—8; 低度的任务不确定性, low levels of 128—9
 任务不确定性与科学工作的组织, and the organization of scientific work 130—9
 任务不确定性与情境因素, and contextual factors 139—47
 任务不确定性的降低与专业的自我利益, reduction of and professional self interest 139—41
 任务不确定性与科学家之间相互依赖程度的关系, interrelations with the degree of mutual dependence between scientists 153—9
莱比锡心理学, Leipzig psychology 86,132
洛克菲勒基金, Rockefeller foundation 193,

203,251,284,288
美国数学，Mathematics, US 91,92,138, 158 数学作为专业动态组织，as professional adhocracy 191—2
 数学的专业化，specialization in 192
 数学信誉自主性和信誉控制程度的特殊体现，manifesting particular degrees of reputational autonomy and control 226—7
 数学的民族传统，national traditions in 252—4
 德国数学，in Germany 44
鸟类学，Ornithology 100,124,158
普鲁士大学，Prussian universities 13,57—61
 普鲁士大学与科学的组织，and the organization of the sciences 59—60
前职业化科学，Pre-professionalized sciences 42—8
 前职业化科学的原创性水平，degree of originality in 45—6
 前职业化科学的流动性，fluidity of 43—4
 前职业化科学的标准化，standardization in 46—7
情境变化与各学科之间相互依赖的增长，Contextual change and the growth of mutual dependence between the sciences 276—83；情境变化与实验室科学自主性和声望的增加，increased autonomy and prestige of laboratory sciences 277—8；情境变化与大学系统的集中化，centralization in university systems 279—80；情境变化与实验室科学的分裂，separation of laboratory sciences 280—1；情景变化与科学领域之间的竞争，competition between fields 281—2
 两次世界大战之间的情境变化，the inter-war period 283—9；两次世界大战之间政府和企业雇佣的增长，growth of state and industrial employment 283—4；两次世界大战之间科学工作组织和工作控制主导形式的变化，changes in dominant forms of work organization and control in science 284—9
 第二次世界大战之后时期的情境变化，the post second world war period 289—95；二战之后时期科技人员和资源的增长，growth of numbers and resources 290；二战之后时期的情境变化与研究组织和研究控制的变化，and changes in the organization and control of research 290—5
人工智能，Artificial Intelligence 92,124, 147,156,161
 人工智能作为一种专业动态组织，as a professional adhocracy 191
人文科学，Human sciences
 人文科学与其他领域的差别，differences from other fields 6
 人文科学缺乏标准化技能，lack of standardized skills in 26,186
 外行阅听人对人文科学的影响，influence of lay audiences on 6,28,111, 146,237
 人文科学屈从于已确立的科学模式，subservience to established models of science 30,270,299
 人文科学家之间的低度相互依赖，low degree of mutual dependence between scientists in 90—2
 人文科学与研究学派，and research schools in 93,180
 人文科学对数学的运用，use of mathematics in 106,282
 人文科学的高度任务不确定性，high degree of task uncertainty in 127,135
 人文科学的国家性和地方性变异，national and local variations in 132—3
 人文科学的学术支配，academic domination of 164
 人文科学的常识对象和日常语言，commonsense objects and language in 175,223
 人文科学作为碎片化动态组织，as fragmented adhocracies 168—76；作为碎片化动态组织的人文科学的情境结

构，contextual structures of 240—3
人文科学作为多中心寡头制，as polycentric oligarchies 176—81；作为多中心寡头制的人文科学的情境结构，contextual structures of 243,246
人文科学的有限形式化，limited formalization of 186—7
人文科学资金来源的多重性，plurality of funding sources in 298

社会人类学，Social anthropology 31,180—1
社会人类学研究生训练，graduate training in 245
英国社会人类学，British 93,158,179,221,229,244,

射电天文学，Radio Astronomy 101,167

生理学作为一个科学领域，Physiology as a scientific field 86—7,103,142,158,167
生理学领域作为一个多中心专业，as a polycentric profession 196—7

生态学，Ecology 124
欧洲大陆生态学，continental 158
美国生态学，US 158

生物科学，Biological sciences 92,128,163,165,190,223
美国生物科学的扩张，expansion of in USA 291—4,298
分子生物学，molecular biology 194,286,287,292

生物学作为一个科学领域，Biology, as a scientific field
生物学领域与物理学领域比较，compared to physics 84,138,270
生物学领域的学派，schools in 196

生物医学研究，Biomedical research 105,137,147,161,164,189,271,299,300，生物医学与物理学的区别，contrasted with physics 5
美国生物医学的扩张，expansion of in USA 250—1,230
生物医学与美国全国卫生研究院，and National Institutes of Health 293

实验室科学：Laboratory sciences
实验室科学的声望增长，growth in prestige of 276,277,283—9

碎片化动态组织作为一种科学领域类型，Fragmented adhocracy as a type of scientific field 158—60
碎片化动态组织的内部结构，internal structure of 168—76
碎片化动态组织与工作结构，and employment structures 170—3,174
碎片化动态组织的情境特征，contextual features of 238—43

田野科学，Field sciences
田野科学与实验室科学的区别，contrasted to laboratory sciences 281

维尔兹堡心理学，Wurzburg psychology 86,132,136

文学研究作为一个科学领域，Literary studies as a scientific field 132,133,234,243
文学研究领域的专业主义，professionalism in 278

物理学作为一个科学领域：Physics as scientific field
物理学领域的高度信誉控制，high degree of reputational control in 27,147,222
物理学领域的整体性和等级体系，monolithic and hierarchical nature of 28,55,94,138,257,269
物理学领域科学家之间高度的相互依赖，high degree of mutual dependence between scientists in 89—91
物理学领域控制的集中化性质，centralized nature of control in 98,107—8,228,255—7,285—7,291；理论研究在物理学领域的声望，prestige of theoretical work in 102
物理学领域与化学领域的差别，contrasted to chemistry 89—90,108,256—7
物理学领域低度的任务不确定性，low degree of task uncertainty in 124,132—3,147
物理学领域作为一个概念整合的科层制，as a conceptually integrated bureaucracy 158,202—15；物理学领域的理论家，theoreticians in 203—4；

物理学领域的亚领域，sub-units in 204—5

物理学领域对科学系统的支配，domination of the science system 285—7, 297—9

现代科学的基本特征，Modern sciences, essential characteristics of 10—29；现代科学作为新知识生产系统，as systems of novelty production 11—12；现代科学中创新与传统之间的张力，tension between innovation and tradition in 13；现代科学作为一种行会式管理系统，as a type of craft administration system 14—19；现代科学作为一种专业管理系统，as a type of professional administration system 19—25；现代科学作为声誉型工作组织和控制系统，as reputation systems of work organization and control 25—9

现代科学确立为独特工作组织和工作控制系统的条件，conditions for their establishment as distinct systems of work organization and control 29—32

现代科学与专业自我利益，and professional self-interest 139—40

信誉自主性和信誉控制的类型，Reputational autonomy and control, types of 220—7；信誉自主性和信誉控制的表现性标准，over performance standards 220—1；信誉自主性和信誉控制的重要性标准，over significance standards 221—2；信誉自主性和信誉控制的领域和语言标准，over domain and language 222—4

信誉组织与职业组织，Reputational organizations and employment organizations 48—57

信誉组织对劳动力市场和职位的信誉控制，reputational domination of labour market and employment status 49—50

信誉组织对雇主的研究目标和奖励系统的控制，reputational domination of employers' research goals and reward systems 50—6

学科，Academic disciplines 6—7, 56—7, 66, 87, 96, 113

20世纪学科对研究战略进行垄断控制的衰落，decline of monopoly of control over research strategies in 20th Century 283—9

学科与科学领域的区别，distinct from scientific fields 43—8, 67—8, 82, 113, 163, 278.

学术科学，Academic science 52—7

一般系统论，General systems theory 146

遗传学，Genetics 31

艺术史家，Art historians 277

引证规范作为创新控制手段，Citation norms as novelty controllers 27—8

阅听人结构，Audience structure 234—8；合法阅听人的多样性，diversity of legitimate audiences 234；合法阅听人的等效性，equivalence of legitimate audiences 234—5；多样性与等效性程度的组合，combinations of degrees of diversity and equivalence 235—6

阅听人结构与职业结构，and employment structures 236

战略性任务不确定性，Strategic task uncertainty, degree of 123—4

战略性任务不确定性与技术性任务不确定性的结合，combined with technical task uncertainty 124—30

战略性任务不确定性与地方性的自主性，and local autonomy 136—7

战略性任务不确定性与分散控制，and decentralized control 138

战略性任务不确定性与理论的多样性，and theoretical diversity 138

战略性任务不确定性与研究学派的形成，and the formation of research schools 138—9

战略性任务不确定性与信誉自主性，and reputational autonomy 141—3

战略性任务不确定性与对资源的集中控制，and concentration of control over resources 145—6

战略性任务不确定性与阅听人的多样性，and audience variety 147

哲学作为一个科学领域，Philosophy as a scientific field 91,132,158,哲学领域的变迁,changes in 99

正式出版作为现代科学的控制系统,Formal publications as control systems in modern science 18,22—4,26—7

知识发展的单一模式,Unitary model of knowledge development 3—4

  知识发展的单一模式与国家科学政策,and state science policies 296

知识社会学的强纲领,Strong programme of the sociology of knowledge 4

知识生产与分配手段的集中控制,Concentration of control over access to the means of intellectual production and distribution 227—34;知识生产与分配手段的水平控制,horizontal 227—8;知识生产与分配手段的垂直控制,vertical 228—9

  英美知识生产与分配手段的集中控制程度,degree of in Britain and USA 230;英、法、德国知识生产与分配手段的集中控制程度,in Britain, France and Germany 230—1

国际信誉系统中知识生产与分配手段的集中控制程度,degree of in international reputational systems 231—4

智力领域作为知识生产的社会单元,Intellectual fields as social unit of knowledge production 7—9

专业动态组织作为一种科学领域类型,professional adhocracy as a type of scientific field 160—1

  专业动态组织的内部结构,internal structure of 187—93;专业动态组织的分裂,segmentation of 188,190—1

  专业动态组织的情境特征,contextual features of 249—51

专业化科学研究的常规化,Normalization of research in professionalized science 60

组织和控制科学研究的信誉系统,Reputational system for organizing and controlling research 11,13,25—9